PORSCHE

PORSCHE

DAS 911er SCHRAUBERHANDBUCH

REPARIEREN UND OPTIMIEREN LEICHT GEMACHT

Wayne R. Dempsey

HEEL

Impressum

HEEL Verlag GmbH
Gut Pottscheidt
53639 Königswinter
Tel.: 02223 9230-0
Fax: 02223 923026
E-Mail: info@heel-verlag.de
Internet: www.heel-verlag.de

Deutsche Ausgabe:

8. Auflage: 2022

Englische Originalausgabe:
MBI Publishing Company
Galtier Plaza, Suite 200
380 Jackson Street
St. Paul, MN 55101-3885
USA
Englischer Originaltitel:
101 Projects For Your Porsche 911

Deutsche Übersetzung: Wulf-D. Brand
Lektorat: Joachim Hack
Satz: Collibri Prepress GmbH, Königswinter

Printed in Czech Republic

ISBN 978-3-89880-201-7

Zur Vermeidung rechtlicher Probleme jetzt schon dieser Warnhinweis:

Dieses Buch soll Hilfe zur Selbsthilfe sein. Die hierin veröffentlichten technischen Ratschläge entsprechen nicht immer den üblichen Handwerksregeln.

Für etliche technische Ratschläge in diesem Buch wird handwerkliches Grundwissen vorausgesetzt, ohne das man die entsprechenden Arbeiten nicht angehen sollte.

Im Zweifelsfall sollte man vor Durchführung von technischen Arbeiten immer einen geschulten Spezialisten zu Rate ziehen und die Arbeiten nicht selbst durchführen. Etliche Ratschläge können bei fehlerhafter Ausführung unter bestimmten Umständen zu erheblichen Folgeschäden führen.

Autor, Übersetzer und Verlag lehnen daher ausdrücklich jede Haftung für die veröffentlichten Arbeitsanweisungen und daraus gefolgerte Schlüsse ab. Für alle anhand dieses Buches durchgeführten Arbeiten übernimmt der durchführende Schrauber, Bastler oder Mechaniker das alleinige und uneingeschränkte Risiko. Ebenso ist die Haftung des Autors, des Übersetzers und des Verlags für Druckfehler, Schreibfehler und sachliche Fehler jeder Art ausdrücklich ausgeschlossen.

Inhaltsverzeichnis

ABSCHNITT I GRUNDLAGEN

ABSCHNITT II MOTOR

ABSCHNITT III GEMISCHBILDUNG

ABSCHNITT IV GETRIEBE UND ANTRIEB

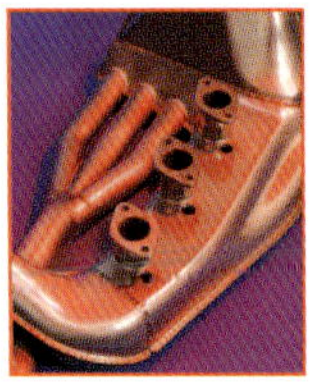

ABSCHNITT V ABGASANLAGE

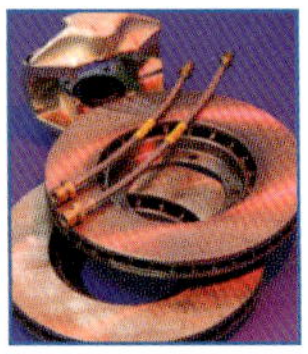

ABSCHNITT VI BREMSANLAGE

ABSCHNITT VII FAHRWERK

ABSCHNITT VIII INTERIEUR

ABSCHNITT IX KAROSSERIE

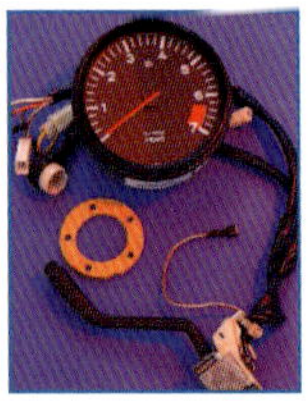

ABSCHNITT X ELEKTRIK

ABSCHNITT XI ZUSÄTZLICHE ARBEITEN

EINLEITUNG

Während seiner mehr als 30-jährigen Bauzeit hat sich der Porsche 911 als einer der beliebtesten Sportwagen der Welt etabliert. Im Laufe der Jahre wurde die Konstruktion des 911 bis zur Perfektion verbessert und verfeinert. Gleichfalls gibt es weltweit eine große Fangemeinde, die diese Fahrzeuge gerne restauriert. Besitzer eines Porsche 911 tun nahezu alles, um ihr „bestes Stück" zu pflegen, zu warten und sinnvoll zu modifizieren, um auf diese Weise eine optimale Werterhaltung sicher zu stellen. Wenn Sie zu diesen Enthusiasten gehören, so wurde dieses Buch insbesondere für Sie geschrieben.

Genügend Information ist bei jedem Projekt oder Unterfangen der Schlüssel zum Erfolg. Ohne das erforderliche Wissen können kostenintensive Fehler gemacht werden und durch mühsames Erarbeiten der Erfahrung viel Zeit verloren gehen. Die in diesem Buch dargelegten Projekte sollen jegliches Rätselraten, das bei Arbeiten an Ihrem 911 auftreten könnte, überflüssig machen. Diese Fehler wurden bereits vom Autor gemacht, so dass er den Leser warnen kann und dieser die Fehler nicht wiederholen muss. Die im Laufe der Jahre gesammelten Erfahrungen des Autors, wie auch ihm bekannter Mechaniker, die Experten auf dem Gebiet Porsche 911 sind, wurden in diesem Buch für den Leser zusammen getragen.

Die einzelnen Projekte sind in einem Format wiedergegeben, das es jedermann ermöglichen sollte, ohne große Recherche an seinem Fahrzeug mit der Arbeit zu beginnen. Einer der wesentlichen Nachteile eines Porsche 911 besteht in den hohen Kosten seiner Wartung und Instandsetzung. Durch eigenes Erledigen der einfacheren Arbeiten können wahrlich Tausende Euro an Lohnstunden für Mechaniker gespart werden. Ziel dieses Buches ist es, weitere 911-Fahrer dafür zu begeistern, sich mit den technischen Aspekten Ihres Fahrzeugs zu befassen. Durch Fürsorge für das eigene Fahrzeug entsteht gewissermaßen eine emotionale Bindung, die für 911-Fahrer besonders typisch ist.

Diese Buch ist in 10 Abschnitte eingeteilt, wovon jeder einzelne einen speziellen Technikbereich des Porsche 911 behandelt. Der gut ausgerüstete und mit einschlägiger Vorbildung gesegnete Mechaniker kann fast alle der Projekte auf diesen Seiten im Laufe eines oder zweier Wochenenden abschließen. Damit das Buch für jedermann interessant ist, sind einige der Projekte von einfachster Natur, einige mehr für Fortgeschrittene geeignet. Bei einigen der Projekte handelt es sich einfach um Übersichten über Systeme am 911. Projekte 11 bis 13 zum Beispiel, die das Zerlegen und Generalüberholen des 911 Motors erläutern, sollen dem Leser einfach einen Einblick darüber geben, was alles zu bedenken ist, wenn der Motor zur Zylinderschleiferei geschafft werden soll.

Die meisten Projekte sind nach einer klaren Anleitung gegliedert. Schrittweise Arbeitsanleitungen teilen dem Leser mit, wie die Arbeit durchzuführen ist, welche Werkzeuge verwendet werden müssen und welche kostenintensiven Fehler zu vermeiden sind. Die den Projekten beigefügten Fotos sind an sich schon sehr anschaulich. Im Laufe jedes Projektes sind Tipps und Kniffe beigefügt, so dass es also sinnvoll ist, den gesamten Text und alle Bildbeschreibungen der Fotos durchzulesen, bevor mit der Arbeit begonnen wird.

Während dieses Buch eine sinnvolle Anleitung dafür ist, welche Verbesserungen und Wartungsarbeiten am 911 durchgeführt werden müssen, kann es nicht das einzige Buch sein, das der Leser für sein Fahrzeug beschafft. Schon allein durch die Seitenzahl begrenzt, konnten hier nicht die diversen Einzelheiten aufweisenden Diagramme, Drehmomenttabellen und werkseitig vorgegebene Arbeitsanweisungen aufgeführt werden, die in den Original-Werkstattbüchern zu finden sind. Wenn der Leser tatsächlich vor hat, an seinem Fahrzeug zu arbeiten, so ist unbedingt angeraten, so viel Geld wie möglich in weitere Büchern und Informationen zu investieren, die zusätzliche Daten und Fakten enthalten.

Dieses Werk wurde nicht ausschließlich zur Lektüre an einem Stück konzipiert, sondern ist auch als Nachschlagewerk gedacht, so dass man eine Vorstellung davon bekommt, welche Projekte für den betreffenden Porsche 911 von Interesse sind. Die einzelnen Projekte sind so strukturiert, dass das Buch an einer beliebigen Stelle aufgeschlagen werden kann, um dann mit der Arbeit zu beginnen. Auf jeden Fall sollte jedoch der Abschnitt über das Werkzeug im ersten Teil des Buches und ebenfalls Projekt Nummer 1 – Anheben des Fahrzeug mit dem Wagenheber – gelesen werden, bevor jegliche weitere Arbeiten in Angriff genommen werden.

Letztendlich ist zu beachten, dass die eigene Sicherheit bei allen Arbeiten oberstes Gebot ist. Es ist allzu leicht, sich so in die gesetzte Aufgabe hinein zu steigern, dass einfach vergessen wird, wie filigran und verwundbar der menschliche Körper doch sein kann. Hier ist Geduld angesagt und jeder Handgriff muss mit Bedacht ausgeführt werden. Deshalb immer vorausschauend handeln und beachten, was passieren könnte, wenn man doch abrutscht oder etwas zerbricht. Hier ist Köpfchen gefragt, um die größtmögliche Vorsorge zu eigenen Sicherheit zu schaffen.

LEGENDE DES INFORMATIONSKASTENS

Am Anfang jedes Projekts befindet sich eine Liste mit Themen, die Symbolen zugeordnet sind. Hier handelt es sich um eine Anleitung, um vorab klären zu können, ob alles, was zum Abschluss des Projekts erforderlich ist, vorhanden ist. So weiß der Leser vorher, worauf er sich in punkto Zeitaufwand, Werkzeuge und fachliches Können einlässt. Die Liste ist zum größten Teil selbst erklärend, falls jedoch Unklarheiten bestehen, sind diese Symbole hier im Einzelnen erklärt:

„Zeit" bedeutet eine grobe Schätzung des erforderlichen Zeitaufwands für eine Person mit grundsätzlichen Kenntnissen über Arbeiten am Fahrzeug und den entsprechenden Werkzeugen. Hat man Probleme, einen 15-mm-Maulschlüssel von der Gripzange zu unterscheiden, so müssen hier erst die erforderlichen Vorkenntnisse erworben werden.

„Werkzeuge" führt auf, welche Spezialwerkzeuge erforderlich sein werden, um die betreffende Arbeit durchzuführen. Bei einfachen Projekten ist jedes einzelne Werkzeug nach Größe und Typ aufgeführt. Bei komplexeren Projekten wird davon ausgegangen, dass der Leser die grundsätzlichen Werkzeuge vorrätig hat. Siehe auch den Abschnitt über Werkzeuge auf den folgenden Seiten. In diesen Projekten für Fortgeschrittene werden die Werkzeuge meist nach allgemeinen Kategorien, so z.B. Maulschlüssel, Steckschlüsselsatz, usw. aufgeführt, jedoch nicht nach Größe. Spezialwerkzeuge werden jedoch immer einzeln aufgeführt sein.

Die erforderlichen Fachkenntnisse werden von einem kleinen Mechaniker symbolisiert.

Ein Mechaniker bedeutet, dass jedermann ohne große Vorkenntnisse die Arbeit durchführen kann. Zwei Mechaniker bedeuten, dass Projekte ein gewisses Maß an Erfahrung und Begabung erfordern. Drei Mechaniker bedeuten, dass man sich schon zutrauen sollte, komplexere Baugruppen, wie zum Beispiel Zylinderköpfe, Kupplungen oder Auspuffanlagen auszutauschen. Vier Mechaniker bedeuten, dass auf jeden Fall gründliche Vorbereitung, Ausbildung und Übung erforderlich sind – diese Projekte sind nicht für Anfänger geeignet.

Bei dem Symbol für „zutreffende Baujahre" handelt es sich um ein wichtiges Kästchen, das vor Beginn der Arbeiten beachtet werden muss. Nicht alle Porsche 911 sind gleich konstruiert. Modellvarianten bedeuten, dass die Methoden an einem Fahrzeug funktionieren mögen, an einem anderen nicht. Hierbei immer sicher stellen, dass das betreffende Fahrzeug innerhalb der angegebenen Baujahre liegt.

Unter dem Symbol „Teile" sind alle Ersatzteile aufgeführt, die beschafft werden müssen, um das Projekt zum Abschluss zu bringen.

Das Symbol mit der „Glühbirne" gibt einen schlauen Trick an, der die Arbeiten am Projekt vereinfachen würde. Hier handelt es sich unter Umständen um einen Kniff, der im Werkstatthandbuch nicht angegeben sein wird.

!

„Leistungszuwachs" erklärt sich von selbst. Hier ist aufgeführt, was als Ergebnis des veranschlagten Aufwands zu erwarten ist.

Unter „zusätzlichen Verbesserungen" oder „zusätzliche Arbeiten" sind einige Tricks und Veränderungen aufgeführt, die den Nutzen des betreffenden Projektes maximieren können. In einigen Fällen handelt es sich hierbei unter Umständen um andere Projekte, die mit den betreffenden kombiniert werden können, um so Arbeitszeit und Aufwand zu sparen.

Im gesamten Buch ist jeweils die Einbaulage diverser Bauteile angegeben. Dies kann zu Verwirrungen führen, weil der Motor des Porsche 911 bekanntlich im Heck des Fahrzeugs angebracht ist. Hierbei ist zu beachten, dass die Rückseite des Motorraums jenen Teil meint, der auch dem Heck des Fahrzeugs am nächsten liegt, also zur hinteren Stoßstange hin. Gleichfalls ist die Vorderseite des Motorraums dort, wo die Motorspritzwand an die Rücksitze angrenzt.

WERKZEUGE

Jeder von uns hat schon schaurige Geschichten über eine missglückte Reparatur oder enorme Zeitverschwendung gehört, weil versucht wurde, einen vergleichsweise geringen Geldbetrag durch Aufschub des Erwerbs des für den Arbeitsgang erforderlichen Werkzeugs zu sparen. Hierzu ist folgendes grundsätzlich zu sagen. Obwohl alle guten Mechaniker zugeben werden, dass es für das korrekte Werkzeug keinen Ersatz gibt, werden sie ebenfalls zugeben, dass – egal wie viele Werkzeuge man hat – doch niemals jedes erforderliche Werkzeug vorhanden sein wird.

Die Werkzeuggrundausstattung

Es gibt buchstäblich Zehntausende von Werkzeugen, die eine gleiche Anzahl von Arbeitsgängen ermöglichen. Kaum wird man jemals alle diese Werkzeuge benötigen. Irgendwo muss jeder anfangen und für die meisten bedeutet dies der Beginn mit einem kleinen Werkzeugsatz, der meist als Geschenk überreicht wird. Diese Werkzeugsätze stellen eine hervorragende Möglichkeit zum Erwerb von Werkzeugen dar, weil der Preisnachlass auf den Werkzeugsatz im Vergleich zum Einzelkauf jedes Bestandteils recht groß ist. Von den Kosten einmal abgesehen, sollte das Augenmerk beim Kauf von Werkzeugen unbedingt auf die Qualität fallen. Die angebotene Garantie und die Einfachheit, mit der Ersatz beschafft werden kann, sind weitere zu bedenkende Punkte. Es macht keinen Sinn, wenn das defekte Werkzeug nach Fernost eingeschickt werden muss, um einen Ersatz zu erhalten oder wenn der Werkzeughändler, der die betreffenden Werkzeuge führt, nicht in der Nähe liegt. Letztendlich ist es am günstigsten, Werkzeuge zu kaufen, die einfach nicht kaputt gehen oder die erforderlichen Ersatzwerkzeuge bereit zu halten. Der Werkzeugsatz des Anfängers sollte einige grundsätzliche Werkzeuge enthalten:

Schraubenzieher: Es müssen mindestens drei Flachkopfschraubenzieher und zwei Kreuzkopfschraubenzieher, Nummer 1 und Nummer 2, vorhanden sein, jeweils unterschiedlicher Größe. Die Spitzen der Schraubenzieher überprüfen: diese dürfen weder verbogen, abgebrochen oder anderweitig beschädigt sein. Ein beschädigter Schraubenzieher ist die beste Methode, den Kopf einer Schraube zu ruinieren, wodurch eine anderweitig einfache Reparaturmaßnahme in einen Alptraum verwandelt wird. Ein Schraubenzieher mit Ratschenmechanismus ist ebenfalls sinnvoll. So können Schrauben heraus geschraubt werden, ohne die Spitze des Schraubenzieher jedes mal neu ansetzen zu müssen.

Rollgabelschlüssel: Viele Mechaniker werden kaum zugeben, dass sie tatsächlich einen derartigen verstellbaren Schraubenschlüssel besitzen, sie werden jedoch trotzdem einen Satz dieser Universalwerkzeuge irgendwo versteckt halten – für den Fall der Fälle! Beim Kauf eines Rollgabelschlüssels ist die Qualität von größter Wichtigkeit, da sich an den billigeren Versionen die Backen dehnen werden oder der Schlüssel nach entsprechendem Gebrauch einfach zerfällt. Dies wäre dann ein weiterer sehr effektiver Weg, ein Befestigungsmittel zu ruinieren und der Tag wäre auch dann wieder gelaufen. Eine gute, verstellbare Wasserpumpenzange kann sich ebenfalls als sinnvoll erweisen, wenn große, widerspenstige Muttern gelöst werden müssen.

Zangen: Kein Werkzeugsatz wäre vollständig ohne einige Zangen. Grundsätzlich sollten vorhanden sein: verstellbare Zangen, Langbeckzangen und Kombizangen. Besonders wichtig bei der Auswahl einer Zange ist die Verzahnung der Backen. Die Zähne sollten scharf sein und auch scharf bleiben, weil Zangen meist unter weniger idealen Umständen angewendet werden müssen. Hier wäre es falsch, Geld sparen zu wollen. Die Gripzange der Firma Vise-Grip ist von sehr hoher Qualität und ein Satz mehrerer Größen dieser Universalzange wird über die Jahre gute Dienste leisten.

Steckschlüssel und Betätigungswerkzeuge: Abgesehen von einer Anzahl unterschiedlicher Größen (entsprechend der Schlüsselweite) sind Steckschlüssel als entweder 12-Punkt-oder 6-Punkt-und als Flachbett- oder Tiefbettstecknuss ausgeführt. Die 12-Punkt-Ausführungen sind universeller einzusetzen, die 6-Punkt-Steckschlüssel sind jedoch stabiler und neigen weniger dazu, die Muttern- und Schraubenköpfe zu beschädigen. Die Betätigungswerkzeuge sind mit einem Vierkantantrieb der Größe 1/4 Zoll, 3/8 Zoll, 1/2 Zoll, 3/4 Zoll und 1 Zoll erhältlich. Müsste man nur eine davon für Arbeiten am PKW auswählen, so wäre die Größe 3/8 Zoll ideal. Sie eignet sich nicht nur für Drehmomentanwendungen am Fahrzeug bis ca. 45 Nm, diese Größe ist auch mit der mannigfachsten Anzahl an Zusatzbetätigungswerkzeugen erhältlich. Im Steckschlüsselsatz sollte eine gute Ratsche enthalten sein, eine kurze Verlängerung von ca. 5 bis 7 cm Länge und eine lange Verlängerung von ca. 20 cm, außerdem ein Kardangelenk. Am Porsche 911 wird man oft das Kardangelenk verwenden können, so dass sich die Investition in einen Steckschlüsselsatz, bei der jede einzelne Größe als Kardangelenk ausgeführt ist, lohnen würde. Ebenfalls erweisen sich die Tiefbettstecknüsse als besonders hilfreich. Sie stellen eine ideale Zwischenlösung zur Verwendung der Flachbettnuss und der kurzen Verlängerung dar.

Schraubenschlüssel: Der Kombinationsschraubenschlüssel, an einem Ende als Ringschlüssel, am anderen als Maulschlüssel ausgeführt, ist das Rückgrat jedes guten Werkzeugsatzes für Arbeiten am Kfz. Ebenfalls gibt es andere Ausführungen als Doppelmaulschlüssel, Doppelringschlüssel, gekröpfte Ringschlüssel und Steckschlüssel mit Griff. Neuerdings werden eine Reihe von sogenannten innovativen Schraubenschlüsseln angeboten. Hier wird behauptet, dass die spezielle Formgebung die Schrauben und Muttern nicht beschädigen wird, bzw. ein einziger Schraubenschlüssel an mehreren Größen passen könnte oder aber nicht vom Schraubenkopf oder der Mutter abgehoben werden muss, um ihn zu betätigen. Meist handelt es sich

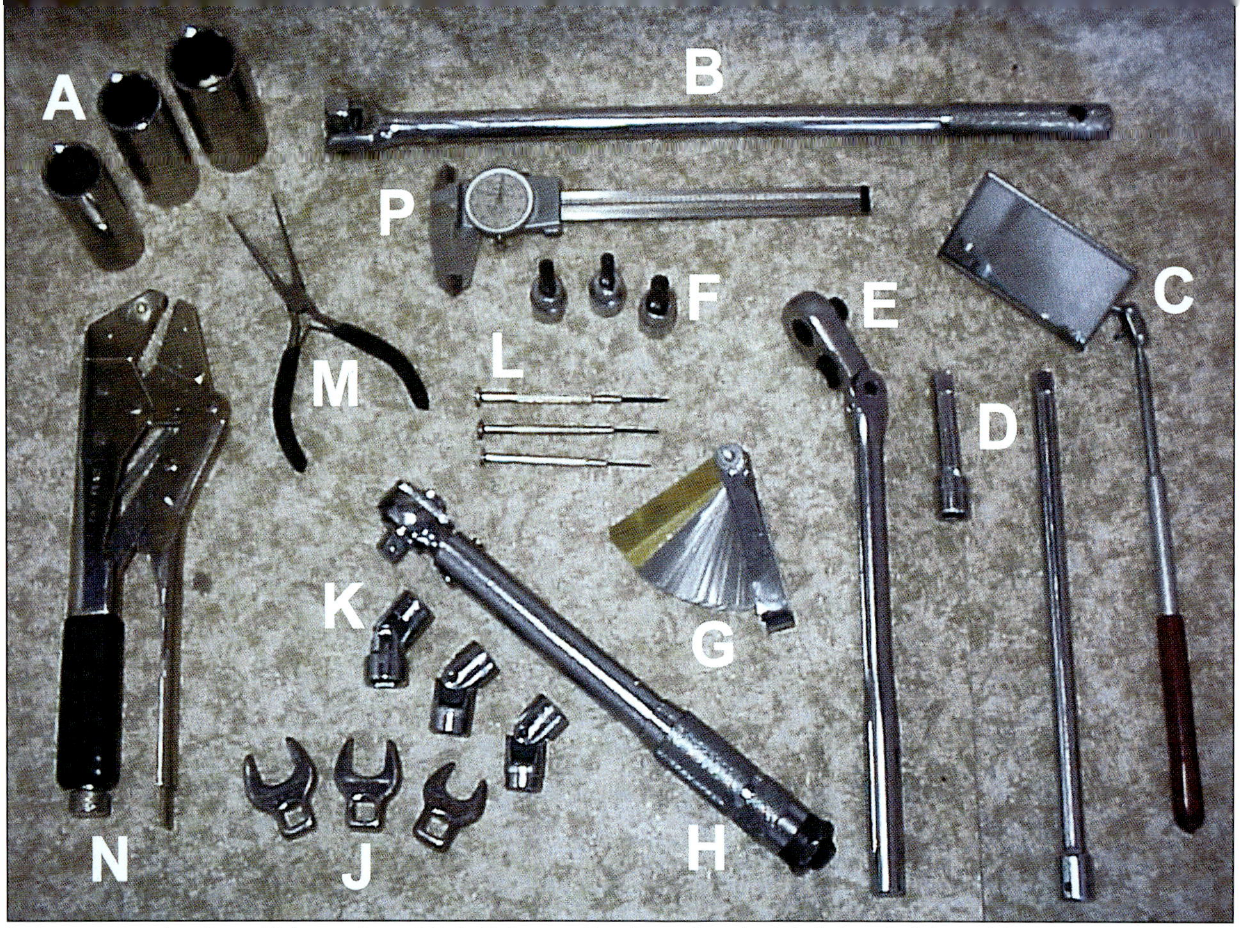

Das Foto zeigt einige der selteneren Werkzeuge, die gemeinhin im Werkzeugsatz übersehen werden, sich jedoch oft als unerlässlich im täglichen Einsatz erweisen:

A – Satz Tiefbettstecknüsse – diese eignen sich insbesondere für große Schrauben und Muttern, die unbedingt mit einer Stecknuss montiert oder entfernt werden müssen. Früher oder später wird eine spezielle Größe einer Stecknuss erforderlich werden, so dass sich der Kauf eines Satzes von vornherein lohnen wird.

B – Gelenkgriff – in Verbindung mit den Tiefbettstecknüssen wird ein Werkzeug erforderlich, dass ausreichend Drehmoment ermöglicht, um die besonders fest sitzenden Schrauben und Muttern lösen zu können.

C – Inspektionsspiegel – dieser ist besonders hilfreich, wenn kein Zugang zur Rückseite des Motorraums oder um bestimmte Bauteile herum erlangt werden kann.

D – Satz Verlängerungen – die Verlängerungen für den 3/8 Zoll-Antrieb sind am sinnvollsten, andere Größen eignen sich ebenso gut. Einige Muttern oder Schrauben lassen sich ohne eine derartige Verlängerung einfach nicht erreichen.

E – Ratsche mit Gelenkkopf – dieses Werkzeug hat sich öfter als man denkt als unersetzbar erwiesen. Man erkennt die Grenzen einer Standardratsche nicht, bevor eines dieser Werkzeuge ausprobiert wurde.

F – Inbussteckschlüsselsatz – gegenüber den Standardinbusschlüsseln in Form eines rechtwinkligen Sechskantstahls, bieten die Inbusstecknüsse diverse Vorteile im Erreichen schwer zugänglicher Stellen und ermöglichen die Anwendung eines höheren Drehmoments.

G – Fühlerlehre – ohne eine Fühlerlehre sollten Arbeiten am Motor gar nicht erst begonnen werden. Sie dient dem Einstellen von Ventilspiel oder der Kupplung.

H – Drehmomentschlüssel – auch dieses Werkzeug ist unbedingt erforderlich. Es wird ausschließlich zum Festziehen von Muttern und Schrauben auf einen vorgegebenen Drehmomentwert verwendet. Keinesfalls zum Lösen von Schrauben oder Muttern einsetzen! Hier ist auf Qualität zu achten und darauf, dass die Bandbreite der einstellbaren Drehmomentwerte den Anforderungen des Fahrzeugs entspricht.

J – Hahnenfußschlüssel – diese Schlüssel eignen sich hervorragend für diejenigen Schrauben und Muttern, die sonst schlicht und einfach nicht zu erreichen sind – z. B. an den Wärmetauschern oder am Zündverteiler.

K – Stecknüsse mit Kardangelenk – diese gelenkigen Stecknüsse eignen sich für den Einsatz an schwer zugänglichen Stellen, wie zum Beispiel den Muttern der Ansaugkrümmer für die K-Jetronic.

L – Uhrmacherschraubendreher – es ist nie vorherzusehen, wann ein derartiges Werkzeug erforderlich sein könnte, aber wenn die Zeit gekommen ist, erweisen sie sich als besonders nützlich.

M – Flachrundzange – diese spitz zulaufende Zange ist besonders sinnvoll für das Erfassen herunter gefallener Schrauben oder Muttern oder einfach zur Montage kleiner Sprengringe. Hier ist besonders auf Qualität zu achten, damit die Zange sich im Einsatz nicht verbiegt oder abbricht.

N – Gripzange oder Festhaltezange – diese Zange wird als Markenfabrikat z.B. von der Firma Vise-Grip hergestellt und ist ein sehr nützliches Allzweckwerkzeug, sofern es nicht falsch eingesetzt wird. Auf die Gripzange sollte nur zurück gegriffen werden, wenn andere Werkzeuge versagen.

hierbei jedoch mehr um einen Gag, als um sinnvolle Werkzeugtechnik. Als Schraubenschlüsselsatz werden die Größen von 7 mm bis 19 mm benötigt, wobei der 10-mm-und der 13-mm-Schlüssel doppelt vorhanden sein sollte.

Hammer: Auf den ersten Blick mag die Auswahl eines Hammers äußerst einfach erscheinen, die Angelegenheit ist jedoch so komplex wie bei der Auswahl jedes anderen Werkzeugs. Es gibt Hunderte unterschiedliche Bauarten von Hämmern, alle in einer Anzahl unterschiedlicher Größen. Neben dem Gewicht und der Qualität des Hammerkopfes, gilt das besondere Augenmerk dem Griff. Der Griff wird mittlerweile aus diversen unterschiedlichen Materialien hergestellt, so zum Beispiel Holz, glasfaserverstärkter Kunststoff, Stahl und Hartkunststoff. Ein Hammergriff aus Hartholz, wie zum Beispiel Eiche, ist nicht zu verachten, die Ausführung des Hammerstiels richtet sich jedoch danach, wie bestimmte Gegenstände damit bearbeitet werden sollen. Unbedingt muss sichergestellt sein, dass der Hammerstiel fest am Hammerkopf befestigt bleibt. Ein sich während des Schwingens des Hammers lösender Hammerkopf wird im Regelfall äußerst exakt auf der Motorhaube oder Windschutzscheibe landen oder aber in Ihrem Gesicht oder am Kopf eines Passanten, wenn sich denn gerade keine Fahrzeuge in der Nähe befinden. Ebenfalls sinnvoll ist ein großer Gummihammer, der verwendet wird, um Teile ohne potenzielle Beschädigung zu entfernen.

Inbusschlüssel: Sind als Stecknuss oder als Sechskantschlüssel erhältlich und werden ohne Zweifel im Werkzeugsatz benötigt. Inbusschlüssel gibt es in diversen Ausführungen, als Steckschlüsselantrieb mit T-Griff und als Universalausführung. Wenn es nur ein Satz Inbusschlüssel sein soll, so wird der im rechten Winkel gebogene Inbusschlüssel die größte Vielseitigkeit bieten. Nützlich ist es, die Größen 5 mm und 6 mm in Reserve zu halten, da diese Größen zu den ungelegensten Zeiten abnutzen. Der nächste Schritt in der Aufrüstung des Werkzeugsatzes würde im Stecknusssatz bestehen, d.h. einem Inbusschlüssel, der an der Ratsche befestigt werden kann. Diese Inbusschlüssel eignen sich insbesondere dann, wenn ein höheres Drehmoment aufgewendet werden muss.

Drehmomentschlüssel: Kein guter Mechaniker oder Wochenendschrauber kann ohne einen solchen auskommen. Das ultimative Werkzeug für die Montage ist der Drehmomentschlüssel. Er wird zum Messen und Begrenzen des am Befestigungsmittel anliegenden Drehmoments verwendet. Dies ist von ungeheurer Wichtigkeit, weil zu wenig Drehmoment dazu führen kann, dass zum Beispiel eine Mutter abfällt; zuviel Drehmoment kann jedoch ein wertvolles Bauteil beschädigen. Hier ist sicher zu stellen, dass ein Drehmomentschlüssel beschafft wird, der mit Newtonmeter-Skala (Nm) versehen ist. Empfehlenswert ist die Anschaffung von zwei Drehmomentschlüsseln, einer für kleine Abstufungen und einer für größere oberhalb von 20 Nm.

Reparaturen an der Elektrik: Man braucht kein Ingenieursdiplom, um wesentliche elektrische Instandsetzungsarbeiten am Fahrzeug durchzuführen. Die richtigen Werkzeuge sind jedoch unerlässlich. Grundsätzlich wird eine Prüflampe benötigt, eine Quetschverbinderzange, eine Abisolierzange und ein Satz Quetschverbinder, sowie ein gutes Multimeter. Für die Fehlersuche von Elektrikproblemen sind Stromlaufpläne für das Baujahr des betreffenden Fahrzeugs extrem wertvoll.

Zündlichtpistole: Ein wichtiger Bestandteil jedes Werkzeugsatz sollte die Zündlichtpistole mit verstellbarer Drehzahlskala sein. An einem kleinen Knopf werden die Grad Zündzeitpunktverstellung eingestellt, so dass die Einstellung der Zündung selbst an einem Fahrzeug gelingt, an dem die erforderlichen Zündzeitpunktmarkierungen an der Riemenscheibe fehlen.

Hydraulischer Wagenheber: Hier könnte es sich um das wichtigste Hilfsmittel in Ihrer Werkzeugsammlung handeln. Jeder zusätzliche Euro ist hierbei gut angelegt. Obwohl Wagenheber von guter Qualität oft teuer sind, sind sie es definitiv wert und werden entsprechend lange halten. Je größer der Wagenheber und je höher die Ausladung des Hubarms, um so besser. Das zulässige Gewicht ist nicht so wichtig wie die mögliche Hubhöhe des Wagenhebers. Am besten eignet sich ein Wagenheber mit 3 bis 5 Tonnen Hubleistung mit der größten Hubhöhe, die aufzutreiben ist. Ebenfalls unbedingt erforderlich sind Unterstellböcke. Hier zahlt es sich aus, zwei unterschiedliche Größen verfügbar zu haben, um das Fahrzeug auf unterschiedliche Höhen anheben zu können. Siehe hierzu Projekt 1 für weitere Einzelheiten.

Werkstattleuchte: Ein weiterer unbedingt erforderlicher Werkzeuggegenstand ist die Werkstattleuchte. Besonders geeignet ist ein als Neonröhre ausgeführtes Gerät mit einziehbarer Verlängerungsschnur. Von Werkstattleuchten mit normalen Glühbirnen ist abzuraten. Diese Werkstattleuchten mit normalen Glühbirnen können heiß werden und bei Arbeiten unter dem Fahrzeug Hautverbrennungen verursachen oder noch schlimmer, einen Brand auslösen, wenn Öl oder Benzin unbeabsichtigt darauf tropft. Auf jeden Fall ist den Neonleuchten der Vorzug zu geben. Ebenfalls sinnvoll sind stehende Werkstattleuchten mit Halogenröhre. Diese Leuchten haben eine extrem hohe Leistung, meist mit verstellbaren Ständern und Abdeckungen aus Metallgitter. Obwohl diese Leuchten sehr heiß werden, spenden sie eine enorme Menge Licht und eignen sich insbesondere für die Ausleuchtung des Motorraums.

Schutzbrillen: Jeder, der auch nur gelegentlich an einem Fahrzeug oder in einer Werkstatt gearbeitet hat weiß, wie wichtig es ist, eine Schutzbrille zu tragen. Denn es besteht praktisch ständig die Möglichkeit, dass ungewollt etwas ins Auge gerät. Sich niemals ohne Tragen einer Schutzbrille unter ein Fahrzeug begeben! Ebenfalls ist es sinnvoll, gleich drei oder vier Brillen zur Hand zu haben. Man wird sie ohne Zweifel irgendwo vergessen, so dass die Ersatzbrille griffbereit liegen wird, wenn die ursprüngliche Brille verlegt wurde.

Weitere Werkzeuge: Es gibt viele zusätzliche Werkzeuge, die in keine der vorher genannten Kategorien passen. Hier sollen nur einige aufgezählt werden, die sich als unerlässlich erweisen werden.

Messer mit auswechselbaren Klingen, ein kleiner Haken, ein Bandmaß, eine Schere, ein Satz Fühlerlehren, eine Bügelsäge, ein Satz Feilen und ein Inspektionsspiegel.

Erweiterung des Werkzeugsatzes für Fortgeschrittene

Mit der Durchführung weiterer Arbeiten und der Entwicklung der Talente, werden die speziellen Anforderungen klarer definiert werden und weitere Werkzeuge werden erforderlich. Eine größere Bandbreite von Steckschlüsseln, Schraubenschlüsseln, Schraubenziehern und Zangen wird sich als äußerst nützlich erweisen. Ebenfalls sollte mit dem Erwerb von Diagnosewerkzeugen begonnen werden. Einige beliebte Werkzeuge, die rasch hinzugefügt werden können, sind Sprengringzangen, Inbus- und Torxstecknüsse, kurze Schraubenschlüssel und Stecknüsse mit Kardangelenk.

Ein kleiner Universalschleifer und ein Winkelschleifer sind zwei der nützlichsten Werkzeuge für Arbeiten an älteren Fahrzeugen. Wenn Schrauben festgerostet sind und wirklich keine Alternative besteht, spielen diese Schleifwerkzeuge eine wichtige Rolle. Keiner sollte ohne einen Handschleifer, zum Beispiel von Firma Proxxon sein, der sich insbesondere für das Abschneiden kleiner Schrauben und anderer Metallstücke eignet, die schwer zu erreichen sind. Die flexible Welle, als Verlängerung am Universalschleifer, eignet sich hierfür besonders gut.

Jedermann, der im eigenen Hause Arbeiten durchführt, wird wahrscheinlich eine gute elektrische Handbohrmaschine mit variabler Drehzahl zur Verfügung haben. Was jedoch wirklich wichtig ist, sind die Bohrereinsätze. Hier ist sicher zu stellen, dass ein guter, sauberer Bohrersatz immer zu Verfügung steht. Hier Billigwerkzeug zu verwenden, mag für das Bohren in Holz genügen, wenn es sich jedoch um Metall handelt, ist die bestmögliche Qualität erforderlich. Hier ist sicher zu stellen, das ein Werkzeugsatz von guter Qualität erworben wird, anderenfalls besteht Verletzungsgefahr und die Möglichkeit der Beschädigung des Fahrzeugs.

Wenn man die Investition in einen Druckluftkompressor nicht scheut, so ergeben sich Anwendungsmöglichkeiten für einen Druckluftkraftschrauber, der in keiner professionellen Kfz-Werkstatt fehlt. Dieser Kraftschrauber eignet sich insbesondere zum Entfernen von Muttern, die nicht verdrehsicher festgehalten werden können und sich beim Entfernen mit einem normalen Schraubenschlüssel am Schraubenschaft oder Stehbolzen mitdrehen. Dies betrifft insbesondere Kugelkopfgelenke an Lenkung und Radaufhängung.

Heutzutage wird nur noch selten eine Diagnose unter Verwendung eines Unterdruckmanometers durchgeführt. Dennoch handelt es sich hier um ein sehr nützliches Diagnosewerkzeug, wenn das Verhalten des Zeigers auf der Skala korrekt interpretiert wird. Bisweilen macht es sogar Sinn, ein Unterdruckmanometer permanent an der Instrumententafel anzubringen. Aus dem Verhalten des Zeigers und den angezeigten Unterdruckmesswerten kann auf den Zustand des Ventiltriebs und die gesamte Einstellung des Motors rückgeschlossen werden. Heutzutage werden Unterdruckmanometer in Verbindung mit einer handbetätigten Unterdruckpumpe verkauft. Unter Verwendung dieser Pumpe kann die Funktion diverser Bauteile der Einspritzanlage und der Zündanlage, so zum Beispiel einer Unterdruckdose, getestet werden.

Beim Verdacht auf schwerwiegende Probleme im Bereich der Motormechanik wird meist zuerst auf den so genannten Kompressionsdruckprüfer zurückgegriffen. Meist aus gutem Grund, da dieses Messgerät klare Hinweise auf Probleme wie verschlissene Kolbenringe, undichte Ventile oder gar ein Loch in einem der Kolben hinweist. Ein neuerdings immer mehr Verbreitung findendes Diagnosewerkzeug ist der sogenannte Druckverlusttester, der gegenüber dem Kompressionsdruckprüfer einige wesentliche Vorteile bietet. Einer dieser Vorteile liegt darin, dass der Motor nicht mit dem Anlasser durchgedreht werden muss. Der Druckverlustprüfer arbeitet durch unter Druck Setzen des Zylinders und Messung des Druckverlusts über einen gewissen Zeitraum. Der Druckverlusttester ergibt, im Zusammenspiel mit dem Kompressionsdruckprüfer, den besten Ansatz zur Diagnose von Motorproblemen. Ebenfalls sollte niemand ohne ein geeignetes Kraftstoffdruckmanometer mit den Arbeiten beginnen. Handelt es sich um ein Fahrzeug mit Benzineinspritzung, so wird der Erwerb eines Testers speziell für die betreffende Einspritzanlage erforderlich. Zumindest aber muss der Zubehörsatz des Kraftstoffdruckmanometers die entsprechenden Anschlüsse und Schlauchverbindungen enthalten. Dies kann ins Geld gehen, weil Benzineinspritzanlagen oft mit recht hohen Drücken arbeiten und ein Erhalten des exakt richtigen Druckes für die ordnungsgemäße Funktion der Anlage von entscheidender Bedeutung ist.

Spezialwerkzeuge und Werkzeuge zur Motorgeneralüberholung

Wird die Generalüberholung des eigenen Motors unternommen, so gibt es eine Reihe von Werkzeugen, die hier von Interesse sein werden. Viele dieser Werkzeuge werden wiederum recht teuer sein. Auch hier gilt, dass der Qualität immer der Vorzug zu geben ist. Das Risiko einer Beschädigung von Bauteilen am Fahrzeug oder Verletzungen wäre sonst zu hoch.

Kupplungszentrierdorn: Ein Werkzeug zur Kupplungszentrierung wird verwendet, um die Kupplungsscheibe zwischen Schwungrad und Kupplungsdruckplatte mittig auszurichten, so dass die Getriebeeingangswelle exakt in das Führungslager der Kurbelwelle eingesetzt werden kann. Für jedes Fahrzeug ist ein unterschiedlicher Kupplungszentrierdorn erhältlich, der meist recht preiswert ist.

Kolbenringspannzange: Die Kolbenringspannzange wird zum Einbau von Kolbenringen an den Kolben verwendet. Es gibt einige recht komplizierte und teure Versionen dieses Werkzeugs auf dem Markt, meist tut es jedoch eine qualitativ hochwertige, einfache Version. Grundsätzlich gilt, dass der Ring nicht mehr als grundsätzlich nötig, aufgeweitet werden darf. Der Kolbenring würde sonst leicht durchbrechen und ein Ersatz ist teuer.

Kolbenringspannband: Dieses Werkzeug wird verwendet, um den Kolben mit daran montierten Kolbenringen in den Zylinder einzubauen. Auch hier sind unterschiedliche Versionen auf dem Markt. Die meisten Kolbenringspannbänder funktionieren nur an einer begrenzten Bandbreite von Kolbengrößen, so dass vor dem Erwerb eines derartigen Werkzeugs der Durchmesser bekannt sein muss. Dieses Werkzeug ist mit einer reichlichen Menge Motoröl einzusetzen, um das Schieben des Kolbens in den Zylinder zu erleichtern.

Präzisionswerkzeuge: Sofern die Motorgeneralüberholung nicht professionell betrieben werden soll, ist es eher unwahrscheinlich, dass eine Vielzahl von Präzisionswerkzeugen benötigt wird. Dennoch gibt es eine Reihe von Werkzeugen, die jedermann in seinem

Werkzeugsatz haben sollte. Präzision und Qualität sind an einem Messwerkzeug wesentlich wichtiger, als an den meisten anderen Werkzeugen. Es ist sinnlos, ein Maß mit einer Genauigkeit von 1/1000 mm vornehmen zu wollen, wenn die Genauigkeit des Werkzeugs selbst nur innerhalb von einer Toleranz von 3/1000 mm liegt. Bei Werkzeugen aus Fernost ist dies leider mehrfach der Fall.

Messschieber: Messschieber, teilweise mit einer Uhrenanzeige versehen, sind vielseitig einsetzbar. Sie können für eine große Anzahl von Messvorgängen in Bezug auf Bohrung, Durchmesser, Tiefe oder Länge verwendet werden, sofern eine präzise Messung erforderlich ist. Üblicherweise werden diese Messschieber mit einer wirksamen Länge von 200 bis 300 mm angeboten.

Messuhr: Jedermann, der ernsthaft Arbeiten am Motor in Angriff nehmen will, benötigt eine Messuhr. Die Messuhr wird primär zum Messen von Zahnflankenspiel und Unrundheit sowie Schlag an einer Vielzahl von Bauteilen verwendet. Sie ist zum Beispiel erforderlich, um die Steuerzeiten der Nockenwelle am Porsche 911 zu überprüfen und einzustellen. Siehe hierzu Projekt Nr. 14. Es gibt diverse unterschiedliche Ausführungen insbesondere in Bezug auf die Anordnung der Messspitze. Ebenfalls gibt es unterschiedliche Befestigungsmethoden und Halterungen. Ein magnetischer Sockel wird sich hier als besonders hilfreich erweisen.

Lineal: Ein Lineal ist einfach ein flaches Stück Stahl, dass präzise auf eine exakte Toleranz abgeschliffen wurde. Das Lineal wird immer dann verwendet, wenn die Ebenheit einer Oberfläche überprüft werden muss, wie zum Beispiel an einem Zylinderkopf oder Motorblock. Das Lineal kann ebenfalls zur korrekten Ausrichtung von Riemenscheiben oder Nockenwellenrädern verwendet werden. Das Lineal gibt es in einer Vielzahl von Größen, sinnvoll ist ein Lineal zwischen 30 und 40 cm Länge. Ein derartiges Stahllineal kann teuer sein, es handelt sich jedoch um ein Präzisionswerkzeug, an dem nicht gespart werden sollte. Auch bei der Handhabung und der Lagerung des Lineals ist besondere Vorsicht geboten. Einmal fallen gelassen ist das Lineal wahrscheinlich nicht wieder verwendbar. Die Kante sollte eingeölt werden, da sie schnell rostet und das Lineal sollte in seinem Behältnis aufbewahrt werden und sofort nach jedem Gebrauch dort wieder eingelagert werden.

Bei Arbeiten am Porsche 911 ist es sinnvoll, eine Kotflügelabdeckung in Kombination mit der Heckblechabdeckung des Motorraums zu verwenden. So werden Oberflächen und Lackierung vor Werkzeugen, Flüssigkeiten oder anderen unausweichlichen Missgeschicken geschützt. Egal wie viel Vorsicht man walten lassen mag, früher oder später wird man abrutschen und einen Lackkratzer verursachen. Der geringe Anschaffungspreis einer derartigen Abdeckung wird sich im Laufe der Zeit definitiv rentieren.

ABSCHNITT EINS

GRUNDLAGEN

Dieser Abschnitt stellt einen guten Anfangspunkt zur Lektüre dieses Buches dar. Für den neuen Besitzer eines Porsche 911 ohne Bedienungsanleitung sind in diesem Abschnitt viele wissenswerte Dinge aufgeführt. Für die angegebenen Projekte sind keine Spezialwerkzeuge erforderlich und die hier erklärten Arbeiten werden einen guten Einblick über Format und Inhalt der Projekte im Rest des Buches vermitteln. Auch wenn es sich um die erste Erfahrung bei Arbeiten am Porsche 911 handelt – keine Angst! Diese ersten Projekte sind sehr einfach und stellen eine gute Einführung zum Kennenlernen Ihres Fahrzeugs dar.

PROJEKT 1 • ANHEBEN DES FAHRZEUGS MIT DEM WAGENHEBER

Zeit: 20 min

Werkzeug: Wagenheber mit 2 Tonnen Hublast, Unterstellböcke, Wagenheberauflage

Talent:

Zutreffende Baujahre: alle

Erforderliche Teile: keine

Tipp: Zustand der Getriebe- und Motorlager prüfen, wenn das Anheben von unterhalb des Motors erfolgt.

Zweck des Projekts: Anfangspunkt für sämtliche Arbeiten unterhalb des Fahrzeugs

Ergänzende Arbeitsgänge: Lagerbuchsen der Radaufhängung der Vorderachse prüfen

Einige Projekte können nicht durchgeführt werden, ohne dass das Fahrzeug vorher angehoben wurde. Erstaunlicherweise ist der Porsche 911 eines der Fahrzeuge, an denen die Vorgehensweise zum Anheben nicht gleich offensichtlich ist. Ein unprofessioneller Einsatz eines Wagenhebers kann beträchtlichen und teuren Schaden am Fahrzeug anrichten. Vor dem Anheben des Fahrzeugs ist sicher zu stellen, dass die Räder des Fahrzeugs gegen Wegrollen blockiert sind. Ebenfalls ist es sinnvoll, die Feststellbremse anzuziehen und den ersten Gang einzulegen. Die Unterstellböcke sind immer paarweise zum Abstützen des Fahrzeuges zu verwenden. Niemals nur den Wagenheber verwenden. Selbst wenn das Fahrzeug nur für einige Augenblicke angehoben werden soll, um einen prüfenden Blick zu werfen, ist unbedingt ein Satz Unterstellböcke, wenn auch nur lose, unter dem Getriebe oder dem Motor anzuordnen – für den Fall, dass der Rangierwagenheber ohne Vorwarnung nachgibt!

Wenn das Heck des Fahrzeugs angehoben werden soll, so stehen hierfür mehrere Methoden zur Verfügung. Achtung! Die Sicherheitsreserve der Feststellbremse als Sicherung gegen Wegrollen des Fahrzeugs steht beim Anheben des Fahrzeughecks nicht zur Verfügung! Die häufigste Methode besteht im Anheben des gesamten Fahrzeugs durch Ansetzen des Wagenhebers an der Motorunterseite. Hierdurch entsteht kein Schaden am Motor, da dieser an diesem betreffenden Punkt besonders stabil ausgeführt ist. Auf keinen Fall darf der Wagen an der hinteren Naht angehoben werden, dort wo das Bodenblech an

1 Die Unterseite der Motorölwanne stellt einer der besten Anlagepunkte für den Wagenheber am 911 dar. Hier wird ein Paket Zeitungen oder ein kleiner Holzklotz verwendet, um ein Verkratzen oder Beschädigung der unteren Ölwanne zu verhindern. Mit Anheben des Motors ist zu prüfen, dass die Bodengruppe des Fahrzeugs sich mit dem Heben des Motors mitbewegt. Bei verschlissenen Getriebelagern oder Motorlagern wird sich der Motor zuerst bewegen, bevor der Rest des Fahrzeugs mit angehoben wird.

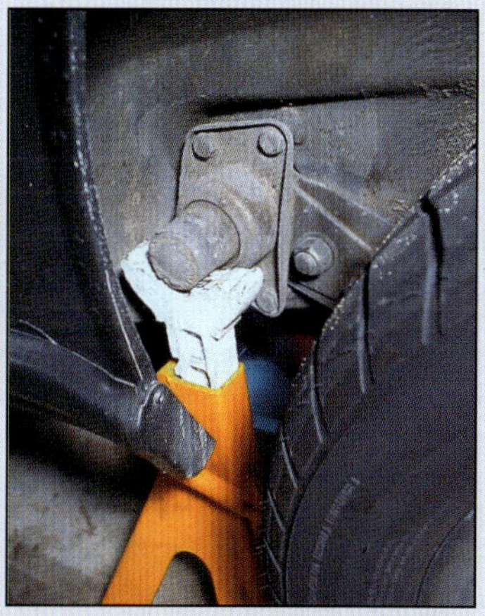

2 Die beste Abstützung mit dem Unterstellbock erfolgt an den Aufnahmen der Drehstabfedern. Instinktiv hält man das für keine gute Auflage, als Ansetzpunkt für den Unterstellbock wird er jedoch schon seit vielen Jahren ohne Probleme eingesetzt.

3 Die speziell angefertigte Wagenheberaufnahme ist unerlässlich für jedermann, der am 911 arbeiten will. Die Konstruktion ermöglicht einen hervorragenden Hebepunkt zum Anheben des Fahrzeug ohne den Unterboden beschädigen zu können. Von einem Einsatz des werksseitig vorgegebenen Wagenhebers ist dringend abzuraten – dieser sollte nur im Notfall, zum Beispiel beim Reifenwechsel unterwegs, eingesetzt werden.

4 Zum Anheben des Vorderwagens ist ein stabiler, im Fahrzeug abgestützter Punkt, zu verwenden. Hierfür eignen sich insbesondere die Aufhängungen der vorderen Dreiecksquerlenker. Zwischen Wagenheber und Querlenkeraufnahme einen Holzklotz anordnen. An Fahrzeugen mit Stabilisator an der Vorderachse sicher stellen, dass das Fahrzeug nicht versehentlich am Stabilisator angehoben wird.

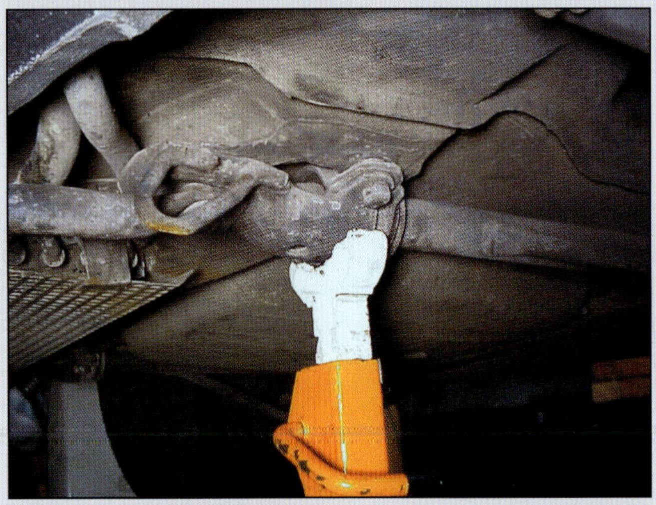

5 Ein idealer Punkt zum Ansetzen der Unterstellböcke befindet sich unter den vorderen Drehstabbefestigungen. Dieser Punkt ist sehr stabil und fügt sich ideal in die meisten Auflageflächen von Unterstellböcken ein.

der hinteren Motorspritzwand angeschweißt ist. Diese Stelle ist nicht stabil genug und die gesamte Bodengruppe kann sich unter dem Gewicht des Fahrzeugs deformieren, wenn der Wagenheber an dieser Stelle angesetzt wird.

Eine weitere Methode zum Anheben des Fahrzeugs besteht im Einsatz der Wagenheberauflage. Dieses praktische Werkzeug wird in den Aufnahmen des werkseitig vorgesehenen Wagenhebers beiderseits des Fahrzeugs eingesetzt. Das Fahrzeug kann in kleinen Stufen angehoben werden, indem jeweils eine Seite angehoben wird, während die andere abgestützt wird, um dann jeweils Wagenheber und Unterstellbock auszutauschen. Die Drehstabaufnahmen sind der ideale Ansetzpunkt für die Abstützung am Heck. Keinesfalls sollten die Unterstellböcke unterhalb des Motors oder des Getriebes angeordnet werden, da die Stabilität des angehobenen Fahrzeugs darunter leidet. Die Abdeckungen der Drehstabfedern stellen die stabilste Abstützung des Fahrzeugs dar. Es ist keinesfalls angeraten, das Fahrzeug durch Anordnen des Wagenhebers unter dem Bodenblech des Fahrzeugs anzuheben. Hier laufen Ölleitungen und Klimaanlagenschläuche entlang, die durch falsches Anheben mit dem Wagenheber leicht zerdrückt werden könnten. Ebenfalls kann das Anheben des Fahrzeugs an einer nicht abgestützten Stelle des Bodenblechs zu einer gravierenden Verformung der Bodengruppe führen.

Der Vorderwagen kann an zwei verschiedenen Aufhängungspunkten der Dreiecksquerlenker angehoben werden. Hier ist jeweils ein Holzklotz zwischen zu legen, wenn das Fahrzeug angehoben wird und vorsichtig vorzugehen, um den Dreiecksquerlenker nicht zu beschädigen. Ebenfalls ist zu beachten, dass beim Anheben des Vorderwagens an einer Seite des Fahrzeugs, die andere Seite wahrscheinlich mit angehoben werden wird und so eine wenig stabile Position erreicht wird.

Sobald das Fahrzeug in der Luft hängt und auf Unterstellböcken lagert, ist das Fahrzeug auf Stabilität zu prüfen. Hierzu maßvoll Kraftaufwand in mehreren Richtungen aufbringen. Lässt sich das Fahrzeug in irgend einer Weise bewegen, so ist es nicht richtig abgestützt. Es ist immer noch besser, das Fahrzeug von den Unterstellböcken herunter fallen zu lassen, während man darauf vorbereitet ist, als wenn gerade unter dem Fahrzeug gearbeitet wird! Den Rangierwagenheber unter dem Motor oder Getriebe anordnen, um so eine zusätzliche Abstützung zu erreichen; ebenfalls ist es keine schlechte Idee, zusätzliche Unterstellböcke als vorbeugende Maßnahme unter dem Fahrzeug anzuordnen.

Beim Herablassen des Fahrzeug ist ebenfalls sorgfältig bei der Anordnung des Wagenhebers vorzugehen. Bisweilen wird der Wagenheber durch Herablassen des Fahrzeugs eingeklemmt oder der Griff des Wagenhebers kann eine Ölleitung oder ein Rohr auf dem Weg nach unten zerquetschen. Hierbei ist sehr langsam vorzugehen und es sollten vorher Erfahrungen mit der Funktion des Wagenhebers gesammelt werden. Einige Wagenheber geben mit Öffnen des Ventils sehr rasch nach. Ebenfalls ist es sinnvoll, im Fahrzeug den Gang einzulegen und die Feststellbremse zu betätigen, bevor es mit dem Wagenheber herabgelassen wird. Es ist ohne Weiteres möglich, dass das Fahrzeug, nachdem es wieder am Boden steht, unvermittelt weg rollen könnte.

PROJEKT 2 • MOTORÖLWECHSEL

Zeit: 1 Stunde

Werkzeug: Schraubenschlüssel 15 oder 19 mm, an Fahrzeugen früherer Baujahre Inbusschlüssel 10 mm, Papierhandtücher, Ölauffangwanne

Talent:

Zutreffende Baujahre: alle

Erforderliche Teile: Ölfilter, Motoröl ca. 12 l, Dichtringe für Ölablassschraube

Tipp: Sicher stellen, dass die Ölauffangwanne groß genug ist!

Zweck des Projekts: verlängerte Motorlebensdauer und Zuverlässigkeit

Ergänzende Arbeitsgänge: Auffüllen von synthetischem Motoröl

Eine der häufigsten Arbeiten am Fahrzeug ist der Motorölwechsel. Häufiges Wechseln des Öls ist eine der besten Möglichkeiten, um die Lebensdauer des Motors zu verlängern. Mit den heutzutage erhältlichen, besseren Motorölen werden die Wechselintervalle immer länger. Obwohl Porsche mittlerweile Ölwechsel alle 25.000 km empfiehlt, erweist es sich jedoch als sinnvoll, dass Ölwechselintervall unter der 7500-km-Grenze zu halten. Wird das Fahrzeug nicht all zu oft bewegt, so sollte das Motoröl mindestens 1 x im Jahr gewechselt werden, um frisch zu bleiben.

Zuerst muss sicher gestellt werden, dass alles vorhanden ist, was für die Durchführung der Arbeiten erforderlich wird. Nichts ist frustrierender, als das Öl abzulassen, um erst danach festzustellen, dass der richtige Ersatzfilter nicht vorhanden ist oder z. B. einfach nicht genug Öl. Es werden ein Ölfilter, ein Ölfilterschlüssel, ein Schlüssel für die Ölablassschraube, eine Rolle Papierhandtücher und eine sehr große Ölauffangwanne, mit einem Fassungsvermögen von ca. 12 l Öl, benötigt. Vorher an der Unterseite des Öltanks prüfen, dass der richtige Schraubenschlüssel vorhanden ist, da hier insbesondere bei älteren Fahrzeugen Abweichungen bestehen. Als erste Maßnahme wird das Fahrzeug bewegt, um es auf Betriebstemperatur zu bringen. Das Öl muss abgelassen werden, solange es heiß ist, weil diese Hitze das Öl wesentlich leichter ausströmen lässt und so eine größere Anzahl an Metallpartikeln und Verschmutzungen mit heraus gespült werden.

Sobald das Fahrzeug auf ebener Fläche abgestellt wurde, die Ölauffangwanne unter dem Ölbehälter des Fahrzeugs anordnen. Am Porsche 911 kommt eine Trockensumpfschmierung zur Anwendung.

1 An allen Porsche 911 befindet sich der Ölfilter am Ölbehälter. Hier sind reichlich Papierhandtücher in Reserve zu halten, da ein Ausbauen des Ölfilters immer eine Verunreinigung mit Öl bedingt. Die Ölbehälter am Porsche 911 befinden sich hinten rechts innerhalb des Kotflügels, außer an Fahrzeugen Baujahr 1972, wo sie zur Vorderseite des Fahrzeugs hin angeordnet wurden. Im Foto ist ebenfalls der Öleinfüllstutzen erkennbar. Der Ölmessstab zur Messung des Ölstands im Ölbehälter befindet sich in einem Schlitz innerhalb des Öleinfüllstutzens.

2 Sicher stellen, dass eine sehr große Auffangwanne unterhalb des Ölbehälters angeordnet ist. Ca. 4 bis 6 Liter werden sehr rasch aus dem Ölbehälter herausströmen. Unter der Ölauffangwanne wird vorzugsweise noch eine weitere, breitflächigere Wanne angeordnet. Die aus dem Ölbehälter heraus strömende Ölmenge wird nur zu leicht unterschätzt.

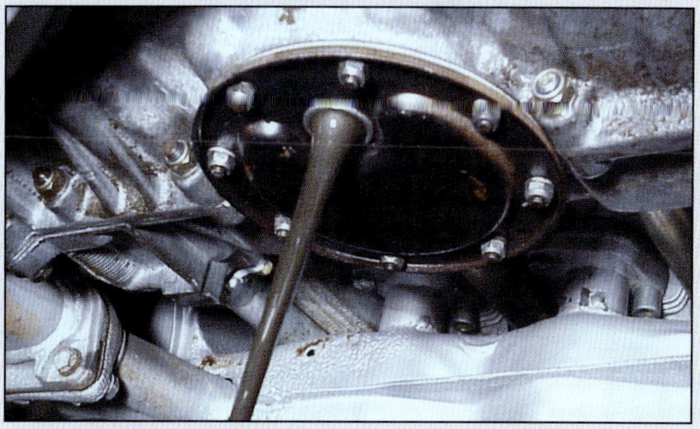

3 An der Unterseite des Motors werden ca. 3 bis 4 Liter Öl ausfließen. Obwohl dies nicht bei jedem Ölwechsel erforderlich ist, führt ein Ausbauen und Reinigen des Filtersiebs in der Ölwanne am Porsche 911 Baujahr 1965-83 zu einer noch gesteigerten Sauberkeit des Ölhaushalts. Hierfür die acht Muttern zur Befestigung des unteren Kurbelgehäuseblechs lösen und das Sieb sorgfältig reinigen. Befinden sich kleine Metallstücke oder weiteres Fremdmaterial im Filtersieb, so kann dies ein Anzeichen dafür sein, dass demnächst eine Generalüberholung des Motors ansteht. Beim Einbauen des Filtersiebs sicher stellen, dass der Ölablassstopfen nicht direkt unterhalb des Ölansaugrohrs im Innern des Motors angeordnet wird. Dies könnte die Zirkulation und das Ansaugen des Öls behindern – mit entsprechend katastrophalen Folgen.

Bei dieser Bauart der Motorschmierung wird ein Großteil des Öls in einem separaten Behälter bevorratet und nicht in der Ölwanne des Motors. In der Ölwanne selbst befindet sich immer noch eine beachtliche Menge Öl, jedoch nicht genug, um den Motor ordnungsgemäß laufen zu lassen, so dass die zusätzliche erforderliche Ölmenge im separaten Behälter gespeichert wird. Dieser Ölbehälter befindet sich an allen Porsche 911 – außer im Baujahr 1972 – an der rechten Seite des Fahrzeugs innerhalb des hinteren Kotflügels, unmittelbar hinter dem Rad. Unten am Behälter befindet sich ein Ablassstopfen zum Ablassen des Öls. Dieser Stopfen muss vorsichtig entfernt werden und eine sehr große Ölauffangwanne, die mindestens 9 Liter Fassungsvermögen aufweist, muss bereits darunter angeordnet sein. Hier empfiehlt es sich, eine weitere Auffangwanne unter die veranschlagte Ölauffangwanne zu stellen – nur für den Fall, dass die austretende Ölmenge unterschätzt wird. Da der Wagen soeben warm gefahren wurde, wird das Öl sehr heiß sein und sehr rasch ausströmen, deshalb ist unbedingt Vorsicht geboten, damit keine Verbrennungen am eigenen Körper entstehen. Es wird keine Zeit bleiben, weitere Eimer oder Ölauffangwannen herbei zu schaffen, deshalb ist unbedingt sicher zu stellen, dass die im Voraus gewählte Ölauffangwanne groß genug ist.

Dies ist ein guter Zeitpunkt, um den Ölfilter zu entfernen. Der Ölfilter sollte unbedingt entfernt werden, solange sich die Ölauffangwanne immer noch unter dem Ölbehälter befindet, da auch der Ölfilter voller Öl ist und dieses aus dem Filter in den Ölbehälter und von dort aus der Ablassstopfenbohrung austreten wird. Beim Einbau hätte der Filter nur handfest angezogen werden sollen, was nicht bedeutet, dass er sich ebenso leicht wieder lösen lässt. Hierfür sind spezielle Ölfilterschlüssel erhältlich. Ist der Filter auch mit diesem Hilfsmittel nicht zu lösen, so sind drastischere Maßnahmen geboten. Eine davon besteht zum Beispiel im Durchstechen des Ölfilters mit einem langen Schraubenzieher, um dann mit dem Schraubenziehergriff eine ausreichende Hebelwirkung ausüben zu können. Der Filter wird hierbei natürlich zerstört, was jedoch kein Problem darstellt, weil ja ein neuer eingebaut werden soll. Insofern ist es hier besonders wichtig, dass der richtige Ersatzfilter vorhanden ist. Bei dieser Methode wird natürlich Öl aus dem Ölfilter in den Motorraum austreten, so dass hierfür in Form von Papierhandtüchern und Werkstattlappen Vorbereitungen zu treffen sind.

Nachdem der Ölbehälter entleert ist, wird an dem mittleren Abschlussblech an der Motorunterseite fortgefahren, wo sich ein ähnlicher Ölablassstopfen befindet. Wie am Ölbehälter auch, ist dieser zu entfernen, um dann das Öl aus dem Motor in die Ölauffangwanne abzulassen. Die Unterseite der Motorölwanne enthält wesentlich weniger Öl als der Ölbehälter. Beginnend gegen Ende des Baujahres 1983 hat Porsche den Ablassstopfen von der Unterseite des Motors an die Seite des Kurbelgehäuses verlegt.

Während das gesamte Öl abläuft, kann die Zeit genutzt werden, um beide Ablassstopfen, vom Motor und vom Ölbehälter, sorgfältig zu reinigen. Der an der Unterseite des Motors eingeschraubte Stopfen ist mit einem Magneten versehen, um so alle metallischen Kleinteile, die im Motoröl eingeschlossen werden, festzuhalten. An einigen Fahrzeugen ist der Stopfen an der Unterseite des Ölbehälters ebenfalls mit einem Magneten versehen, was darauf hinweist, dass das Originalteil ersetzt wurde. Nachdem beide Stopfen sauber sind, sind sie am Fahrzeug wieder mit neuen Metalldichtringen einzubauen. Wird dieser Metalldichtring gegen anderes Material ausgetauscht oder weggelassen, so wird zweifellos Öl auslaufen. Die beiden Ölablassstopfen auf 42 Nm anziehen.

Nun im Motorraum fortfahren und den neuen Ölfilter einbauen. Hierzu wird der Gummidichtring angefeuchtet, d. h. ein Tropfen Öl wird zum Beispiel mit einem Papierhandtuch gleichmäßig auf der Oberfläche des Gummidichtrings verteilt. So wird eine Abdichtung entlang des gesamten Umfangs des Filters sicher gestellt. Ebenfalls die Anlagefläche am Motorblock abwischen. Den Filter anschrauben und handfest anziehen. Hierbei ist keinerlei Kraftaufwand erforderlich, Undichtigkeiten sind hier selten der Fall.

Nun ist der Zeitpunkt gekommen, das Motoröl aufzufüllen. Generell gilt, dass in kälteren Klimazonen ein Öl der Güteklasse 10W40 oder ähnlich verwendet werden sollte. In wärmeren Gefilden empfiehlt sich die Verwendung von Öl der Klassifizierung 20W50. Letzteres hat nicht die günstigsten Eigenschaften bei kalter Witterung, hält jedoch unter starker Hitzeeinwirkung besser stand.

Es bestehen überall unterschiedliche Meinungen darüber, ob lieber synthetisches oder herkömmliches Öl verwendet werden sollte. Große Unterschiede in der Verschleißfestigkeit und Materialerhaltung ergeben sich aus den Ölen nicht, wohl aber können synthetische Öle längere Ölwechselintervalle vertragen. Generell lässt sich jedoch sagen, dass an älteren Fahrzeugen, mit alten Dichtungen und Dichtringen keine Synthetiköle verwendet werden sollten. In vielen Fällen führt die Zugabe von Synthetiköl zu Leckagen an einem Fahrzeug, das vorher trotz alter Dichtungen trocken war. Handelt es sich also beim betreffenden Fahrzeug um einen Porsche 911, der nicht gerade eine neue Abdichtung des Motors erfahren hat, so ist angeraten, nichtsynthetisches Öl zu verwenden.

Der Ölbehälter wird über den Öleinfüllstutzen im Motorraum befüllt. Hier ist es sinnvoll, den Ölmessstab zu entfernen, damit nicht versehentlich Öl am Griffende des Ölmessstabs heruntertropft. Zirka 8 Liter in den Ölbehälter füllen, an Fahrzeugen ab Baujahr 1973 noch einen zusätzlichen Liter. Dann den Ölmessstab wieder einführen und den Ölverschluss ansetzen. Nochmals prüfen, dass der Ölstand am Ölmessstab angezeigt wird. Jetzt das Fahrzeug auf einer Probefahrt auf Betriebstemperatur bringen. Der Ölstand kann nur bei im Leerlauf drehenden Motor bei Betriebstemperatur exakt geprüft werden. Ist der Ölstand zu niedrig, so ist mehr hinzuzufügen, während der Motor läuft. Das Auffüllen von 1 bis 2 Litern Öl in den Ölbehälter bewirkt ein Ansteigen des Ölstandes am Ölmessstab von der Markierung für niedrigsten Füllstand bis zur Markierung für höchsten Füllstand. Überschlagsmäßig lässt sich sagen, dass der Ölbehälter befüllt werden sollte bis die Ölstandsanzeige am Armaturenbrett etwas oberhalb der Halb-Voll-Markierung anzeigt. Den Ölstand am Ölmessstab nochmals überprüfen und bei allen Arbeiten immer sicher stellen, dass das Fahrzeug auf ebenem Boden steht. Wird zu viel Öl aufgefüllt, so wird dieses früher oder später über die Kurbelgehäuseentlüftungsanlage heraus gedrückt und könnte den gesamten Motorraum in einen Ölnebel einhüllen. Immer sicher stellen, dass das Altöl fachgerecht entsorgt wird.

PROJEKT 3 • AUSTAUSCHEN DES GEBLÄSEANTRIEBSRIEMENS

Zeit: 30 Minuten

Werkzeug: Spezialhakenschlüssel für Riemenscheibe, Flachbettstecknuss 24 mm

Talent:

Zutreffende Baujahre: alle

Erforderliche Teile: Distanzscheiben zur Riemenscheibeneinstellung, äußere Riemenscheibenhälfte, Gebläseantriebsriemen

Tipp: Zustand der Getriebe- und Motorlager prüfen, wenn das Anheben von unterhalb des Motors erfolgt.

Zweck des Projekts: exakt 6 Distanzscheiben beim Einbau der Riemenscheibe verwenden

Ergänzende Arbeitsgänge: Antriebsriemen des Klimakompressors erneuern

1 Der Gebläseantriebsriemen wird durch Festhalten der Riemenscheibe des Lüfterrades mit dem Hakenschlüssel und Lösen der 24-mm-Mutter, die zur Befestigung der gesamten Baugruppe dient, erreicht. Es sollte keinesfalls versucht werden, die Riemenscheibe ohne diesen Spezialhakenschlüssel zu entfernen. Eine Beschädigung der Riemenscheibe wäre die Folge. Der Werkzeugsatz des Fahrzeugs sollte diesen Hakenschlüssel enthalten.

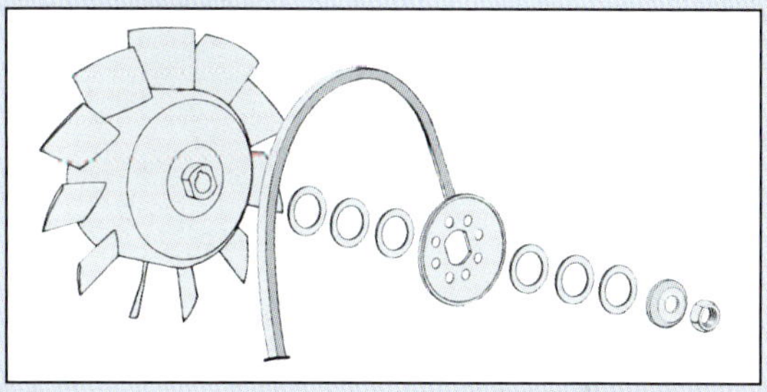

2 Dargestellt ist die ordnungsgemäße Reihenfolge des Einbaus der Teile für den Gebläseriemenantrieb. Die Riemenspannung wird durch Verlagern der vorderen Riemenscheibenhälfte, d.h. Umsetzen der Distanzscheiben von vorne nach hinten erreicht. Zu Anfang ist mit 5 Distanzscheiben hinter der vorderen Riemenscheibenhälfte zu beginnen, um diese dann in Annäherung an die richtige Riemenspannung schrittweise nach vorne zu verlagern.

Eine der wichtigsten Arbeiten im Rahmen der Instandhaltung des Porsche 911 besteht im ordnungsgemäßen Austauschen und Spannen des Gebläseantriebsriemens. Werden sowohl Antriebsriemen als auch Riemenscheibe nicht ordnungsgemäß eingebaut, so können sich diese während der Fahrt lösen und die Kühlwirkung des Motorkühlgebläses behindern. Wird dies nicht durch Ablesen der Temperaturanzeige oder der Ladekontrollleuchte bemerkt – der Gebläseantriebsriemen dient nämlich auch als Lichtmaschinenantriebsriemen –, so wird der Motor überhitzen.

Wie vom Volkswagen Käfer her bekannt, wird der Lüfterantriebsriemen durch Versetzen von Distanzscheiben von vor der Riemenscheibe bis innerhalb der in zwei Hälften ausgeführten Riemenscheibe gespannt. Je mehr Distanzscheiben zwischen beiden Riemenscheibenhälften liegen, um so geringer die Riemenspannung, weil die Keilöffnung der Riemenscheibe so breiter wird und der Antriebsriemen so tiefer in der Riemenscheibe läuft. Im Gegenzug wird, wenn Distanzscheiben von innerhalb beider Riemenscheibenhälften entfernt werden, der Antriebsriemen enger eingeklemmt und läuft somit weiter außen am Umfang der Riemenscheibe, wodurch er stärker gespannt wird. Die einmal erreichte Spannung kann nicht wieder verloren gehen, es sei denn, der Antriebsriemen dehnt sich selbst.

Der Einbau des Riemens muss entsprechend einer vorgegebenen Reihenfolge erfolgen, um ein ordnungsgemäßes Setzen der Riemenscheibe und Spannen des Antriebsriemens zu gewährleisten. Hierbei wird mit 5 Distanzscheiben zwischen beiden Riemenscheibenhälften begonnen und einer als Unterlegscheibe dienenden Distanzscheibe vor der äußeren Riemenscheibenhälfte. Wichtig ist, dass die Gesamtanzahl der Distanzscheiben nicht größer als 6 sein darf. Werden die zusätzlichen Distanzscheiben nicht an der Außenseite der Riemenscheibe aufgelegt, so wird die Mutter nicht fest anliegen und der Riemen wird nicht fest gespannt. Fehlen einige Distanzscheiben, so sind diese umgehend zu beschaffen und einzubauen.

Sicher stellen, dass die Riemenscheibe vollständig festgezogen wird. Soweit wie möglich mit dem Schraubenschlüssel festziehen, dann den Anlasser kurz betätigen und erneut festziehen. So wird der Antriebsriemen, der gegebenenfalls zwischen beiden Riemenscheibenhälften eingeklemmt ist, gelöst. Der Punkt, an dem alle Distanzscheiben fest am Lüfter und der äußeren Riemenscheibenhälfte anliegen, wird klar zu spüren sein, denn dann lässt sich die Mutter nicht weiter festziehen, egal wie viel Kraft aufgewendet wird. Das werkseitig vorgegebene Anzugsdrehmoment für diese Mutter beträgt 40 Nm.

Die Spannung des Riemens sollte groß genug sein, so dass der Riemen mit Fingerdruck ca. 7 bis 12 mm an einer Stelle auf halbem Wege zwischen beiden Riemenscheiben, hineingedrückt werden kann. Ist der Riemen zu fest, so sind eine oder mehrere Distanzscheiben in Richtung innerhalb beider Riemenscheibenhälften zu verlegen. Ist er dann zu lose, so sind die Distanzscheiben in die andere Richtung zu verlagern. Jedoch immer insgesamt 6 Distanzscheiben an der Lüfterantriebswelle angebaut belassen!

GRUNDLAGEN

PROJEKT 4 • WECHSELN DES LUFTFILTERS

Zeit: 15 Minuten

Werkzeug: keines

Talent:

Zutreffende Baujahre: 1965-1989

Erforderliche Teile: neuer Luftfilter

Tipp: den Luftfilter alle 15.000 km ersetzen

Zweck des Projekts: bessere Luftzufuhr in die Gemischbildungsanlage

Ergänzende Arbeitsgänge: Einbau eines Nachrüstluftfilters und Erneuern der Bügel des Luftsammelkastens der K-Jetronic

Am Porsche 911 früheren Baudatums wurde ein walzenförmiger Luftfilter in einem Gehäuse verwendet, das oberhalb der Vergaser, bzw. der mechanischen Kraftstoffeinspritzung sitzt. Zum Ersetzen des Luftfilters wird einfach der lange stirnseitige Deckel des Luftfiltergehäuses abgenommen, um den alten Luftfiltereinsatz zu entfernen. Hierbei sicher stellen, dass keine der Befestigungsschrauben in den Motorraum fallen, da diese nur unter erschwerten Bedingungen wieder heraus befördert werden können. Der neue Luftfilter muss ordnungsgemäß zu dem Gehäuse ausgerichtet werden, um den schnauzenförmigen Deckel des Luftfiltergehäuses wieder anbauen zu können.

Mit Einführung der K-Jetronic am Porsche 911 ab Baujahr 1973 wurde auch der Luftfiltereinsatz geändert. Der Luftfilter der K-Jetronic befindet sich innerhalb eines Kunststoffgehäuses, das mit flexiblem Gummibügel festgehalten wird. Einfach die Riemen an der Oberseite des Luftfilterkastens lösen und den Filter aus dem Luftansauggehäuse entfernen. Die Gummiriemen überprüfen, um sicher zu stellen, dass keine Rissbildung und kein Verschleiß vorliegt. Bei jeglichen Alterungserscheinungen sind die Riemen unbedingt zu ersetzen.

1 An Fahrzeugen früherer Baujahre deckte das Luftfiltergehäuse die mechanische Einspritzanlage, bzw. die Vergaser ab. Der kreisrunde, walzenförmige Luftfilter befindet sich im Innern des Gehäuses und wird durch Entfernen der langen „Schnauze" des Luftfiltergehäuses herausgenommen. Die Befestigungsschrauben müssen nicht entfernt werden, um den Luftfilter zu ersetzen. Ein einfaches Lösen der Schrauben und Drehen des Deckels reicht aus.

2 Die Fahrzeuge der Baujahre 1973 bis 1983 mit K-Jetronic sind mit einem flachen Luftfilterelement unter einem Luftansauggehäuse aus Kunststoff versehen. Dieses Gehäuse wird am Luftsammelkasten der Gemischbildungsanlage mit zwei Gummibügeln festgehalten. Zugang zum Filter erfolgt durch Trennen der Bügel und Entfernen des Gehäuses. Beim Ausbauen des Filters sind die Bügel zu überprüfen, da diese mit zunehmender Alterung brüchig werden.

3 An Porsche Carrera Baujahr 1984-1989 und 911er-Turbos sind die Luftfiltergehäuse als Kasten an der rechten Seite der Motorspritzwand ausgeführt (siehe orangefarbener Streifen). Dieser Luftfilterkasten wird mit Schnallen zusammengehalten (siehe Pfeil). Zum Austauschen des Luftfilters die Metallklammern aufschnappen lassen und den alten Filter herausziehen. Ca. alle 15.000 km sollte der Luftfilter am Porsche 911 ersetzt werden. Der Luftfilter dient dem Schutz der Gemischbildungsanlage und des Luftansaugtrakts vor Staub und Fremdmaterial, das unter normalem Betrieb angesaugt werden könnte.

An 911 Carrera-Modellen ab Baujahr 1984 hat Porsche die Motronic-Kraftstoffeinspritzanlage eingeführt, bei der ein rechteckiger Luftfilter an der rechten Seite der Motorspritzwand zur Anwendung kommt. Der Filter ist im Ansaugtrakt, innerhalb eines mit Metallklammern befestigten Luftfilterkastens, angeordnet. Zum Austauschen des Filters einfach die Klammer lösen.

GRUNDLAGEN

PROJEKT 5 • AUSTAUSCHEN VON KRAFTSTOFFFILTER UND KRAFTSTOFFDRUCKSPEICHER

Zeit: 1 Stunde

Werkzeug: Schraubenschlüssel

Talent:

Zutreffende Baujahre: 1965-1989

Erforderliche Teile: neuer Filter, neuer Druckspeicher

Tipp: Handelt es sich um ein Warmstartproblem an der K-Jetronic, so ist der Druckspeicher zu erneuern

Zweck des Projekts: ein erhöhter Reinheitsgrad im Kraftstoffsystem

Ergänzende Arbeitsgänge: Kraftstoffpumpe oder Kraftstoffleitungen im selben Arbeitsgang erneuern

Einer der einfachsten Arbeitsgänge am Porsche 911 besteht im Austauschen des Kraftstofffilters und des Kraftstoffdruckspeichers, wobei Letzterer nur an Fahrzeugen mit K-Jetronic-Einspritzanlage vorhanden ist. An älteren Fahrzeugen sind unter Umständen mit Rost belastete Kraftstofftanks vorhanden und hier ist ein frischer und sauberer Kraftstofffilter von ausschlaggebender Wichtigkeit, um eine einwandfreie Funktion der Kraftstoffanlage zu gewährleisten. Selbst mikroskopisch kleine Partikel können durch Ablagerungen die kleinsten Bohrungen innerhalb eines Vergasers oder der Einspritzanlage verstopfen. In diesem Projekt wird das Austauschen sowohl des Kraftstofffilters als auch des Druckspeichers behandelt. An Fahrzeugen früherer Baujahre, d.h. ab 1965 bis ca. Anfang 1973 und an den Porsche Carrera der späteren Baujahre 1984-1989 muss nur der Kraftstofffilter erneuert werden. Der Kraftstoffdruckspeicher ist Bestandteil des K-Jetronic-Systems von Bosch, das am Porsche 911 ab Mitte 1973 bis 1983 und an 911er-Turbos bis 1989 verbaut wurde. Der Druckspeicher enthält eine federbelastete Membran, die durch unter Druck Setzen des Systems nach Abstellen des Motors eine Dampfblasenbildung verhindert. Dampfblasenbildung entsteht, wenn die Kraftstoffpumpe und Kraftstoffleitungen durch die Motorwärme erhitzt werden. Das Benzin in den Leitungen und der Pumpe verdampft dann und geht in den gasförmigen Aggregatzustand über. Wird die Pumpe eingeschaltet, wenn sich der Kraftstoff in diesem Zustand befindet, so wird die Förderwirkung ausbleiben, weil das verdampfte Benzin nicht verdichtet werden kann. Die einzige Lösung würde hier darin bestehen, abzuwarten, bis das Benzin sich abgekühlt und wieder verflüssigt hat, um dann erneut von der Kraftstoffpumpe unter Druck gefördert werden zu können.

Dampfblasenbildung tritt nur selten bei laufendem Motor auf. Dies liegt darin begründet, weil der Kraftstoff in der Anlage ständig von der Pumpe unter Druck gehalten und zurück in den Kraftstofftank umgewälzt wird. Der Kraftstoff wird aus dem Tank in die Kraftstoffeinspritzanlage gepumpt und der überschüssige Kraftstoff geht dann wieder über die Rücklaufleitung zurück zum Tank. Hierbei ist zu beachten, dass der größere Teil des umgewälzten Kraftstoffs auch wieder zurück in den Tank gepumpt wird. Diese Umwälzung dient dazu, die Leitungen unter Druck zu halten, so dass eine Verdampfung des Kraftstoffs gar nicht erst auftreten kann. Ebenfalls wird durch die Umwälzung der Kraftstoff gekühlt. Der durch die Pumpe erzeugte, zusätzliche Druck mindert ebenfalls die Möglichkeit der Dampfblasenbildung.

Handelt es sich um Warmstartprobleme am Fahrzeug und der Motor ist mit K-Jetronic ausgerüstet, so kann eine Reihe von Dingen unternommen werden. Zuerst ist der Filter und der Kraftstoffdruckspeicher zu erneuern. Wie bereits erwähnt, dient der Druckspeicher dazu, die Anlage unter Druck zu halten, so dass ein mangelhaftes Warmstartverhalten darauf hinweisen könnte, dass diese Einheit nicht ordnungsgemäß funktioniert. Besteht im Rahmen einer Probefahrt oder auf Langstrecken die Befürchtung, auf Grund von Dampfblasenbildung liegen zu bleiben, wo ein Fortkommen unbedingt erforderlich ist, so kann durch eine mit Druckluft gefüllte Dose kurzfristig Abhilfe geschaffen werden. Derartige Dosen mit Druckluftfüllung werden oft zur Reinigung von Computergeräten verwendet. Da die Luft in der Dose als Flüssigkeit komprimiert ist, nimmt sie mit der Ausdehnung beim Versprühen Wärme auf. Aus der Dose Druckluft auf die Leitungen im Motorraum und auf die Kraftstoffpumpe am Vorderwagen sprühen, sofern hier Zugang erlangt werden kann. So könnte das Kraftstoffsystem etwas schneller abgekühlt werden

Ein weiteres wichtiges Bauteil der Anlage, das oft versagt, ist das Rückschlagventil innerhalb der Kraftstoffpumpe. Ein defektes Rückschlagventil ermöglicht bei ausgeschalteter Zündung, dass die Kraftstoffanlage drucklos wird, wodurch der Zweck des Kraftstoffdruckspeichers ad absurdum geführt würde. Wenn das Austauschen des Druckspeichers die Probleme beim Warmstart der K-Jetronic nicht behebt, so könnte das Problem innerhalb der Kraftstoffpumpe liegen, die dann erneuert werden muss.

Weiterhin ist es sinnvoll, den Kraftstofftank überwiegend gefüllt zu lassen und nicht bis zur Reserve leer zu fahren. Da die K-Jetronic den Kraftstoff zurück zum Behälter umwälzt, und ein voller Kraftstofftank als großes Kühlreservoir fungiert, wäre dies eine Möglichkeit, zumindest vorübergehend Abhilfe gegen Dampfblasenbildung zu schaffen. Ein weiterer Trick besteht im weiter laufen Lassen der Kraftstoffpumpe nach Abschalten des Motors, was durch Drehen des Zündschlüssels in Richtung – „Zündung ein" – für 1 oder 2 Minuten erreicht wird. So wird der Kraftstoff in der Anlage umgewälzt, ohne dass der Motor Wärme erzeugt und die Dampfblasenbildung in den Leitungen wird un-

AUSTAUSCHEN VON KRAFTSTOFFFILTER UND KRAFTSTOFFDRUCKSPEICHER

1 Auf dem Foto sind der links im Motorraum befindliche Kraftstofffilter links im Bild und der Druckspeicher rechts im Bild dargestellt. Zugang erfolgt nur in begrenztem Rahmen, so dass der große schwarze Gebläseschlauch aus Kunststoff, zwischen Gebläse und Lüfter, entfernt werden sollte. Das Fahrzeug einige Stunden stehen lassen, bevor die Anschlüsse gelöst werden. Wenn der Druckspeicher in Ordnung ist, dann wird die Anlage weiterhin unter Druck stehen und Kraftstoff könnte heraus sprühen. Der Druckspeicher hält den Druck ca. 30 Minuten lang, diese Zeitspanne ist jedoch von Fahrzeug zu Fahrzeug unterschiedlich.

Beim Entfernen der Stahlrohrleitungen an der Oberseite von Kraftstofffilter und Druckspeicher Vorsicht walten lassen. Wenn die beengten Platzverhältnisse dies ermöglichen, so sind zwei Schraubenschlüssel zu verwenden, um die Leitungen zu lösen – die, wenn sie aufgrund von Kontaktkorrosion besonders fest sitzen, sich nur schwer lösen lassen. Einen Schlüssel am Filter und den anderen an der Leitung ansetzen. So wird die Wahrscheinlichkeit der Beschädigung einer der Leitungen oder des Druckspeichers verringert.

Bisweilen wird ein defekter Kraftstoffdruckspeicher diverse Warmstartprobleme am Porsche 911 mit K-Jetronic verursachen. Wenn derartige Probleme mit Dampfblasenbildung auftreten oder sich das Fahrzeug, nachdem es einige Zeit gelaufen ist, nur schwer wieder starten lässt, so ist als erste Maßnahme der Druckspeicher zu erneuern. Hierbei ist zu beachten, dass das Rückschlagventil in der Kraftstoffpumpe im Zusammenhang mit dem Druckspeicher arbeitet, d. h. ein defektes Rückschlagventil wird die selben Symptome erzeugen wie ein defekter Druckspeicher. Da jedoch eine neue Kraftstoffpumpe ca. 5 mal so viel kostet wie ein neuer Druckspeicher, wird gemeinhin der Druckspeicher zuerst ausgetauscht.

wahrscheinlicher. Nach Abstellen des Motors steigt die Motortemperatur vorübergehend schlagartig an, da die Kühlwirkung vom Kühlgebläse nicht mehr erfolgt.

Das Austauschen des Kraftstofffilters am 911er Porsche gestaltet sich recht einfach, obwohl Zugang zu dem Bereich, wo der Filter angeordnet ist, etwas schwierig sein kann. An Fahrzeugen, die mit dem großen schwarzen Gebläseschlauch ausgerüstet sind, ist angeraten, diesen Schlauch zu entfernen, um den Zugang zur Einbaulage des Kraftstofffilters zu erleichtern.

Zuerst ist sicher zu stellen, dass die Kraftstoffanlage drucklos ist. Wie bereits erwähnt, ist der Druckspeicher federbelastet, um die Kraftstoffanlage bei abgestelltem Motor unter Druck zu halten. Die Anschlüsse an Kraftstofffilter und Druckspeicher dürfen nur getrennt werden, wenn das Fahrzeug eine Zeitlang gestanden hat, vorzugsweise über Nacht. Wenn ein Austauschen dieser Teile unmittelbar nach einem Betrieb des Fahrzeugs erforderlich ist, so ist hierfür der Anschluss an der Oberseite des Kraftstoffdruckspeichers langsam und vorsichtig zu öffnen. So wird das Kraftstoffsystem langsam drucklos gemacht, ohne den Kraftstoff unkontrolliert herumspritzen zu lassen. Hierbei unbedingt Schutzbrille tragen, da dass Benzin sonst auch in die Augen spritzen könnte.

Um sowohl Kraftstofffilter als auch Druckspeicher zu entfernen, sind einfach die Kraftstoffleitungen an Ober- und Unterseite beider Einheiten abzuschrauben. Je nach dem, wie lange der letzte Austauschvorgang zurückliegt, kann das Abschrauben der Leitungen Schwierigkeiten verursachen. Falls erforderlich, die Leitung von der Oberseite des Filters und von der Unterseite des Druckspeichers demontieren, um dann Kraftstoffdruckspeicher und Kraftstofffilter als eine Einheit vom Fahrzeug zu entfernen. So kann die Verbindungsleitung zwischen den beiden Bauteilen separat auf der Werkbank gelöst werden. Die Befestigung, sowohl des Filters als auch des Druckspeichers, erfolgt durch eine einfache Metallschelle.

Bei diesen Arbeiten sind einige Papierhandtücher bereit zu halten, da mit Kraftstoffaustritt zu rechnen ist. Ebenfalls müssen die Arbeiten in gut belüfteten Räumen durchgeführt werden, weil sich Benzindämpfe ansammeln können. Ebenfalls ist es ratsam, bei dieser Arbeit Handschuhe zu tragen, um ein Eindringen von Kraftstoff in die Haut zu verhindern.

Der Einbau des neuen Filters und Druckspeichers gestaltet sich sehr einfach. Die beiden neuen Einheiten unter Verwendung der ursprünglich vorhandenen Bandschellen einbauen und dann die Kraftstoffleitungen anschrauben. Vor dem Anlassen des Motors sicher stellen, dass sämtlicher bei diesem Arbeitsgang ausgetretener Kraftstoff verdampft ist und dass die Kraftstoffleitungen fest sitzen. Dann den Zündschlüssel in Stellung „Zündung ein" drehen, ohne den Motor anzulassen. Als zusätzliche Vorsichtsmaßnahme kann noch der Steckverbinder der zentralen Elektrikbox gelöst werden, um jegliche Quelle eines Zündfunkens auszuschließen. Nachdem so überprüft wurde, dass die Kraftstoffanlage Kraftstoff durch den neuen Filter und den Druckspeicher gepumpt hat, ohne dass Leckagen auftreten, kann der Motor angelassen werden.

ABSCHNITT ZWEI

MOTOR

Reparaturen am Motor des Porsche 911 sind nicht unbedingt einfach. Die beengten Platzverhältnisse im Motorraum erschweren den Zugang zu diversen Bauteilen der Kraftstoffeinspritzung, in der Tat lassen sich nur wenige Arbeitsgänge bei im Fahrzeug eingebauten Motor durchführen, so zum Beispiel das Einstellen der Ventile, einige Arbeiten an der Einspritzanlage und der Einbau des Carrera-Kettenspanners. Die meisten Arbeiten erfordern jedoch eine bessere Zugänglichkeit. In diesen Fällen besteht die einzige Lösung im Ausbauen des Motors, eine Aufgabe, mit der sich viele überfordert sehen. Tatsächlich ist das Ausbauen und Arbeiten am Motor des 911 jedoch keineswegs schwierig, wenn die richtigen Werkzeuge und die entsprechenden Vorkenntnisse vorhanden sind, die hiermit vermittelt werden sollen.

elferservice
onlineshop
Startseite » Katalog » Motor » Kurbelgehäuse
Kategorien
Unser Angebot
Onlineshop - täglicher Versand
typenspezifische Beratung per Telefon und E-Mail
Ersatzteile
Service
Kompetenz
Motor-und Getriebeinstandsetzung
Rennservice und Tuning
www.elferservice.de
EiBA GmbH • In der Lach 1 • 66 271 Hanweiler • Tel.: 0 68 05 - 48 00 • Fax: 0 68 05 - 48 40

MOTOR

PROJEKT 6 • AUSBAUEN DES MOTORS

Zeit: 10 Stunden

Werkzeug: Steckschlüsselsatz, Inbusschlüsselsatz, Rangierwagenheber, Unterstellböcke, Rollwagen, Holzklötze

Talent: 🔧🔧🔧🔧

Zutreffende Baujahre: alle

Erforderliche Teile: keine

Tipp: Beim Ablassen des Motors sollte ein Assistent zur Verfügung stehen

Zweck des Projekts: Möglichkeit der Instandsetzung und Wartung in Bezug auf bestimmte Probleme am Motor

Ergänzende Arbeitsgänge: Beheben von Ölaustritt, Erneuern von Schläuchen der Kraftstoffeinspritzanlage, Einbau der Carrera-Kettenspanner, Auswechseln der Kupplung

Das in diesem Projekt dargestellte Fahrzeug ist ein 911 SC von 1982. An anderen Modellen werden Abweichungen in Bezug auf Bauteile und Konfigurationen bestehen, die Vorgehensweise zum Ausbauen des Motors, ist jedoch bei allen Porsche 911 fast gleich. Die folgende Checkliste zeigt die einzelnen Arbeitsschritte, die unternommen werden müssen:

- Batterie abklemmen
- Kraftstoffpumpenrelais ausbauen
- Motoröl aus der Motorölwanne ablassen (Projekt 2)
- Motoröl aus dem Ölbehälter ablassen (Projekt 2)
- Fahrzeugheck auf Unterstellböcken anheben (Projekt 1)
- Motorölrohrleitung demontieren
- Motorölgummischlauch demontieren
- Kupplungsseilzug demontieren (Projekt 8)
- außerdem Hebel- und Stützfederbaugruppe abnehmen
- elektrische Anschlüsse am Anlassermagnetschalter abklemmen
- Rückfahrscheinwerferschalter und Tachowelle bzw. Tachogeberkabel vom Getriebe abklemmen
- Heizungsschläuche von den Wärmetauschern abnehmen
- Schaltkuppler trennen und ausbauen
- Klimakompressor abbauen und zu einer Seite hin außen verzurren
- Alle Kraftstoffleitungen trennen
- Motorhauptkabelbaum abklemmen
- Schläuche der Kurbelgehäuseentlüftungsanlage abnehmen
- Betätigungsstange des Gaspedalgestänges abbauen
- Seilzug der Geschwindigkeitsregelung abbauen
- Lambdasonde abklemmen
- Vier Muttern zur Befestigung des Motors am Getriebe entfernen
- Schrauben der Motorlager entfernen
- Motor herablassen

1 Es ist äußerst wichtig, das Batteriemassekabel vor Beginn jeglicher Arbeiten zum Ausbauen des Motors abzuklemmen. Der Anlasser ist ständig mit der Batterie verbunden, so dass ein Ausbauen des Motors bei angeschlossener Stromversorgung sowohl für Mensch als auch Maschine erhebliche Gefahren birgt. Ebenfalls ist es sinnvoll, das rote Kraftstoffpumpenrelais aus seiner Fassung zu entfernen. Wird später beschlossen, Arbeiten an der elektrischen Anlage des Fahrzeugs vorzunehmen, während der Motor ausgebaut ist und wird im Rahmen dieser Arbeiten die Zündung eingeschaltet, während das Kraftstoffpumpenrelais eingebaut ist, so könnte sonst unbemerkt Benzin aus den getrennten Leitungen im Motorraum austreten.

2 Nachdem das Heck des Fahrzeugs angehoben wurde und das Öl abgelassen wurde, ist mit dem Demontieren der Ölleitungen zu beginnen. Der hintere Rohranschluss, wie durch Pfeil gekennzeichnet, kann aufgrund von Ansammlungen von Rost und Korrosion unterhalb des Fahrzeugs über die Jahre hinweg schwer zu lösen sein. Hier ist besondere Vorsicht geboten, damit die Leitung nicht durch zu großen Kraftaufwand beim Lösen beschädigt wird. Mit zwei Schlüsseln arbeiten: einer, um die Überwurfmutter der Leitungen zu drehen und ein weiterer, um die Muffe am Sechskant verdrehsicher festzuhalten. An der Leitung selbst ist kein Kraftaufwand aufzubringen, da diese sonst beschädigt werden könnte.

3 Die Leitung zur Verbindung des Öltanks mit dem Motor muss vollständig abgebaut werden (siehe Pfeil). Die Leitung wird mit zwei Schlauchschellen unten am Öltank befestigt und an der Unterseite des Motorölkühlers. Beim Ausbauen die Leitung sorgfältig prüfen und bei Vorliegen jeglicher Rissbildung oder sprödem Erscheinungsbild ist beim Wiedereinbau ein vollkommen neuer Schlauch zu verwenden. Hierbei eine Ölwanne zur Hand haben, da beim Ausbauen des Schlauchs überschüssiges Öl austreten wird.

4 Der Kupplungsseilzug unter dem Getriebe muss ausgehängt werden. An Porsche 911 Baujahr 1976-1986 ist der Kupplungsseilzug auszuhängen und dann der Sprengring zur Arretierung des kleinen Hebels zu entfernen (siehe gelber Pfeil). Dann die kleine Schraubenfeder vom Hebel (weißer Pfeil) entfernen und den Hebel selbst von der Welle abdrücken. Hierzu eignet sich ein kleiner Schraubenzieher. Der Rest der Übertragungshebelbaugruppe (roter Pfeil) kann nun von der Welle entfernt werden. Hierbei ist die hufeisenförmige Druckfeder (Bügelfeder - grüner Pfeil) besonders respektvoll zu behandeln, da sie unter großer Vorspannung steht und mit Abziehen des größeren Hebels von der Welle, zurückschnappen wird. Siehe Projekt 9 für weitere Informationen zum Ausbauen dieser Bügelfeder. An Porsche 911 früheren Baudatums gestaltet sich dieser Arbeitsgang etwas einfacher, da der Kupplungsseilzug direkt am Ausrückhebel befestigt ist.

- Motor vom Getriebe wegziehen
- auf Rollwagen herablassen und wegziehen

Wird diese Vorgehensweise sorgfältig befolgt und regelmäßig geprüft und noch mal nachgeprüft, dass alle entsprechenden Teile demontiert werden, so gestaltet sich der eigentliche Vorgang des Absenkens des Motors nicht besonders schwierig. Es werden je nach Baujahr Unterschiede in Bezug auf die zu trennenden Bauteile bestehen, im Allgemeinen gibt die vorstehend dargelegte Vorgehensweise und die beigefügte Fotoserie einen klaren Anhaltspunkt über die zu befolgenden Schritte. Generell sind sämtliche Bereiche und Bauteile, die den Motor mit dem Rest des Fahrzeugs verbinden, gründlich zu überprüfen – so zum Beispiel Leitungen, Unterdruckschläuche und Verkabelung. Handelt es sich um einen Exoten mit Automatikgetriebe, dem sogenannten Sportomatic, so gibt es hier eine ganze Reihe zusätzlicher Leitungen und Schläuche.

Bei der hier dargelegten Vorgehensweise zum Ausbauen des Motors verbleibt das Getriebe im Fahrzeug. Hierbei ist es sinnvoll, das Getriebe nach Ausbauen des Motors mit einem Unterstellbock abzustützen, um so die Belastung der Getriebelager zu verringern. Sofern ein Entfernen des Getriebes zusammen mit dem Motor erforderlich wird, müssen einige zusätzliche Schritte befolgt werden. Hierzu gehört das Abbauen der Gleichlaufgelenke an den Getriebeabtriebsflanschen, das Abklemmen des Getriebemassekabels, das Abschrauben der Getriebelager, das Abbauen der Tachowelle und das Ausbauen des hinteren Querstabilisators, sofern dieser im Wege ist. Nachdem diese Arbeitsschritte ausgeführt wurden, können Motor und Getriebe als Baugruppe aus dem Fahrzeug abgesenkt werden und dann an noch verbleibenden Bauteilen getrennt werden. Beim Absenken des Motors ist es äußerst wünschenswert, einen Helfer zur Hand zu haben. Diese Person kann im Falle eines Unfalls erste Hilfe leisten bzw. Hilfe holen, macht sich jedoch insbesondere dadurch nützlich, dass so ein zweites Paar Augen aufpassen kann, ob während des gesamten Demontagevorgangs irgend etwas übersehen wurde. Der eigentliche Vorgang des Wegziehens des Motors vom Getriebe, kann sich als eher problematisch erweisen. Hierbei sicher stellen, dass der Helfer die Anlagefläche, wo Motor und Getriebe zusammengefügt sind, beobachtet, um den Fortschritt der Arbeiten einschätzen zu können. Nachdem die Stehbolzen des Motors endlich aus dem Getriebegehäuse heraus manövriert wurden, kann der Motor auf dem Wagenheber etwas instabil werden, so dass man hierauf vorbereitet sein sollte, um den Motor festzuhalten.

Hierbei ist zu beachten, dass das Fahrzeug unter Umständen höher aufgebockt werden muss, als ursprünglich erwartet, um den Motor von unterhalb des Fahrzeugs entfernen zu können. Nicht selten wird nach Herablassen des Motors bis auf den Boden festgestellt, dass das Fahrzeug selbst doch noch höher angeordnet werden muss, um den Motor heraus ziehen zu können. Hierzu jeweils eine Seite des Fahrzeugs unter Verwendung der Wagenheberaufnahme langsam anheben und so schrittweise die Höhe der Unterstellböcke

5 Die elektrischen Verbindungen am Anlasser abklemmen. Erneut prüfen, dass die Batterie wirklich abgeklemmt ist, da sonst beim Lösen des Pluskabels schwere Verletzungen eintreten können, wenn der Schlüssel abrutschen und Karosseriemasse berühren sollte. Aufzeichnungen darüber anfertigen, welches Kabel an welcher Anschlussklemme befestigt ist, da bei erneutem Einbau - der im Regelfall zeitverzögert und oft viel später als geplant erfolgt – leicht Verwechslungen auftreten können.

6 Der Rückfahrscheinwerferschalter ist an der Rückseite des Getriebes versteckt und befindet sich unmittelbar oberhalb der Getriebelagerstange (siehe Pfeil). Beim Abziehen der Kabel Vorsicht walten lassen, da die kleinen spröden Stecker sich leicht ungewollt von den Kabeln trennen könnten. Ist der betreffende Porsche 911 mit einem mechanischen Tachometer ausgerüstet und wird das Getriebe ausgebaut, so muss die Tachowelle demontiert und aus dem Weg geschoben werden.

7 Die Heizungsschläuche von den Wärmetauschern abbauen. Diese sollten an der Oberseite der Wärmetauscher mit Schlauchschellen befestigt sein. Sobald der Motor aus dem Fahrzeug ausgebaut wurde, sollten diese Schläuche überprüft werden. Handelt es sich um die serienmäßig ab Werk eingebauten Schläuche, so müssen sie wahrscheinlich erneuert werden. Nachgerüstete Heizungsschläuche neuerer Bauart aus hochtemperaturfestem Material aus der Luftfahrttechnik sind heutzutage als langlebigere Ersatzteile erhältlich. Siehe Projekt 41 für weitere Informationen.

unter den Drehstababdeckungen steigern. Ebenso kann es sinnvoll sein, das hintere Schürzenblech oder sogar die hintere Stoßstange abzubauen, um zusätzlichen Freiraum zum Herausziehen des Motors zu gewinnen.

Ist der Motor einmal unter dem Fahrzeug weg gezogen, eignet sich zum Beispiel eine stabile Möbelkarre, um ihn weiter zu befördern. Hierbei unbedingt darauf achten, dass keine der Ölleitungen oder andere Bauteile beschädigt werden, wenn der Motor vom Wagenheber auf die Möbelkarre bewegt wird. Insbesondere sollte der Motor nicht auf den Wärmetauschern lagern. Holzklötze sind zu verwenden, um sicher zu stellen, dass das Motorgehäuse selbst auf der Oberfläche des Beförderungsmittels lagert.

Nun, da der Motor einmal ausgebaut wurde, ist es sinnvoll, einige prophylaktische Reparaturen durchzuführen und hierfür zu diesem Zeitpunkt etwas mehr Geld auszugeben, um die Gelegenheit des ausgebauten Motors wahrnehmen zu können. Zu diesen Arbeiten zählen unter anderem:

Ersetzen des Öldruckschalters

Diese Öldruckschalter werden mit der Zeit oft undicht und sind besonders an Fahrzeugen mit K-Jetronic oder der Einspritzanlage Motronic am 3,2-Liter-Motor völlig unzugänglich (siehe Projekt 20).

Ersetzen des O-Rings am Ölthermostat

Dieser Dichtring unterliegt beschleunigtem Verschleiß, so dass große Mengen Öl oben am Motor austreten (siehe Projekt 20).

8 Hinter den Vordersitzen in der Mitte des Fahrzeugs befindet sich eine kleine Zugangsklappe, die Zugang zur Schaltkupplung ermöglicht. Diese Klappe entfernen und die Schaltkupplung durch Abschrauben der kleinen Sechskantschraube, die der Befestigung an der Schaltstange des Getriebes dient, lösen. Ein Trennen durch Lösen der 13-mm-Klemmschraube ist nicht angeraten, da dadurch eine Neueinstellung des Schaltgestänges zu einem späteren Zeitpunkt erforderlich wird. Das Trennen dieser Schaltkupplung ist ein sehr wichtiger Arbeitsschritt, insbesondere wenn nur der Motor ausgebaut werden soll. Mit Absenken des Motors, wird die Schaltstange des Getriebes in die Luft ragen. Ist die Schaltkupplung weiter an der Schaltstange befestigt, so könnte die Stange hierdurch verbogen werden und das Getriebe Schaden nehmen. Beim Wiedereinbau der Schaltkupplung Vorsicht walten lassen, damit die filigranen Aluminiumgewinde zur Befestigung der Schraube nicht beschädigt werden. Sind die Buchsen der Schaltkupplung verschlissen oder fehlen diese, so müssen sie erneuert werden. Siehe Projekt 35 für weitere Einzelheiten.

9 Im Motorraum den Klimakompressor, sofern vorhanden, von seiner Konsole abbauen und mit angeschlossenen Kältemittelschläuchen an der Seite des Fahrzeugs anordnen. Wie im Bild dargestellt, ist hierzu eine reichliche Polsterung erforderlich, damit der Lack nicht beschädigt wird. Außerdem ist der Kompressor ein besonders schweres Bauteil und sollte mit einem Gurt verzurrt werden. Die Kältemittelschläuche dürfen keinesfalls gelöst oder getrennt werden, da so auf gesetzeswidrige Weise Kältemittel in die Atmosphäre entweichen würde, von den Instandsetzungskosten beim Evakuieren und neu Befüllen der Anlage ganz zu schweigen.

10 Sämtliche am Motor angeschlossenen Kraftstoffschläuche müssen demontiert werden. Am 911 SC befinden sich drei separate Anschlüsse. Die Kraftstoffleitungen sind am Kraftstofffilter und am Druckspeicher abzubauen, sofern möglich (weiße Pfeile). Hierbei beachten, dass etwas Kraftstoff aus den Leitungen austreten wird, wenn diese getrennt werden. Deshalb jede mögliche Brandquelle, d.h. Feuerzeug, Werkstattleuchte, usw. von diesem Bereich fern halten. Vor dem Trennen der Kraftstoffanschlüsse, ist es sinnvoll, einige der Heizungsschläuche im Motorraum, auszubauen. Der große Heizungsschlauch aus Kunststoff zur Verbindung des Gebläses mit dem Luftkühlungsgehäuse ist normalerweise bei allen Arbeiten im Motorraum im Weg.

11 Alle Hauptkabelstecker am Motor abziehen. An einigen Modellen des 911 gibt es Steckverbindungen, die man nicht sieht, ohne den Kopf tief in den Motorraum zu stecken. In jedem Fall mit der Hand an den Seiten und dem Rücken des Motors ertasten, ob alle Steckverbindugen gelöst sind. Im Fall des 911 SC gibt es einen Kabelstrang, der nahe dem Sicherungskasten direkt mit dem Chassis verbunden ist, und einen zweiten, der mit dem vorderen Teil des Motorraums verbunden ist. Auch den Stromanschluss des Anlassers nicht vergessen, ihn lösen und beiseite drücken.

12 Die Entlüftungsschläuche des Ölbehälters müssen am Anschluss getrennt werden. Der Anschluss erfolgt im Regelfall über Schlauchschellen, die sich leicht entfernen lassen. Es können zwei oder mehr Schläuche vorhanden sein, je nach Bauart der Kraftstoffeinspritzanlage des betreffenden Motors.

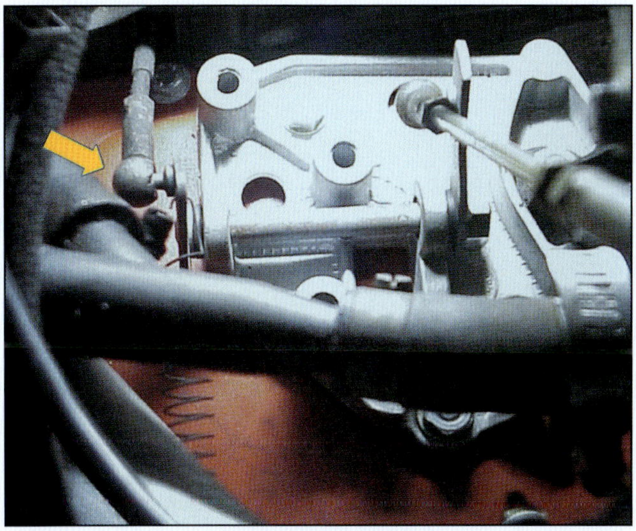

13 Die Demontage der Gasregelstange durch Abbauen vom Umlenkhebel am Getriebe beginnen. Das andere Ende der Stange sollte sich einfach an seiner Kugelpfanne, oben am Motor, ausclipsen lassen (siehe Foto) – wie hier mit gelbem Pfeil angezeigt. Der Zugang gestaltet sich in diesem Bereich oft schwer und insbesondere die erforderliche Hebelwirkung zum Abdrücken der Gasregelstange ist nicht leicht aufzubringen.

14 Ist das Fahrzeug mit einer Geschwindigkeitsregelung ausgestattet, so ist der entsprechende Bowdenzug von der Drosselklappenhalterung zu trennen. Der Bowdenzug wird mit zwei kleinen Schrauben (siehe Pfeil) befestigt. Vorsicht walten lassen, dass diese beim Abschrauben nicht fallen gelassen werden, sie lassen sich nur schwer wieder auffinden. Ebenfalls müssen die beiden Unterdruckschläuche von der Steuereinheit getrennt werden.

15 Der Stecker der Lambdasonde muss abgeklemmt werden. Nicht zu stark an dem Kabel ziehen, da es sonst aus der Anschlussklemme ausfransen kann, was dann einen kostspieligen Ersatz der Lambdasonde bedingt. Wird statt dessen ein Ausbau der gesamten Lambdasonde aus dem Auspuffrohr angestrebt, so sollte unbedingt über Nacht ein Einweichen mit Rostlöser erfolgen, um sicher zu stellen, dass die Gewindegänge wenigstens etwas gelöst werden. Siehe Projekt 32 für weitere Einzelheiten.

16 Der Motor wird mit vier Muttern am Getriebe befestigt. Der weiße Pfeil zeigt auf die Mutter unten rechts am Getriebe. Das Abschrauben dieser Muttern wird den Motor nicht instabil in seiner Einbaulage werden lassen, da er weiter an den vier Stehbolzen hängt, die in Bohrungen im Getriebegehäuse eingreifen. Eine oder zwei dieser Muttern lassen sich mit normalem Werkzeug unter Umständen nur schwer erreichen. Hier zahlt sich die Investition in Verlängerungen und Steckschlüssel mit Kardangelenk aus, um den richtigen Angriffswinkel zu erreichen.

17 Die vierte Mutter zur Befestigung des Motors am Getriebe dient ebenfalls der Befestigung des Anlassers. Es handelt sich um eine 10-mm-Innensechskantmutter, die mit einem 10-mm-Inbusschlüssel oder Inbussteckschlüsseleinsatz entfernt werden muss. Diese Mutter ist aus keinem erdenklichen Winkel einsehbar, so dass das Ausbauen dieser Mutter sich besonders schwierig gestaltet, da der Mechaniker sich auf seinen Tastsinn verlassen muss. Die untere Innensechskantmutter zur Befestigung des Anlassers ist ähnlich ausgeführt, muss jedoch nicht gelöst werden, um den Motor vom Getriebe trennen zu können. Wird der Motor etwas abgelassen, bevor diese Mutter entfernt wird, so kann der Zugang von innerhalb des Motorraums möglich sein.

18 Sobald alles zum Herablassen des Motors vorbereitet ist, wird der Wagenheber unter der Motorwanne angeordnet, um dann die Schrauben der Motorlager in der Mitte derselben (siehe Pfeil) zu lösen. An den Fahrzeugen späteren Baudatums befinden sich gegenüber diesen Schrauben keine Muttern, sie sind direkt in die mit Gewinde versehene Motorlagerstange eingeschraubt.

19 Nachdem das Gebläse unter der hinteren Stoßstange hervorragt, den Motor heraus und vom Getriebe weg ziehen. Den Motor nicht bis ganz zum Boden ablassen, sofern er noch nicht vom Getriebe getrennt wurde, da sonst die Getriebelager beschädigt werden könnten. Nachdem die Trennung vollzogen ist, den Motor auf den Boden ablassen und von unterhalb des Fahrzeugs herausziehen. Wird mehr Platz benötigt, so kann das Fahrzeug noch höher angehoben werden oder aber die hintere Stoßstange oder Heckschürze wird abgebaut. Eine weitere Alternative besteht im Abbauen einiger Bauteile der Einspritzanlage am Motor, um den Motor so unter dem Fahrzeugheck herausziehen zu können.

Ersetzen der Ölschläuche der Kurbelgehäuseentlüftungsanlage

Diese Schläuche verschleißen mit der Zeit und werden manchmal undicht. Dies ist am Austreten von Öl zu erkennen. Sie sind zu erneuern, solange die Möglichkeit besteht, auf sie zuzugreifen (siehe Projekt 20).

Erneuern der Kupplung und des Schwungraddichtrings

Es ist angeraten, die Kupplungsscheibe zu prüfen und zu erneuern, wenn der Motor aus dem Fahrzeug ausgebaut ist. Der Schwungraddichtring, der oft undicht wird, sollte hierbei ebenfalls ersetzt werden (siehe Projekt 7).

Ersetzen der Ansaugkrümmerschläuche an K-Jetronic Einspritzanlagen

Die Kraftstoffeinspritzanlage K-Jetronic, die von 1973-1983 verwendet wurde, erfordert eine äußerst wirksame Abdichtung gegen Falschluft. Die Ansaugkrümmerschläuche sollten erneuert werden, solange auf diese Zugriff besteht (siehe Projekt 29).

Erneuern der Ölkühlerdichtringe

Diese Dichtringe können auch bei eingebautem Motor ersetzt werden, der Zugang gestaltet sich bei ausgebautem Motor jedoch wesentlich einfacher (siehe Projekt 20).

Einbau der Carrera-Kettenspanner und Einstellen der Ventile

Diese beiden Aufgaben können bei im Fahrzeug eingebautem Motor durchgeführt werden, lassen sich jedoch bei ausgebautem Motor wesentlich einfacher durchführen (siehe Projekt 15 und Projekt 17).

Ersetzen des Dichtrings der Kurbelwellenriemenscheibe

Unterhalb der Kurbelwellenriemenscheibe befindet sich ein Dichtring, der bisweilen versagt. Da bei ausgebautem Motor Zugang hierzu besteht, ist es sinnvoll, diesen zu ersetzen (siehe Projekt 20).

Nachdem der Motor nun wieder eingebaut werden kann, erfolgt die Vorgehensweise grundsätzlich in umgekehrter Reihenfolge des Demontagevorgangs, jedoch mit einer Ausnahme. An Fahrzeugen der Baujahre von 1977-1986 muss beim Anbauen des Motors am Getriebe sicher gestellt werden, dass die Kupplungsausrückgabel ordnungsgemäß in die Nut des Ausrücklagers eingreift. Hierzu durch die kleine Bohrung oben auf dem Getriebegehäuse durchsehen, während Motor und Getriebe zusammen gefügt werden, um sicher zu gehen, dass der Ausrückhebel ordnungsgemäß innerhalb der Nut des Lagers eingesetzt wird.

MOTOR

PROJEKT 7 • WECHSELN DER KUPPLUNG

Zeit: 20 Stunden

Werkzeug: Demontagewerkzeug für Schwungradschraube, Kupplungszentrierdorn, Innensechskantsteckschlüsselsatz, Schwungradarretierwerkzeug

Talent: 🔧🔧🔧🔧

Zutreffende Baujahre: 1965-1986

Erforderliche Teile: Schwungrad, Kupplungsdruckplatte, Kupplungsscheibe, Ausrücklager, Schwungrad, Dichtring, Führungslager, Kupplungsgabel, Führungsclips und Buchsen für Führungslager, Bügelfeder, Kupplungsseil

Tipp: Schwungraddichtring erneuern, selbst wenn dieser keine Anzeichen von Verschleiß zeigt

Zweck des Projekts: Weniger Rutschen der Kupplung und bessere Beschleunigung

Ergänzende Arbeitsgänge: Kupplungsseil und Schwungraddichtring erneuern

1 Der komplette Kupplungsreparatursatz des Porsche 911 sollte alles enthalten, was benötigt wird. Der hier dargestellte Satz für das 915-Getriebe der Baujahre 1972-1986 enthält: 1 – Druckplatte, 2 – Schwungrad (generalüberholt), 3 – über Federn zentrierte Kupplungsscheibe, 4 – Kupplungszentrierdorn, 5 – Ausrücklager und Clips, 6 – Kupplungsausrückhebel, 7 – Bügelfeder, 8 – Schwungraddichtring, 9 – Schwungradschrauben (9 Stück), 10 – Kupplungsführungslager

Einer der häufigsten Arbeitsgänge am Porsche 911 besteht im Erneuern der Kupplungsbaugruppe. Bedauerlicherweise erfordert dies einen erhöhten Zeitaufwand und das Ausbauen des Motors. Diese Arbeit stellt jedoch nicht all zu hohe Anforderungen, wenn entsprechende Informationen und ein paar Winke und Kniffe vorher bekannt sind.

Der erste Schritt besteht darin, sicher zu stellen, dass alle erforderlichen Teile für den erfolgreichen Abschluss der Arbeiten vorhanden sind – und zwar bevor die erste Schraube gelöst wird. Es ist äußerst frustrierend, auf halbem Wege während einer derartigen Arbeit feststellen zu müssen, dass ein Teil oder ein Werkzeug fehlt. Nachstehend eine Liste aller Teile, die erforderlich sind, um die Kupplung am Porsche 911 Baujahr 1965-1986 zu erneuern:

- Kupplungsdruckplatte
- Kupplungsscheibe (hier ist anzuraten, die Bauart mit Feder an Stelle der Bauart mit Gummilager zu verwenden)
- Ausrücklager
- Ersatzteil für Ausrückgabel (nur 1972-1986)
- Führungslager (für Schwungrad)
- Schwungrad
- Neue Schwungradschrauben (sechs Stück für Baujahr 1965-1977 und neun Stück für Porsche 911 Baujahr 1978-1989)
- Neuer Kupplungsseilzug
- Neuer Dichtring am Schwungrad
- Kupplungsbügelfeder (1977-1986)
- Getriebeöl
- Führungsclips für Ausrücklager (Porsche 911/912 Baujahre 1965-1969)
- Halteclip für Ausrückhebel (Porsche 911/912 Baujahre 1965-1969)
- Buchsen und Dichtringe für Ausrückgabelhebel (eine Buchse für Porsche 911 Baujahre1965-1969 und zwei Dichtringe für Porsche 911 Baujahre 1972-1986)

Zusätzlich werden folgende Spezialwerkzeuge benötigt:

- Kupplungszentrierdorn
- Drehmomentschlüssel für höhere Drehmomentwerte
- Demontagewerkzeug für Schwungradschrauben für Porsche 911
- Arretierwerkzeug für Schwungrad

Wie bereits erwähnt besteht der erste Schritt beim Erneuern der Kupplung im Ausbauen des Motors aus dem Fahrzeug. Im Projekt 6 sind die erforderlichen Schritte zum Ausbauen des Motors in Vorbereitung auf Arbeiten an der Kupplung beschrieben. An Porsche 911 der Baujahre 1965-1969 kam das 901-Getriebe zum Einsatz, mit einer „drückenden" Kupplungsbetätigung von 215 mm, bei der die Kupplungsdruckplatte nach innen gedrückt wurde, um die Kupplung auszurücken. Während diese Getriebekonstruktion von den früheren Baujahren fortgeführt wurde, änderte Porsche im Jahre 1970 die Kupplungsbetätigung auf eine „ziehende" Betätigung mit 225 mm Durchmesser, an der die Kupplungsdruckplatte vom Schwungrad weg gezogen wird, um den Druck an der Kupplungsscheibe zu lösen. Im Jahre 1972 stellte Porsche das 915-Getriebe vor und behielt hier das Schwungrad mit drückender Kupplungsbetätigung bei. 1987 wurde das G50-Getriebe eingeführt – mit hydraulischer Kupplungsbetätigung. Für Zwecke dieses Projektes konzentrieren wir uns hauptsächlich auf

PROJEKT 8 • ERSETZEN DES KUPPLUNGSSEILZUGS

Zeit: 20 min

Werkzeug: Sechskantschlüsselsatz

Talent:

Zutreffende Baujahre: 1965-1986

Erforderliche Teile: Kupplungsseilzug, Kupplungsarretierstift

Tipp: Durch Ersetzen des Kupplungsseilzugs wird die Ursache von Problemen behoben, die sonst zu kostenaufwendigen Reparaturen an der Kupplung selbst führen könnten. Ein Ersatzseilzug sollte im Kofferraum des Vorderwagens immer mitgeführt werden.

Zweck des Projekts: gleichmäßigere Kupplungsbetätigung und Schaltung

Ergänzende Arbeitsgänge: Generalüberholung der Pedalerie und Erneuern der Bügelfeder der Kupplung, Einstellen der Kupplung

1 Der Gabelkopf des Kupplungsseilzugs ist am Ende desselben angeschraubt und am Pedalhebel mit einem kleinen Arretierstift befestigt. Dieser lässt sich nicht immer leicht entfernen, so dass dieser Arbeitsgang etwas Geduld erfordert. Das Sicherungsblech darf nicht fallen gelassen werden, da es aus dem darunter liegenden Bereich nur schwer wieder hervorzuholen ist.

Bevor eine komplette Erneuerung des Kupplungsmechanismus in Angriff genommen wird, ist es sinnvoll, erst den Kupplungsseilzug zu ersetzen und so diesen als mögliche Ursache von Problemen an der Kupplung auszuschließen. Nicht selten weist ein kurz vor dem Betriebsversagen stehender Kupplungsseilzug die selben Symptome auf, wie eine defekte oder verschlissene Kupplung. Ein sehr straff gehendes Kupplungspedal oder Probleme beim Lösen der Kupplung können durch Klemmen oder Aufspleißen des Kupplungsseilzugs verursacht sein. Durch Erneuern des Kupplungsseilzugs und der Bügelfeder an 915-Getrieben späteren Baujahrs (Projekt 9) können mehr Kupplungsprobleme vermieden werden, als man sich vorstellen kann. Solange Zugang zu dem Bereich besteht, ist es ebenfalls sinnvoll, die Pedalerie einer Generalüberholung zu unterziehen und die gealterten Kunststoffbuchsen durch langlebigere Buchsen aus Bronze zu ersetzen (Projekt 38). Das Erneuern des Kupplungsseilzugs gestaltet sich nicht besonders schwierig. Zuerst wird die Teppichverkleidung und Bodenmatte im Fußraum der Fahrerseite entfernt, um dann die hölzerne Fußraumabdeckung vom Fahrzeug abzuschrauben. Darunter werden die Pedalerie und das Fahrpedal erkennbar. Der Kupplungsseilzug ist an der rechten Seite der Pedalerie eingehängt, unter Verwendung eines U-förmigen Gabelkopfes und einem Clip. Der Clip wird wiederum mit einem kleinen Stift dazu verwendet, den Seilzug am Pedalhebel zu befestigen. Diesen Stift unter Verwendung eines kleinen Schraubenziehers vom Gabelkopf entfernen. Hat der Seilzug schon viele Dienstjahre überstanden, so wird eine reichliche Menge Rostlöser erforderlich sein und außerdem ein nicht zu vernachlässigender Kraftaufwand, um den Stift zu entfernen. Er kann hierbei ohne Weiteres zerstört werden, da beim Einbau ein Neuteil verwendet werden sollte.

Nach Entfernen des Stiftes, sollte sich der Gabelkopf vom Ende des Kupplungsseilzugs abschrauben lassen. Ist der Gabelkopf am Seilzugende festgefressen, so muss auch hier auf den Rostlöser zurückgegriffen werden. Da das Kupplungsseil ersetzt wird, bleibt auch noch die Möglichkeit, hier einfach einen Schnitt vorzunehmen.

Jetzt die Arbeiten unter dem Fahrzeug fortsetzen. Hierzu muss der

Wagen auf Unterstellböcken sicher aufgebockt werden (siehe Projekt 1). Unter dem Fahrzeug sollte jener Punkt erkennbar sein, an dem das Kupplungsseil durch die Motorspritzwand austritt und am Ausrückhebel des Getriebes befestigt wird. An Porsche 911 früheren Baujahrs, kommt ein einzelner Ausrückhebel zu Anwendung, der sehr einfach konstruiert ist. Ab Baujahr 1977, mit Einführung des 915-Getriebes, wurde ein komplizierteres System eingeführt, an dem eine Bügelfeder zur Anwendung kommt.

Unter dem Fahrzeug sollte der Seilzug am Ausrückhebel des Getriebes befestigt sein. An Porsche 911 früheren Baudatums wurde der Kupplungsseilzug durch eine Bohrung im Getriebeflansch geführt und dann am Ausrückhebel befestigt. Zum Ausbauen des Seilzugs einfach die beiden Muttern am Ende des selben abschrauben und den Seilzug durch den Getriebeflansch ziehen. An Porsche 911 der Baujahre 1977 -1986 ist der Seilzug an einem großen Hebel eingehängt, der an der Bügelfeder angeschlossen ist und an einem Flansch des Getriebegehäuses festgeklemmt ist. Mit Lösen der Muttern zum Festklemmen des Seilzugs am Getriebe, sollte sich dieser lösen und leicht vom Haken abschieben lassen.

Der Einbau des neues Seilzugs gestaltet sich übersichtlich. Eine Schmierung ist nicht erforderlich, eine geringe Menge Lithiumfett kann jedoch nicht schaden. Der neue Seilzug wird durch die Aussparung in der Motorspritzwand geführt und soweit hinein geschoben, bis das Seilzugende mit dem kleinen Rohr an der Motorspritzwand eben liegt. Sicher stellen, dass der Seilzug an diesem Rohr sicher anliegt, er könnte sonst später abrutschen und die Einstellung der Kupplung beeinträchtigen.

Den neuen Seilzug unter dem Fahrzeug genauso anbringen, wie er entfernt wurde. Die Einstellung der Kupplung erfolgt durch Ändern der Position der Befestigungsmuttern, was in Projekt 10 behandelt wird. Vorerst sind die Muttern nach Augenmaß anzuordnen und nur handfest anzuziehen. An Porsche 911 früheren Baudatums darf das Anziehen der Kontermutter nicht vergessen werden, da nur so ein Verstellen der Kupplungseinstellung verhindert werden kann.

Im Fahrzeug fortfahrend wird der Kupplungsseilzug an der Pedalerie unter Verwendung des Gabelkopfes und des Arretierstiftes angebracht. Der Gabelkopf sollte sich mit seiner Kontermutter am Seilzug aufschrauben lassen und der Abstand von der äußeren Stirnseite der Kontermutter zum Ende des Kupplungsseils sollte ca. 20 mm betragen.

Nach Einbau des neuen Seilzuges ist die Kupplung einzustellen. Siehe hierzu Projekt 10.

2 Dargestellt ist die Unterseite des 915-Getriebes, Baujahr 1977 bis 1986. Der Kupplungsseilzug ist am langen Übertragungshebel eingehängt, der in seinem Stellweg von einer U-förmigen Bügelfeder unterstützt wird. Diese Feder gibt der Kupplung das vom Fahrer klar bemerkbare, definierte Gefühl des Einrückens. Der lange Hebel wirkt über einen kleineren Hebel, der direkt mit dem Ausrückhebel und Ausrücklager verbunden ist. Ein Leerweg am kleineren Hebel wird durch die kleine Zugfeder weggenommen.

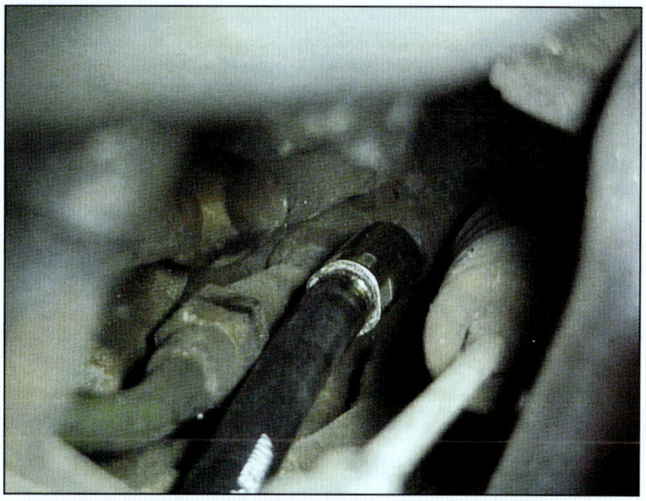

3 Beim Einbau des Kupplungsseilzugs sicher stellen, dass dieser sicher in seiner Fassung an der Spritzwand befestigt ist. Ist der Seilzug nicht richtig eingesetzt, so wird sich das Kupplungsspiel mit dem ersten Betätigen des Kupplungspedals wieder verstellen.

MOTOR

PROJEKT 9 • ERSETZEN DER BÜGELFEDER DER KUPPLUNGSBETÄTIGUNG

Zeit: 1 Stunde

Werkzeug: Sprengringzange, kleines Handschleifgerät

Talent: 🔧🔧

Zutreffende Baujahre: 1977-1986

Erforderliche Teile: Neue Bügelfeder, zugehörige Kleinteile nach Bedarf

Tipp: Bei Problemen mit dem Entfernen der Bügelfeder ist diese durchzuschneiden

Zweck des Projekts: gleichmäßigere Kupplungsbetätigung und Schaltung

Ergänzende Arbeitsgänge: Kupplungsseilzug erneuern und Kupplung einstellen

1 Nach Anbauen der Bügelfeder am großen Ausrückhebel diesen wieder am Getriebe ansetzen. Hierbei die Bügelfeder richtig ausrichten, da sie ohne Weiteres falsch herum eingebaut werden könnte. Mit dem Hebel in der im Foto dargestellten Position am Hebel mit einem Schraubenzieher oder einem Hebeleisen zurück ziehen, um so die Bügelfeder mit Hebel in Einbaulage einschnappen zu lassen. Die letztendliche Ruhelage der Feder sollte unmittelbar neben den Wärmetauschern sein (siehe Foto 2 in Projekt 8). Bei diesem Arbeitsgang Augenschutz tragen und Finger fern halten, wenn die Feder einschnappt.

Im Jahre 1977 änderte Porsche die Konstruktion der Kupplungsausrückbetätigung, um die Verwendung einer Bügelfeder zu ermöglichen. Diese Feder unterstützt das Einrücken und Ausrücken der Kupplung und erzeugt am Pedal ein definiertes Gefühl für den Fahrer. Mit fortschreitendem Gebrauch der Kupplung wird diese Bügelfeder geschwächt und erzeugt somit dem Fahrer gegenüber den Eindruck, als ob die Kupplung kurz vor dem Betriebsversagen stehen würde. Hier wird empfohlen, sowohl den Kupplungsseilzug (siehe Projekt 8) als auch die Bügelfeder zu erneuern, bevor eine vollständige Generalüberhölung der Kupplung in Betracht gezogen wird.

Der erste Schritt beim Erneuern der Bügelfeder besteht im Entfernen des Kupplungsseilzugs. Der Seilzug ist an einen Flansch an der Unterseite des Getriebes befestigt und in einen großen Hebel des Ausrückmechanismus eingehängt, der wiederum einen kleineren, direkt am Ausrücklager angeflanschten Hebel bewegt. Die beiden Muttern zur Befestigung des Seilzugs lösen und das Hakenende desselben aus diesem Hebel aushängen.

Nun den Sicherungsring zur Befestigung des großen Hebels am Getriebe entfernen. Der Sicherungsring sollte nicht zerstört werden müssen, obwohl Ersatzteile leicht erhältlich sind. Nach Entfernen desselben sollte sich der große Hebel mit einem Schraubenzieher vom Getriebe abdrücken lassen. Vorsicht walten lassen, weil bei diesem Arbeitsgang die unter Druck stehende Bügelfeder abspringen wird, wenn sie von ihrem Haltezapfen abrutscht. Somit ist unbedingt Augenschutz zu tragen und die Hände sind von der Bügelfeder beim Abziehen fern zu halten. Wegfliegen kann die Feder allerdings nicht, weil sie am langen Hebel fest montiert ist.

Sobald die Hebelbaugruppe vom Getriebe abgebaut wurde, wird sie auf der Werkbank weiter zerlegt. Hierzu den kleinen Sicherungsring zur Befestigung der Bügelfeder entfernen. Danach müsste sich diese Bügelfeder mit einem Schraubenzieher oder kleinem Hebeleisen abdrücken lassen. Möglicherweise bleibt die Feder jedoch widerspenstig in ihrer ursprünglichen Einbaulage. Da hilft nur die Verwendung eines kleinen Handschleifers, mit dem die äußeren Lagen der Feder durchgeschnitten werden. Nachdem bis zur letzten Lage der Feder durchgedrungen wurde, diese ca. bis zur Hälfte anschneiden und dann versuchen, den Rest der Feder mit einem Schraubenzieher abzubrechen.

Nachdem die alte Feder einmal entfernt ist, die Welle überprüfen und sicher stellen, dass die Lager des Hebels frei drehbar sind. Falls nicht, müssen diese ausgepresst und erneuert werden. Nachdem die Verwendbarkeit der vorhandenen Lager sicher gestellt wurde, die neue Bügelfeder mit einem kleinen Hammer auf die Welle treiben. Sicher stellen, dass die Feder richtig an der Welle ausgerichtet wird. Es ist ohne Weiteres möglich, sie falsch herum anzubauen. Den kleinen Sicherungsring wieder einbauen bzw. Neuteil verwenden, wenn der alte Sicherungsring zerstört wurde.

Nun unter dem Fahrzeug fortfahren und den Hebel an seiner Welle an der Unterseite des Getriebes anbauen. Die Bügelfeder muss ordnungsgemäß angebracht werden. Hierzu die Feder mit ihrem freien Ende am Zapfen ansetzen, um sie dann mit einem großen Schraubenzieher oder Nageleisen in die Einbaulage zu drücken. Hierbei die Hände vom Arbeitsbereich fern halten und Augenschutz tragen. Nachdem die Bügelfeder richtig in Einbaulage eingeschnappt ist, müsste die gebogene Seite unmittelbar an den Wärmetauschern anliegen.

Den Kupplungsseilzug wieder anschließen und die Kupplung wieder einstellen (siehe Projekt 10). Die Kupplung testen, um zu prüfen, ob sich gegenüber dem vorherigen Zustand eine Verbesserung ergab. Hierbei wird sich nicht selten heraus stellen, dass alle Sorge über die möglicherweise erforderliche Generalüberholung der gesamten Kupplungsanlage unangebracht war

PROJEKT 10 • KUPPLUNGSEINSTELLUNG

Zeit: 1 Stunde

Werkzeug: Fühlerlehre, Schraubenschlüssel

Talent:

Zutreffende Baujahre: 1965-1986

Erforderliche Teile: keine

Tipp: Die Sicherungsmutter am Kupplungsseilzug erst fest ziehen, wenn sicher gestellt ist, dass der Einstellvorgang beendet wurde.

Zweck des Projekts: bessere, gleichmäßigere Schaltung

Ergänzende Arbeitsgänge: Erneuern des Kupplungsseilzugs

1 Bis 1977 wurden Porsche 911 mit einem einzelnen Ausrückhebel versehen, an dem der Kupplungsseilzug eingehängt ist. Das Einstellen des Seilzugs erfolgt durch Drehen der kleinen Mutter (siehe Pfeil), bis der richtige Stellweg erreicht wird. Obwohl diese Bauart in vier verschiedenen Varianten verwendet wurde, sind die Arbeitsgänge zum Einstellen jeweils gleich. Die Mutter einstellen, bis ca. 25 mm Leerweg am Kupplungspedal erreicht wird. Dann diese Ergebnisse durch Anlassen und Fahren des Fahrzeugs überprüfen. Hierbei bedenken, dass ein zu lose eingestelltes Kabel es nicht ermöglichen wird, einen Gang ohne Schleifen der Zahnräder aneinander einzulegen. Ist der Seilzug zu fest eingestellt, so wird die Kupplung niemals einrücken und das Fahrzeug wird sich nicht bewegen.

2 Im Jahre 1977 wurde von Porsche ein Federmechanismus eingeführt (siehe Projekt 9), der ein besseres Gefühl am Kupplungspedal erzeugen sollte. Dieser Mechanismus ist etwas komplizierter in der Einstellung – die Einstellarbeiten sind jedoch auch von einem genaueren Ergebnis geprägt. Bei ausgehängtem Kupplungseilzug die kleine Schraube am kleinen Betätigungshebel so einstellen, dass der Abstand 1,2 mm (siehe Pfeil) beträgt. Nachdem dieser Abstand am kleinen Betätigungshebel auf 1,2 mm eingestellt wurde, den Kupplungsseilzug einhängen und die Muttern an der Unterseite einstellen, bis der Spalt auf 1,0 mm verringert ist. Jeweils mit einer Fühlerlehre messen. Nach Erreichen dieses Spaltmaßes alle Muttern am Seilzug festziehen und das Fahrzeug zur Überprüfung des Kupplungsmechanismus einer Probefahrt unterziehen.

Ob nun gerade ein neuer Kupplungsseilzug eingebaut wurde oder der vorhandene nur aufgrund des regelmäßigen Betriebs etwas nachgestellt werden muss – die Vorgehensweise zur Kupplungseinstellung ist die gleiche und sehr einfach durchzuführen. Am Porsche 911 kommen einige unterschiedliche Bauarten von Kupplungsseilzügen zum Einsatz und die Vorgehensweise zum Einstellen ist jeweils etwas unterschiedlich. Die Porsche 911 früheren Baudatums (1965-1977) sind mit einem recht einfachen Mechanismus zur Kupplungseinstellung versehen. Ungeachtet der Tatsache, dass innerhalb dieses Bauzeitraums vier leicht unterschiedliche Mechanismen zur Kupplungsnachstellung eingebaut wurden, ist die Verfahrensweise an allen jedoch sehr ähnlich. Zum Einstellen der Kupplung die Einstellmutter nahe der Unterseite des Getriebes lösen, bis das Kupplungspedalspiel ca. 25 mm beträgt. Das Pedalspiel wird durch Zurückziehen des Kupplungspedals von der Innenseite im Fahrzeuginnenraum gemessen. Der Pedalweg sollte beim Hochziehen des Pedals von Hand ca. 25 mm betragen.

Jetzt die Kontermutter unten am Getriebe festziehen. Motor anlassen, bei Fahrzeug im Leerlauf die Kupplung treten und ca. 10 Sekunden warten. Dann am Schalthebel den Rückwärtsgang einlegen. Wenn das Getriebe beim Einlegen des nicht synchronisierten Rückwärtsganges Schleifgeräusche aufweist – erzeugt durch Rattern der Zahnräder aneinander – so muss der Kupplungsseilzug am Ausrückgabelende unter dem Getriebe nachgestellt werden. Diese Schleif- bzw. Rattergeräusche zeigen an, dass die Kupplung durch die Pedalbetätigung nicht vollkommen getrennt wird. Man verwendet hier den Rückwärtsgang, weil aufgrund fehlender Synchronisierung das ausbleibende Trennen der Kupplung am Rattergeräusch erkennbar wird. An synchronisierten Vorwärtsgängen wäre dies nicht möglich.

KUPPLUNGSEINSTELLUNG

Wird das Kupplungspedal bis zum Bodenblech durch gedrückt, so sollte der Stellweg an der Ausrückgabel 15 mm betragen. Dieser Abstand hängt natürlich ganz wesentlich vom Zustand der Bauteile der eigentlichen Kupplung ab. Verschlissene Kupplungen können einen größeren Stellweg erfordern und neue Kupplungen benötigen weniger. Bewegt sich die Ausrückgabel nicht weit genug, um die Kupplung auszurücken, so muss der Seilzug erneut eingestellt werden oder das andere Ende des Seilzugs, das am Kupplungspedal eingehängt ist, geprüft werden. Muss der Seilzug weiter nachgestellt werden als getriebeseitig überhaupt möglich, so müssen Gabelkopf und Stift am Pedalende nachgestellt werden. Siehe Projekt 8 für weitere Einzelheiten, um Zugang zum Gabelkopf des pedalseitigen Kuplungsseilzugendes zu erreichen.

Je nach dem Ausmaß des Verschleißes an der vorhandenen Kupplungsscheibe und Kupplungsdruckplatte kann ein eher langwieriges Experimentieren mit diesen Einstellungen erforderlich sein, bis das richtige Gefühl an der Kupplung erreicht wird. Leider gibt es für die Einstellung der Kupplung an diesen Fahrzeugen früheren Baudatums keine genaue Richtlinie. Generell lässt sich sagen, dass der Seilzug unten am Getriebe fest gezogen werden muss, wenn die Kupplung nicht trennt, d.h. wenn beim Einlegen des Rückwärtsgangs ein Rattern der Zahnräder auftritt. Das Kupplungsseil muss gelöst werden wenn, die Kupplung überhaupt nicht greift bzw. rutscht. Die Mutter jeweils immer nur drei bis vier Umdrehungen einstellen, und dann das Ergebnis überprüfen. Die Kupplung reagiert recht sensibel auf Änderungen der Seilzuglänge und sobald der richtige Einstellbereich ungefähr erlangt ist, sind nur noch kleine Änderungen an der Seilzugeinstellung erforderlich, um die Kupplung auf die persönlichen Anforderungen einzustellen.

Porsche 911 (1977 bis 1986)

Am 911 mit dem später verwendeten 915-Getriebe muss eine spezielle werkseitig vorgegebene Arbeitsabfolge befolgt werden, um die Kupplung einzustellen. Diese führt im Regelfall zu guten Ergebnissen. Bei vollkommen abgebautem Seilzug die kleine Anschlagschraube am großen Ausrückhebel einstellen, bis zwischen Anschlagschraube und dem kleinen Betätigungshebel (siehe Foto) ein Spiel von 1,2 mm besteht. Dieser Spalt ist mit einer Fühlerlehre zu messen. Nachdem dieser Abstand eingestellt wurde, die Kontermutter anziehen, um ein Verdrehen der Schraube zu verhindern. Jetzt das Ende des Kupplungsseils am kleinen Haken des Hebelarms einhängen. Unter Verwendung der am Kupplungsseilzug eingefassten Muttern den Seilzug festziehen, bis der vorher eingestellte Spalt auf 1,0 mm sinkt. Beide Muttern am Kupplungsseilzug festziehen, auf das Kupplungspedal treten und das Maß erneut prüfen. Nachstellen, wenn sich das Abstandsmaß gegenüber der 1-mm-Grundeinstellung wieder geändert hat.

3 **Der gesamte Stellweg des Kupplungsseilzugs sollte 25 mm ± 0,5 mm betragen, wie am Getriebe zu messen. Liegt dieses Abstandsmaß nicht innerhalb des vorgegebenen Toleranzbereichs, so muss der Gummianschlag an der hölzernen Bodenplatte hinter dem Kupplungspedalhebel im Fußraum eingestellt werden.**

Lässt sich dieses Spaltmaß innerhalb dieses Einstellbereichs der Einstellmuttern nicht erreichen, so muss unter Umständen der Gabelkopf am Pedalende des Kupplungsseilzugs nachgestellt werden. Siehe Projekt 8 für weitere Einzelheiten zu diesem Vorgang.

Nachdem die Grundeinstellung erreicht wurde, muss der Leerweg am Ausrückhebel (siehe Foto) gemessen werden. Für diese Aufgabe ist ein Helfer erforderlich. Den Abstand messen, den der Ausrückhebel bei Durchdrücken des Kupplungspedals verstellt wird. Der gesamte Stellweg des Kupplungsseilzugs muss 25 mm ± 0,5 mm betragen. Liegt der Stellweg nicht innerhalb dieses Bereichs, so ist der Gummianschlag unter dem Kupplungspedal entsprechend einzustellen. Siehe Fotos zu diesem Projekt für genaue Lage der Einstellpunkte der Kupplung.

Porsche 911 (1987 bis Bauzeitende)

Die Kupplung am aktuellen, seit 1987 verwendeten Kupplungsbetätigungsmechanismus des Porsche 911 ist nicht einstellbar. Die Kupplungsbetätigung erfolgt hydraulisch über Geber- und Nehmerzylinder, eine Neuerung, die gleichzeitig mit dem G50-Getriebe eingeführt wurde und die praktisch wartungsfrei ist und sich durch Kompensation des Verschleißes an den Bauteilen der Kupplung selbst einstellt. Es lässt sich jedoch der gesamte Betätigungsweg des Kupplungspedals einstellen und zwar durch Ändern der Position des verstellbaren Anschlags an der hölzernen Bodenplatte hinter dem Pedal. Der gesamte in der Wagerechten gemessene Betätigungsweg des Pedals sollte 150 mm ± 10 mm betragen.

PROJEKT 11 • ZERLEGEN DES 911ER MOTORS

Zeit: 16 Stunden

Werkzeug: Demontagewerkzeug für Nockenwelle, Nockenwellenhalter, Sprengringzange, Wärmetauscher und Stehbolzen.

Talent:

Zutreffende Baujahre: alle

Erforderliche Teile: keine

Tipp: Während der Arbeit Bilder anfertigen, um so für den Wiederzusammenbau einen sicheren Anhaltspunkt zu haben

Zweck des Projekts: : Kenntnis über das Zusammenspiel der Einzelteile des Motors

Ergänzende Arbeitsgänge: Generalüberholung des Motors

Eine der besten Möglichkeiten, das Innenleben des Motors zu erforschen besteht darin, den Motor zu zerlegen. Diese Arbeit verfehlt selten ihren Lehreffekt und da ohnehin eine Generalüberholung anstehen wird, wenn diese Arbeit unternommen werden sollte, ist die Sorge, etwas beim Zerlegen des Motors unbrauchbar zu machen, relativ gering.

Der erste Arbeitsschritt besteht im Ausbauen des Motors aus dem Fahrzeug. Siehe Projekt 6 für Einzelheiten zu der erforderlichen Vorgehensweise. Nachdem der Motor aus dem Fahrzeug entfernt wurde, ist es wahrscheinlich sinnvoll, den Motor an einen Motorständer festzuschrauben. So ist der Motor in bequemer Höhe schwebend angebracht, so dass Zugang von allen Seiten besteht – insbesondere wenn der Motorständer mit einem drehbaren Flansch ausgeführt ist.

Zuerst sind die Bauteile der Kraftstoffeinspritzanlage vom Motor abzubauen. Da eine Wiederverwendung der gesamten Einspritzanlage wahrscheinlich ist, sollten bei diesen Arbeiten ganz genaue Aufzeichnungen gemacht werden. Ebenfalls ist es sinnvoll, Bilder der gesamten Baugruppe vor und während des Zerlegens anzufertigen. Dies umfasst das Zeichnen von Diagrammen zur Unterdruckschlauchverlegung und eine Etikettierung aller Schlauchenden und Kabelanschlüsse. Hierfür ist ausreichend Zeit zu veranschlagen, ebenfalls sollten die Etikette so witterungsbeständig sein, dass sie lange halten. Es kann wesentlich länger dauern als ursprünglich geplant, die Arbeiten soweit fortschreiten zu lassen, bis ein erneuter Zusammenbau des Motors ansteht. Beim Abbauen der Bauteile der Einspritzanlage auf Kraftstoffreste achten. Diese können unerwartet eine Gefahrenquelle bilden, wenn offene Flammen oder einfach eine Werkstattleuchte in nächster Nähe sind. Ebenfalls ist es möglich, die gesamte Baugruppe der Kraftstoffeinspritzanlage mit Gebläse und Luftkühlungsgehäuse aus Fiberglas als Ganzes zu entfernen. So werden die Schläuche und Bauteile der Kraftstoffeinspritzanlage im ordnungsgemäß angeschlossenen Zustand behalten.

Nach Abbauen und Etikettieren der Bauteile der Einspritzanlage werden das Gebläse, die Motorabdeckung, die Blechabdeckungen und das Gebläsegehäuse entfernt. Für genaue Einzelheiten zum Abbauen

1 Das Bild zeigt den Anfangspunkt dieses Projektes, nachdem der Motor aus dem Fahrzeug ausgebaut wurde. Die Verwendung eines Motorständers für das Zerlegen des Motors wird dringend angeraten. Der auf diesem Bild dargestellte Motor wurde jedoch auf Holzklötzen zerlegt, weil zu dem Zeitpunkt alle anderen Motorständer des Autors ebenfalls zum Zerlegen von zur Generalüberholung anstehenden Motoren verwendet wurden. Der erste naheliegende Schritt liegt im Abbauen der Kraftstoffeinspritzanlage von der Oberseite des Motors. Meist lässt sich diese nach Abschrauben von den Ansaugkrümmern oben an den Zylinderköpfen als gesamte Baugruppe entfernen. Dieser Motor eines 911 SC aus dem Baujahr 1982 wird zwecks Generalüberholung zerlegt. Die Einlasskanäle der Zylinderköpfe mit Papierhandtüchern zustopfen, um ein Eindringen von Fremdmaterial zu verhindern. Die weiteren Arbeiten zum Zerlegen des Motors sind an der Seite mit den Steuerketten, der so genannten Steuergehäuseseite des Motors, erst fortzuführen, nachdem Motorlager, Steuerkettendeckel und Steuerkettenspanner entfernt wurden.

2 Das Ausbauen der Nockenwellen erfordert den Einsatz zweier Spezialwerkzeuge, das Nockenwellen-Arretierwerkzeug von Porsche und einem so genannten Hahnenfußschlüssel, d.h. einem als Maulschlüssel ausgeführten Steckschlüsseleinsatz mit 46 mm Schlüsselweite. Beide Werkzeuge sind unbedingt erforderlich, um die Nockenwellen ausbauen zu können. Jeder Versuch, ohne diese Werkzeuge auszukommen, birgt ein erhebliches Risiko der Beschädigung von Bauteilen und wird nicht zum Erfolg führen. Die 46-mm-Mutter ist mit einem derart hohen Drehmoment angezogen, dass wahrscheinlich die Hilfe eines zweiten Manns erforderlich wird, um sie zu lösen. Selbst zu zweit bleibt die Arbeit schwierig. Anfang der achtziger Jahre hat Porsche die Teile zur Befestigung der Nockenwelle am Motor aktualisiert. Diese neuere Version erfordert die Verwendung eines anderen Porsche-Spezialwerkzeugs mit der Nummer 9191, an Stelle des ursprünglichen mit der Nummer P202. Die Werkstatthandbücher von Porsche geben widersprüchliche Anweisungen darüber, wann diese Baustandsänderung stattfand. Am 911 SC von 1982, wie im Bild dargestellt, ist die ältere Version der Sicherungsmutter eingebaut. Vor Beschaffung der Spezialwerkzeuge sind deshalb die Nockenwellen des vorhandenen Fahrzeugs genau zu prüfen.

PROJEKT 12 • BESUCH IN DER ZYLINDERSCHLEIFEREI

Zeit: So es dauert

Werkzeug: Eine renommierte Zylinderschleiferei

Talent: –

Zutreffende Baujahre: alle

Erforderliche Teile: Ventilführungen, Ventilsitze, neue Ventile, sofern erforderlich

Tipp: Es ist jener Zylinderschleiferei der Vorzug zu geben, bei der der Meister persönlich sich genug Zeit nimmt, alle Fragen zu beantworten.

Zweck des Projekts: mehr Motorleistung, längere Motorlebensdauer

Ergänzende Arbeitsgänge: Erfassung sämtlicher Ist-Maße aller wichtigen Motorabmessungen

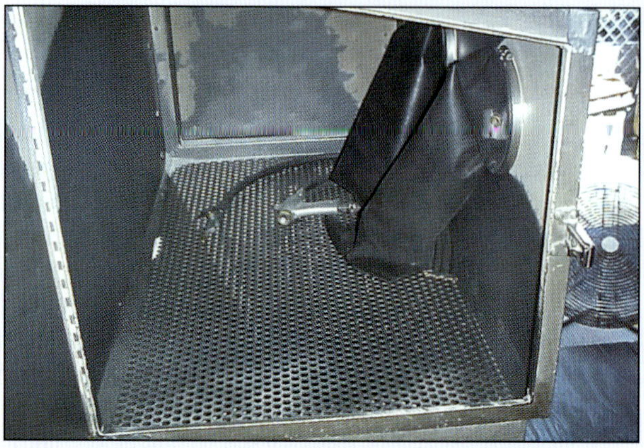

1 Alles beginnt hier in der Strahlkabine. Mit gewissen Vorteilen gegenüber dem klassischen Sandstrahlen ist das Glasperlstrahlen für die Oberfläche des Metalls weniger gefährlich. Lack, Öl, Verunreinigung und Schmierfettablagerungen werden durch Glasperlstrahlen mühelos entfernt.

2 Der Zustand der Ventilführungen kann oft einfach durch Einsetzen eines intakten Ventils und Hin- und Herkippeln desselben geprüft werden. Lässt sich das Ventil nur wenig seitlich kippeln, so muss zur Klärung des Zustands der Ventilführung eine weitere Messung vorgenommen werden. In den meisten Fällen wird jedoch das Ventil stark kippeln – was ein klares Zeichen für verschlissene Ventilführungen ist, die erneuert werden müssen.

3 In diesem Bild sind die alte und die neue Ventilführung nebeneinander angeordnet. Oft haben sich im Laufe der Jahre die Konstruktion und die verwendeten Materialien für die Ventilführung geändert. Insbesondere die Ventilführungen des 2,7-Liter-Motors, verwendet von Baujahr 1974-1977 unterlagen oft starkem Verschleiß nach ca. 100.000 km. Neuere Materialien können diese Verschleißgrenze auf bis zu 400.000 km oder darüber anheben.

Wird eine Generalüberholung des gesamten Motors anvisiert oder auch nur des Zylinderkopfes, so wird es wahrscheinlich erforderlich sein, einige dieser Teile zur Bearbeitung einer ortsansässigen Zylinderschleiferei zu übergeben. Einige der erforderlichen Arbeiten sind ohne Spezial- und Präzisionswerkzeuge und das entsprechende Fachwissen nicht durchführbar. In diesem Kapitel soll deshalb ein wenig darauf eingegangen werden, was hinter den Türen einer derartigen Zylinderschleiferei vor sich geht.

Eine sehr wichtige Dienstleistung, die jede Zylinderschleiferei anbieten können sollte, ist das Glasperlstrahlen von Blechverkleidungen, dem Schwungrad, den Zylinderköpfen und Karosserieteilen, also so ziemlich jeden denkbaren Metallteils. An einigen Bauteilen kann das Sandstrahlen oder Glasperlstrahlen nicht zur Anwendung kommen, z.B. am Kurbelgehäuse oder an Ölkühlern. Für diese Bauteile wird eine hochmoderne Reinigungsmaschine verwendet, die man im Prinzip als industriemäßige Geschirrspülmaschine für verölte, dreckige Bauteile bezeichnen kann.

Eine der wichtigsten Arbeiten der Zylinderschleiferei ist die Generalüberholung der Zylinderköpfe. Hierzu müssen zuerst die Ventile und Federn aus den Zylinderköpfen ausgebaut werden. Die Zylinderköpfe werden auf einem speziellen Federkompressor angeordnet, der das Ventil zusammen drückt und so das Ausbauen des Ventilkeilstücks zur Sicherung des Ventils an der Feder ermöglicht. Die Ventile können dann aus der Zylinderkopfbaugruppe entfernt werden. Die Zylinderköpfe werden dann entweder gereinigt oder gestrahlt, bis sie wie neu aussehen.

Die Zylinderköpfe werden dann überprüft, um festzustellen, ob neue Ventilführungen erforderlich werden. Meist werden die Führungen über die von Porsche vorgegebenen Toleranzgrenzen verschlissen sein und müssen erneuert werden. Eine rasche Überprüfung des Verschleißgrades der Ventilführungen kann durch Einsetzen eines Ventils in die Führung erfolgen, das dann hin und her gekippelt wird. Kippelt das Ventil nicht in der Führung, so ist dies schon einmal ein gutes Zeichen. Ein präziseres Bohrungsmaß wird dann erforderlich, um den

Durchmesser der Führung genau zu prüfen. Wird dennoch festgestellt, dass die Führung verschlissen ist, so muss sie ausgebaut werden. Eine der am häufigsten verwendeten Methoden zum Entfernen der Ventilführungen ist das Schneiden eines Gewindes in die Führung mit darauf folgendem Einschrauben einer Maschinenschraube. An dieser Schraube kann nun der Ventilführungsabzieher ansetzen, um die Ventilführung aus dem Zylinderkopf heraus zu ziehen.

Weiterentwicklungen in der Technologie der Ventilführungen führten zur Verwendung neuer Materialien mit höherer Verschleißbeständigkeit. Neue Führungen können deshalb anders aussehen, als die aus dem Motor entfernten und sollten auch wesentlich länger halten. Nachdem die Ventilführungen in die Zylinderköpfe eingepresst wurden, werden sie mit der Reibahle exakt auf den Innendurchmesser aufgeweitet, der zur Einhaltung der technischen Vorgaben erforderlich ist.

Die Ventilsitze sind in die Zylinderköpfe eingesetzt. Hier handelt es sich um eingesetzte Stahlringe, die in das Leichtmetallgussgehäuse eingepresst sind. Meist ist es nicht erforderlich, den Sitz im Zylinderkopf zu erneuern. Der Sitz wird präzise zur neuen Ventilführung ausgerichtet und maschinell bearbeitet. Hierzu wird eine Maschine verwendet, die sich selbst in der neuen Ventilführung zentriert und den Ventilsitz mit einem besonderen Winkel so schneidet bzw. abfräst, dass das Ventil ordnungsgemäß sitzen und abdichten wird.

Die Ventile selber werden ebenfalls in Anpassung an den an Ventilführungen und den Ventilsitzen verwendeten Winkel spanabhebend bearbeitet, d.h. geschliffen. Damit ein Ventil wieder verwendet werden kann, muss sowohl an der äußeren Kante, als auch am Ventilschaft selbst ausreichendes Material vorhanden sein. Im Allgemeinen kann ein Ventil für eine oder zwei Generalüberholungen weiter verwendet werden, bevor es selbst erneuert werden muss. Auslassventile sollten jedoch nur einmal verwendet werden, sofern es sich nicht um die teureren, natriumgefüllten so genannten gepanzerten Ventile handelt. Diese Ventile führen die Wärme wesentlich besser ab, als die herkömmlichen, aus Edelstahl gefertigten Auslassventile und halten deshalb dem thermischen Schock wesentlich besser Stand. Die Ventile werden an einer Ventilschleifmaschine eingespannt und exakt an den Winkel angepasst geschliffen, der an den Ventilsitzen im Zylinderkopf angefräst wurde.

Die spanabhebende Bearbeitung des Ventils, der Ventilführung und des Ventilsitzes erfordern alle ein hohes Maß an Präzision und müssen zur Mittelachse des Ventils zueinander ausgerichtet werden. Arbeitet die Zylinderschleiferei nicht sorgfältig oder verwendet man dort ausgeschlagene Geräte, so kann dies später zu Problemen führen. Hier ist zu beachten, dass jene Zylinderschleiferei mit dem besten Angebot nicht unbedingt die qualitativ hochwertigste Arbeit liefern wird. Leider ist es sehr schwer, die Toleranzen an den Ventilen zu prüfen, nachdem sie aus der Werkstatt zurückgekehrt und bereits eingebaut sind.

Ein weiteres, häufig verwendetes Verfahren in der Zylinderschleiferei ist, wie der Name schon sagt, das Schleifen bzw. – um den Fachbegriff zu verwenden – das Honen der am Motor vorhandenen, gebrauchten Zylinder. Beim Honen wird ein kreuzweise schraffiertes Muster an der Innenseite der Zylinder aufgebracht, das ein Setzen der Kolbenringe beim Einfahren des Motors erst ermöglicht. Dieses Ho-

4 Die Zylinderköpfe werden auf einer speziellen Vorrichtung bearbeitet, die sicher stellt, dass die Ventilsitze exakt in einer Flucht mit den Ventilführungen gefräst werden. Ein spezieller Ventilsitzfräser schneidet den Winkel des Ventilsitzes, während die Maschine die Zylinderköpfe zur Innenbohrung der Ventilführungen ausgerichtet hält.

5 Der Ventilsitzfräser ist aus speziellem Werkzeugstahl hergestellt und so geschliffen, dass das erforderliche Winkelprofil der Ventilsitzfläche eingehalten wird.

6 Ventile können im Regelfall wieder verwendet werden, wenn sich am Ventiltellerrand ausreichend Material befindet, um ein Nachschleifen zu ermöglichen. Das links im Bild gezeigte Ventil ist nagelneu, das rechts dargestellte verfügt nicht mehr über genug Material an der Kante, um ein erneutes Nachschleifen zu erlauben. Einlassventile lassen sich im Regelfall problemlos wiederverwenden, während Auslassventile nur einmal verwendet werden sollten, sofern es sich nicht um die teuren, natriumgefüllten gepanzerten Ventile handelt. Derartige Auslassventile verteilen die Wärme wesentlich besser als normale Edelstahlventile und weisen daher eine längere Lebensdauer auf. Ein natriumgefülltes Ventil lässt sich im Regelfall an einer kleinen Markierung in der Mitte des Ventiltellers erkennen.

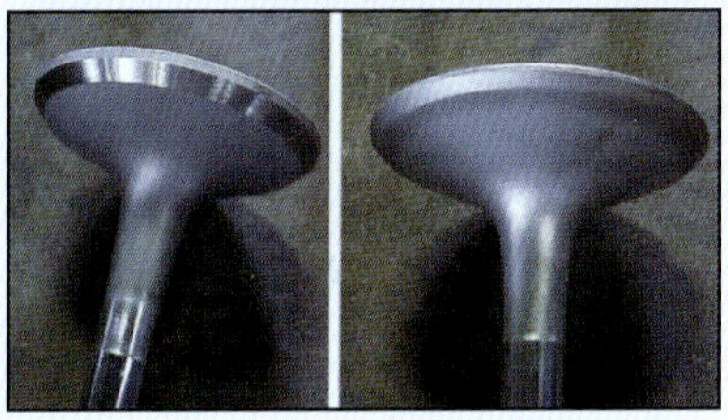

7 Diese beiden Ventile haben bessere Zeiten gesehen. Das links dargestellte Ventil wurde so weit abgeschliffen, dass die Ventiltellerkante abgebrochen ist. Das rechts dargestellte Ventil stammt aus einem Motor, dessen Ventile zu heiß wurden. Wenn Ventilsitz und Ventil nicht exakt aneinander anliegen, so bilden sich stellenweise Überhitzungen, die Risse erzeugen – wie am rechts im Bild dargestellten Ventil erkennbar.

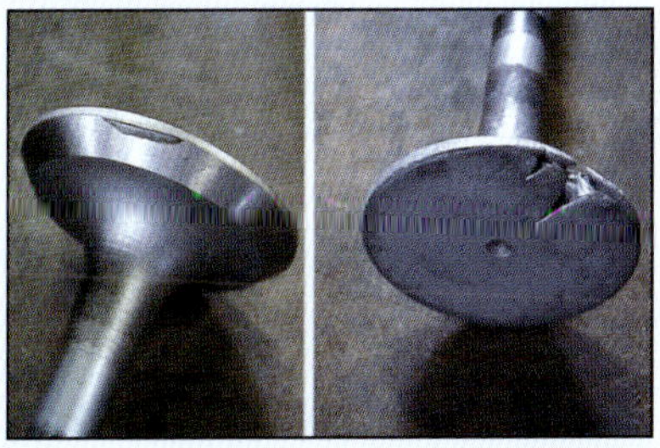

8 Wenn am Ventil ausreichend Material verbleibt, kann es so nachgeschliffen werden, dass eine exakte Passung mit den Ventilsitzen erreicht wird. Dies erfolgt auf einer speziellen Ventilschleifmaschine, die auf den Winkel eingestellt werden kann, den das Ventil zum Ventilsitz haben soll.

9 Die Honmaschine bringt an der Innenfläche der Zylinder ein schraffiertes Muster auf und unterstützt so ein Setzen der Kolbenringe und wirkt einem Verlust der Verdichtung entgegen.

10 Der Werkstattmeister der Zylinderschleiferei bei der Arbeit.

Die Kurbelwelle sollte ebenfalls in der Zylinderschleiferei untersucht werden, bevor sie in dem generalüberholten Motor wieder verwendet wird. Die Kurbelwelle wird einem Verfahren zur Feststellung von Rissbildung unterzogen. Hier kommt ein Farbstoff zur Anwendung, der in die Risse eindringt und unter UV-Licht im Dunkeln klar erkennbar wird. Auf diese Weise können mikroskopisch kleine Risse erkannt werden, die zu einem späteren Betriebsversagen führen könnten. Im Allgemeinen sind die Kurbelwellen des Porsche 911 sehr stabil und neigen normalerweise nicht zu Rissbildung. Es ist jedoch besser, dies zu überprüfen, als später nach erneutem Einbau erhöhte Kosten und Zeitaufwand aufbringen zu müssen.

Ist am betreffenden 911-Motor ein Lager „durchgedreht" (Lagerfresser), so könnte die Zylinderschleiferei empfehlen, die Kurbelwelle nachschleifen zu lassen. Es ist jedoch zu bedenken, dass hierdurch die gehärtete Oberfläche der Kurbelwelle abgetragen wird und diese danach einem erhöhten Verschleiß unterliegt. So ist es unter Umständen besser, eine normale Kurbelwelle zu finden, die nicht nachgeschliffen werden muss.

Ebenfalls ist es sinnvoll, die Kurbelwelle polieren zu lassen. Die Lagerflächen erfordern eine glatte Oberfläche, um den benötigten dünnen Ölfilm, den so genannten Ölkeil, erzeugen zu können, in dem die Kurbelwelle dann läuft. Weist die Oberfläche eine gewisse Rauheit auf, so behindert dies den Ölfluss entlang des Lagerumfangs. Durch Polieren der Kurbelwelle fließt das Öl gleichmäßig entlang der Lageroberflächen und verlängert die Lebensdauer der Motorlager.

Die Pleuel sind ebenfalls wichtige Bauteile, die in der Zylinderschleiferei generalüberholt werden müssen. In jedem Pleuelauge sollten neue Kolbenbolzenbuchsen eingesetzt werden. Ebenfalls gibt es ein Verfahren zur Größenanpassung, um sicher zu stellen, dass das kurbelwellenseitige Pleuellager die richtige Größe aufweist. Im Laufe der Jahre der Betriebszeit des Motors dehnen sich die Pleuel in der Länge, wodurch die Lagerflächen der Pleuel bisweilen etwas unrund werden. Zur Korrektur dieses Defektes wird der Pleuellagerdeckel des Pleuels abgebaut und von der Anlagefläche eine kleine Schicht Material abgetragen. Das Pleuel wird dann wieder montiert und die Lagerfläche auf die ursprünglich ab Werk vorgegebenen Maße aufgebohrt. Durch Entfernen einer kleinen Materialschicht vom Pleuellagerdeckel wird die Stabilität oder Zuverlässigkeit des Pleuels nicht beeinträchtigt.

Es kann ebenfalls erforderlich sein, die Nockenwelle nachschleifen zu lassen. Im Allgemeinen weisen Motoren des Porsche 911 keinen großen Verschleiß an den Nockenwellen auf, ein Nachschleifen oder Polieren auf Werte nahe der ursprünglichen Vorgaben kann jedoch erforderlich sein. Weist die Nockenwelle Lochfraß auf, so kann es erforderlich sein, die Vertiefungen durch Schweißen aufzufüllen, die Welle neu zu schleifen und das Metall an den Nockenbahnen einer erneuten Oberflächenhärtung zu unterziehen. Die wichtigste Ausstattung in der Zylinderschleiferei ist der Maschinenbaumeister. Hier sollte man sorgfältig prüfen, wer die Arbeiten durchführt und willens ist, die gestellten Fragen zu beantworten und die Werkstatt zu zeigen. Alle Arbeit und Zeit, die selbst in die Generalüberholung des Motors hinein gesteckt wird, kann sich als nutzlos erweisen, wenn die Arbeit seitens der Zylinderschleiferei nicht ordnungsgemäß ausgeführt wird.

nen bewirkt ebenfalls, dass die Zylinder exakt rund sind, wenn neue Ringe eingebaut werden. An den Porsche 911 späteren Baudatums wurden im Wesentlichen zwei Bauarten von Zylindermaterialien verwendet, nämlich Nikasil und Alusil. Die vom Kolbenhersteller Mahle gefertigten Nikasilzylinder lassen sich an einer herkömmlichen Honmaschine sehr leicht honen, während die Alusilzylinder sich für diese Bearbeitung nicht eignen. Die von Kolbenschmidt hergestellten Alusilzylinder sind innen mit einer Beschichtung versehen, diel sich für das Honen nicht besonders gut eignet. Bei der Auftragsvergabe an die Zylinderschleiferei ist sicher zu stellen, dass die Leute dort hierüber in Kenntnis gesetzt sind und die beiden unterschiedlichen Legierungen vor dem Honen der Zylinder identifizieren und unterscheiden können.

Ebenfalls sollte das Motorkurbelgehäuse in der Motorenwerkstatt gereinigt und geprüft werden. Dieses Bauteil darf jedoch nicht gesandstrahlt oder durch Glasperlstrahlen gereinigt werden, da das Strahlgut in die kleinen Ölkanäle zur Schmierung diverser Bauteile des Motors eindringen könnte. In der Motorenwerkstatt wird geprüft, ob die Lageroberflächen des Motorblocks alle rund und zueinander ausgerichtet sind. Falls nicht, so wird eine Zentrierbohrung durchgeführt. Oft wird selbst die spezialisierte Zylinderschleiferei diese Arbeit einer Spezialwerkstatt überlassen, weil die hierfür erforderlichen Maschinen groß, aufwendig und teuer sind. Das Zentrierbohren weitet den Außendurchmesser der Lager auf eine bestimmte Größe auf und sorgt so dafür, dass alle Lagerflächen innerhalb des Gehäuses in einer Flucht liegen. Nach Aufbohren des Kurbelgehäuses müssen entsprechende Lager in Reparaturgröße an Stelle der normalen Größen verwendet werden.

PROJEKT 13 • GENERALÜBERHOLUNG DES MOTORS

Zeit: 50 Stunden

Werkzeug: Nockenwellendemontagewerkzeug, Nockenwellenhalter, Sprengringzange, Demontagewerkzeug für Wärmetauscher, Werkzeug für Ventileinstellung, Drehmomentschlüssel, Kolbenringspannband

Talent: 4 von 4

Zutreffende Baujahre: alle

Erforderliche Teile: Motordichtungssatz, O-Ringe, Ventildeckel, Kolbenringe, Dichtmasse, Kolben und Zylinder (sofern erforderlich), Pleuellager, Kurbelwellenlager, Zwischenwellenlager, Pleuellagerbuchsen, Steuerketten, Stehbolzen

Tipp: Kaufen sie ihrem befreundeten Mechaniker einen Kasten Bier unmittelbar vor Beginn der Arbeiten, damit Sie ihn dann im Laufe des Arbeitsfortschritts mit Fragen belegen können.

Zweck des Projekts: mehr Motorleistung, längere Motorlebensdauer

Ergänzende Arbeitsgänge: Montage von Turboventildeckeln, Carrera-Kettenspanner, größere Kolben, Nachrüstung der Carrera-Ölpumpe

1 Alles beginnt mit dem in der Zylinderschleiferei geprüften bzw. auf Flucht gebohrten Kurbelgehäuse. Die Kurbelgehäuse aus Leichtmetall des 2,0-Liter-, 3,0-Liter- und 3,2-Liter-Motors eignen sich besonders gut für eine Grundüberholung. Handelt es sich beim betreffenden Fahrzeug um einen Motor mit 2,2-Liter-, 2,4-Liter- oder 2,7-Liter-Kurbelgehäuse, so sind einige Änderungen wünschenswert, um die Langlebigkeit des Motorblocks sicher zu stellen. Eine der wichtigsten Änderungen besteht im Einbauen der Heli-Coil-Einsätze in den Aufnahmebohrungen der Zylinderkopfstehbolzen. Diese sonst zur Gewindereparatur verwendeten Einsätze verringern die Wahrscheinlichkeit, dass sich die Stehbolzen aus dem weichen Magnesiummaterial heraus bewegen. Ebenfalls ist sicher zu stellen, dass alle 3 Anlageflächen der Zylinder eben sind. Die Magnesiumgehäuse neigen mit steigender Kilometerleistung zum Verziehen und eine Generalüberholung des Motors ohne Bearbeitung des Kurbelgehäuses wird wahrscheinlich zu gravierendem Ölaustritt führen. Ebenfalls ist es sinnvoll, einen der mittigen Motorgehäusestehbolzen zu verstärken, der oft aus dem Gehäuse herausgezogen wird.

2 Pleuel und Kurbelwelle getrennt vom Kurbelgehäuse montieren. Besonders praktisch ist die vorübergehende Befestigung der Kurbelwelle am Schwungrad, dass dann als stabiler Ständer dient, um die Pleuel festziehen zu können. Hierbei reichlich Motormontagepaste verwenden und die Pleuelmuttern mit rotem Loctite sichern. Die Pleuelmuttern und Pleuelschrauben müssen immer erneuert werden. Es handelt sich um Dehnschrauben, die nach dem Beaufschlagen mit dem vorgegebenen Drehmoment deformiert werden, um im eingebauten Zustand die erforderliche Festigkeit zu erzeugen. Sicher stellen, dass die beiden Pleuelhälften zueinander passen, sie sind jeweils paarweise markiert und dürfen nicht vertauscht werden.

Die vollständige Generalüberholung eines Porsche 911 Motors stellt eine nicht zu vernachlässigende Herausforderung dar. Dennoch lässt sich diese Arbeit mit ausbaufähigem Grundwissen über die Materie in Angriff nehmen. Selbstverständlich hat die Konstruktion des Sechszylinder-Boxermotors ihre Eigenheiten. Die Generalüberholung des 911-Motors erfordert daher eine Menge Zeit, Geduld und die Bereitschaft, den Horizont zu erweitern. In diesem Buch kann deshalb auch nicht die Generalüberholung in allen Einzelheiten behandelt werden. Es soll jedoch eine Übersicht über die Arbeiten gegeben werden, die zur Generalüberholung erforderlich sind. Zumindest wird die Lektüre dieses Abschnitts den Leser befähigen, seiner Fachwerkstatt Fragen darüber zu stellen, was im Einzelnen zur Generalüberholung des Motors unternommen werden soll.

Die Generalüberholung beginnt mit dem Motorkurbelgehäuse. Je nach Hubraum und Baujahr des Motors bieten sich einige Änderungen am Gehäuse an, um die Langlebigkeit zu erhöhen. An Motorkurbelgehäusen früheren Baudatums, wie auch an den aus Magnesium gefertigten, werden eine ganze Reihe von Veränderungen erforderlich sein. Die Kurbelgehäuse früheren Baudatums können auf den späteren Baustand nachgerüstet werden, an denen Kolbensprühdüsen zur besseren Schmierung eingesetzt werden, die Hauptlagerstege für eine bessere Ölzirkulation verjüngt werden und die Zwischenwelle in der Flucht gebohrt wird, um die Lagerschalen späteren Baudatums aufzunehmen. Mit Ausreifen der Konstruktion des 911-Motors und Inkrafttreten strengerer Abgasnormen, wurden die Magnesiumgehäuse über ihre Möglichkeiten hinaus beansprucht. Diese Schwäche führte oft zu einem Nachgeben des Gussgehäuses und einem Verziehen desselben unter dem Einfluss der Betriebsdrücke. Diese Probleme in der Konstruktion des Kurbelgehäuses waren an den Modellen mit 2,7-Liter-Motor der Baujahre 1974-1977 besonders deutlich. Die zusätzliche Belastung durch Aufbohren auf größeren Hubraum und strengere Abgasnormen bewirkten eine wesentliche Schwächung des Gehäuses. Es gibt eine ganze Reihe von Veränderungen, die an den Magnesiumgehäusen durchgeführt werden sollten, um diese zu verstärken. Eine detaillierte Ausführung hierzu würde jedoch den Rahmen dieses Buches sprengen.

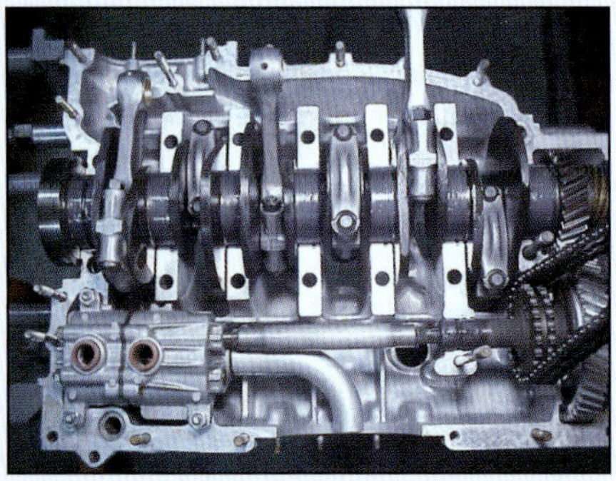

3 Die Kurbelwelle, die Zwischenwelle und die Ölpumpe sind alle in diesem Bild erkennbar. Ein neues Sicherungsblech ist beim Einbau der Ölpumpe zu verwenden. Sicher stellen, dass die Steuerketten ordnungsgemäß eingebaut werden, bevor die Montage fortgeführt wird. Alle beweglichen Teile und Lagerflächen sollten mit Motormontagefett versehen werden. Das Montagefett darf jedoch nicht auf die Dichtflächen der Gehäusehälften geraten. Nicht die beiden dicken O-Ringe an der Ölpumpe vergessen, außerdem nicht den O-Ring zur Abdichtung der unteren Ölkanäle innerhalb des Gehäuses (auf dem Bild nicht erkennbar).

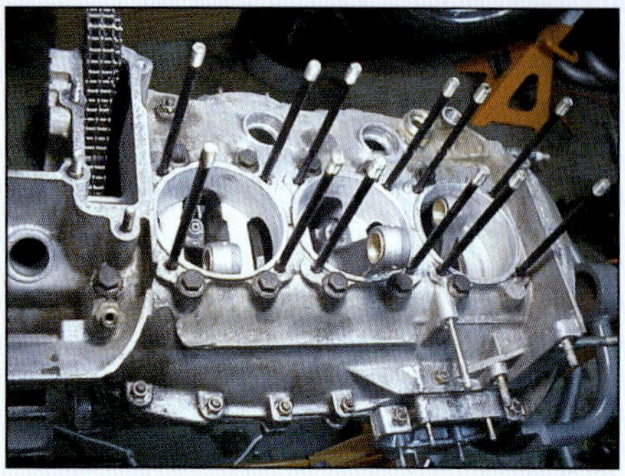

4 Die beiden Gehäusehälften sind zusammengefügt und die neuen Zylinderkopfstehbolzen sind in diesem Foto bereits eingebaut. Hier handelt es sich um die Stahlstehbolzen älterer Bauart. Die Stehbolzen müssen alle eine identische Bauhöhe aufweisen (133 bis 134 mm) und mit etwas rotem Loctite eingebaut werden. Beim Einbau der Durchgangsschrauben im Gehäuse die kleinen O-Ringe zum Verhindern von Ölaustritt einsetzen. Zusätzlich ist die Verwendung von Silikondichtmasse unter den Unterlegscheiben als vorbeugende Maßnahme zu empfehlen.

5 Der wohl risikoreichste Arbeitsgang bei der Generalüberholung des Motors besteht im Einbauen und Spannen der neuen Kolbenringe. Der Kolbenringspalt muss jeweils versetzt angeordnet werden. Bei der Montage darf kein Kolbenring brechen. Bricht doch ein Kolbenring, so muss die gesamte Oberseite des Motors abgebaut werden und alle Kolbenringe des Motors müssen wieder erneuert werden. Bestehen irgend welche Zweifel, so ist der Zylinder abzuziehen und erneut zu prüfen.

6 Ebenfalls etwas nervenaufreibend ist die Montage der Baugruppe Kolben und Zylinder an den Pleueln. Einige Experten bevorzugen ein Anbauen der Kolben an den Pleueln, um dann erst den Zylinder über die Kolben anzuordnen, während der Motor im Motorständer befestigt ist. Dies mag als die einfachere Vorgehensweise erscheinen, birgt jedoch auch eine wesentlich größere Gefahr, einen Ring zu brechen. Die Zylinder müssen in einer bestimmten Reihenfolge eingebaut werden. Anderenfalls wird es nicht möglich sein, im letzten Kolben den Kolbenbolzen einzusetzen. Hierbei besondere Vorsicht walten lassen, damit keiner der kleinen Sprengringe zur Arretierung des Kolbenbolzens beim Einbau der Kolben in den Motor hinein fällt.

Das Gehäuse sollte von der ortsansässigen Zylinderschleiferei auf Ebenheit und Flucht geprüft werden. Wenn ein Lager innerhalb des Gehäuses gefressen hat oder darin ein anderes, mit Zerstörung einhergehendes Ereignis auftrat, so müssen die Lagerflächen unter Umständen auf Flucht neu gebohrt werden. So werden alle Lagerbohrungen auf eine Mittelachse ausgerichtet und rechtwinklig zum Gehäuse angeordnet. Nach Durchführung dieses Verfahrens muss unter Umständen ein Reparatursatz für Lagerschalen verwendet werden. Dieses Verfahren wird häufig durchgeführt und die Lagersätze in Reparaturgröße sind ohne Weiteres verfügbar. Die Werkstatt sollte das Gehäuse ebenfalls gründlich reinigen. Von einem Sandstrahlen oder Glasperlstrahlen ist unbedingt abzusehen, da in den kleinsten Ölkanälen innerhalb des Gehäuses kein Sand oder anderes Strahlgut zurück bleiben darf.

Das Gehäuse sollte auf einem Motorständer angebracht werden, der speziell für den 911-Motor konstruiert wurde. Es gibt herkömmliche Motorständer, die gute Dienste leisten, solange nicht zu viel Gewicht daran befestigt ist. Wird selbst eine Generalüberholung des Motors unternommen, so sollte hierfür ein speziell für den 911-Motor konstruierter Motorständer ausgeliehen werden oder die Investition zur eigenen Anschaffung getätigt werden.

Bei Einbau neuer Zylinderkopfstehbolzen ist sicher zu stellen, dass diese eingebaut werden, bevor das Gehäuse zusammengebaut wird. Nur allzu leicht fallen später kleine Gegenstände oder Späne in das Gehäuse, wenn irgendwo ein Gewinde in den Sacklöchern nachgeschnitten werden muss. Hier ist es angeraten, die Stahlstehbolzen älterer Bauart zu verwenden – an Stelle der Zylinderkopfstehbolzen Nr. 993 der späteren Bauart aus Dilavar-Material. Erfahrungsgemäß halten die älteren Stahlstehbolzen besser als das neuere Material.

Kurbelwelle und Pleuel sollten auf der Werkbank zusammen gebaut werden. Als Ständer kann die Kurbelwelle am Schwungrad angeschraubt werden. Unbedingt alle Pleuel probeweise anpassen und keinesfalls die Pleuelmuttern oder Pleuelschrauben wieder verwenden. An den neuen Pleuelmuttern rote Schraubensicherungsmasse (Loctite) verwenden und an den Lagerflächen reichlich Motormontagepaste auftragen. Die Montagepaste ermöglicht ein Drehen der Bau-

7 Die Zylinder sind nun eingebaut und die Luftführungsbleche können eingesetzt werden. Hierbei sicher stellen, dass die langen Kühlrippen an den Zylindern zur Auslassseite hin angeordnet werden, anderenfalls werden die Kolben überhitzen und festfressen. Ebenfalls sicher stellen, dass die Luftleitbleche richtig ausgerichtet eingebaut werden. Ein geringfügig erscheinender Fehler beim Einbau der Luftleitbleche kann später zu schwerwiegenden Überhitzungsproblemen des Motors führen.

8 Die Zylinderköpfe an den Nockenwellenlagerbrücken anschrauben, bevor diese als Baugruppe am Motorblock befestigt werden. So werden jegliche Probleme bei der Ausrichtung der beiden Bauteile zueinander vermieden, die auftreten können, wenn das Gehäuse an den Anlageflächen der Zylinder nicht vollständig eben ist. Die Dichtflächen der Nockenwellenlagerbrücke mit Gehäusedichtmasse, z.B.Loctite 571, unter Verwendung eines Säurepinsels einstreichen. Neue Dichtringe und Ölrücklaufrohre verwenden. Sicher stellen, dass die Dichtringe vor dem Einbau mit etwas Motoröl angefeuchtet werden. Unmittelbar nach Anschrauben der Zylinderköpfe an den Nockenwellenlagerbrücken ist die Baugruppe aus Nockenwellenlagerbrücken und Zylinderköpfen am Motor festzuschrauben, wobei die Muttern an den Zylinderkopfstehbolzen in der richtigen Reihenfolge auf das richtige Drehmoment angezogen werden müssen. Es ist sicher zu stellen, dass die gesamte Baugruppe vor Aushärten der Dichtmasse ordnungsgemäß festgezogen ist. Im Foto ist ein Trockenversuch zur Prüfung der Zylinderköpfe und Nockenwellenlagerbrücken auf Passung dargestellt, weshalb die Luftleitbleche hier noch nicht eingebaut sind. Um nicht zuviel Zeit verstreichen zu lassen und eine vollständige Montage vor Aushärten der Dichtmasse sicher zu stellen, ist es sinnvoll, vor Beginn der Arbeiten sämtliche Befestigungsmittel, Unterlegscheiben, die Dichtmasse usw. bereit zu legen.

teile des Motors während des Zusammenbaus und stellt ebenfalls eine Schmierung während der ersten Augenblicke des Anlassens des Motors, in denen noch kein Öldruck vorliegt, sicher. Die Motormontagepaste gleichmäßig, jedoch nicht zu stark, über die gesamte Oberfläche verteilt auftragen.

Jedes Pleuel besteht aus zwei Teilen, die paarweise nummeriert sind. Die Pleuel sollten in der Zylinderschleiferei wieder auf Rundheit bearbeitet werden (siehe Projekt 12). Ebenfalls sicher stellen, dass die Kolbenbolzenbuchsen erneuert werden.

Beim Einbauen der Kurbelwelle mit Pleueln im Gehäuse sicher stellen, dass die Kurbelwellenhauptlager vollständig mit Motormontagepaste geschmiert werden. Ebenfalls sicher stellen, dass Ölpumpe und Zwischenwelle ordnungsgemäß eingebaut werden und dass die beiden Steuerketten eingebaut werden. Die Ausrichtung zwischen dem Leichtmetallzahnrad der Zwischenwelle und dem Antriebszahnrad der Kurbelwelle muss unter Berücksichtigung des Zahnflankenspiels ebenfalls überprüft werden. Vor dem Einbau der Ölpumpe ist eine geringe Menge Motoröl in die Ölpumpe einzufüllen.

Das Verschließen des Kurbelgehäuses ist ein wichtiger Arbeitsschritt. Hierfür ist die geeignete Dichtmasse zu verwenden, so z.B. vorzugsweise Loctite Nr. 571. Die Dichtmasse gleichmäßig mit einem Säurepinsel auftragen. Diese Dichtmasse von Loctite härtet nicht durch Kontakt mit Luft aus, sondern durch Kontakt zweier Metallflächen. Somit besteht kein Grund zur Beunruhigung, wenn die überschüssige Dichtmasse nach Zusammenfügen der Gehäusehälften nicht aushärtet. Die langen Durchgangsschrauben zum Zusammenhalten des Gehäuses müssen an jedem Ende mit kleinen O-Ringen versehen werden. Dies liegt darin begründet, dass durch diese Kanäle Öl strömt, das austreten wird, wenn keine ordnungsgemäße Abdichtung erfolgt. Als zusätzliche Maßnahme ist es sinnvoll, etwas hochtemperaturfeste Silikonmasse um die O-Ringe aufzutragen. Sicher stellen, dass alle Schrauben und Muttern auf das erforderliche Drehmoment angezogen und hierbei nicht die in den Vertiefungen des Kurbelgehäuses versteckten Schrauben vergessen werden.

Nach Zusammenfügen des Gehäuses wird ein gewisser Arbeitsfortschritt erkennbar. Der nächste Schritt besteht im Anbauen der Kolben und Zylinder. Dieser Arbeitsgang ist unter Umständen der schwierigste. Nur allzu leicht wird hierbei ein Kolbenring zerbrochen. Vorsichtig und sorgfältig vorgehen und Kolben und Zylinder auf der Werkbank montieren. Die Meinungen über die Vorgehensweise gehen auseinander. Eine Möglichkeit besteht im Montieren der Zylinder nachdem die Kolben bereits an den Pleueln befestigt wurden. Hierbei ist es jedoch leichter, einen Kolbenring brechen zu lassen, weil kein guter Angriffswinkel auf die Kolben besteht und die Platzverhältnisse so sehr beengt werden.

Die Montage der Kolben und Zylinder an den Pleueln ist etwas schwierig. Um letztendlich in der Lage zu sein, den Sprengring zur Arretierung des schwimmend gelagerten Kolbenbolzens einzubauen, muss die Vorgehensweise bei der Montage genau durchgeplant werden. Die kupferne Dichtung nicht vergessen, sie sollte beidseitig mit etwas Gehäusedichtmasse versehen werden. Ebenfalls nicht vergessen, die Zylinder mit den großen Kühlrippen nach unten weisend einzubauen und die Kolben mit dem Punkt nach oben weisend (sofern es sich um Kolben für Motoren mit K-Jetronic handelt). Hier handelt es sich um wichtige Details, die die gesamte Motorgeneralüberholung ruinieren, wenn sie nicht genau beachtet werden.

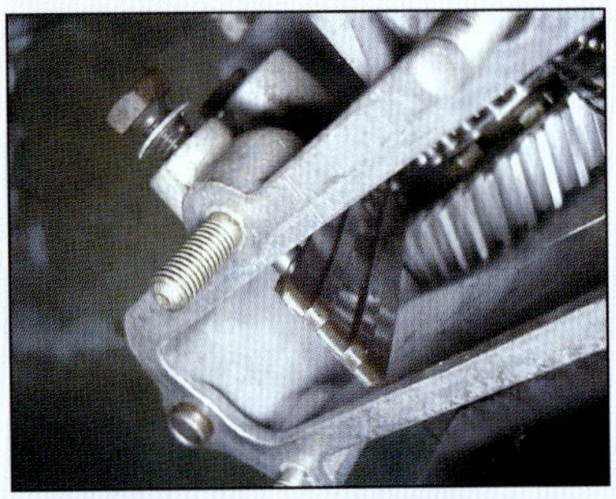

5 Die Kettenrampen sollten jeweils einzeln erneuert werden, um sicher zu stellen, dass die Kette weiter unter Spannung gehalten wird. Dieses Foto zeigt einen Motor während des Zusammenbaus und bietet somit einen einzigartigen Einblick in die Befestigung der innen liegenden Kettenrampen. Beim Ausbauen der Schrauben zur Befestigung der Rampen sicher stellen, dass die Rampen nicht in den Motor hinein fallen. Sie lassen sich nur schwer wieder evakuieren. Einige der Schrauben für die innen liegenden Kettenrampen können ein Abbauen des Motorlagers erfordern um Zugang zu erlangen. Ist dies erforderlich, so wird der Motor vor Demontieren des Motorlagers mit einem Wagenheber abgestützt. Zu beachten ist, dass zwei unterschiedliche Bauarten von Kettenrampen verwendet werden. Mit Ausnahme der braunen Kettenrampe, die ausschließlich unten rechts eingebaut werden darf können die schwarzen Kettenrampen an jeder anderen Stelle verwendet werden.

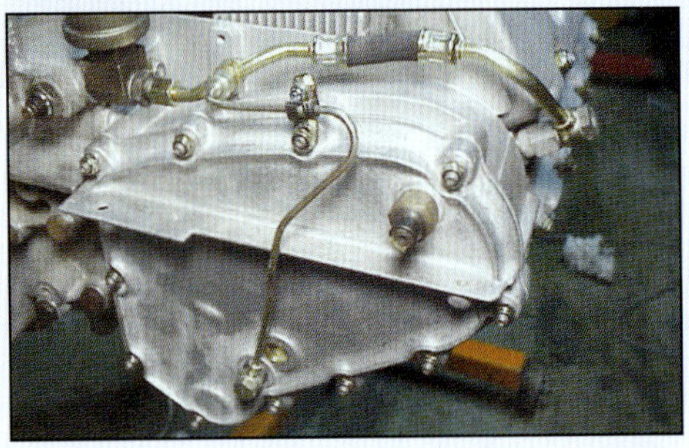

6 Die Halterungen und Befestigungsschellen der Ölrohrleitungen müssen ordnungsgemäß angebaut werden. Erfolgt dies nicht, so werden die Leitungen zu stark vibrieren und vorzeitig versagen.

spanner einmal ausgebaut wurde, kann ebenfalls das Umlenkrad entfernt werden, wenn eine Nachrüstung auf die Kettenradumlenkhebel späteren Baustands beabsichtigt ist.

Werden die ursprünglichen Umlenkhebel wieder verwendet und handelt es sich um ein Fahrzeug früheren Baudatums, so müssen die Distanzstücke aus Leichtmetall an der Welle angesetzt werden. Jetzt den neuen Kettenspanner anbauen. Den kleinen Befestigungsstift nicht entfernen, bevor der Spanner eingebaut und in Einbaulage gesichert wurde. Sicher stellen, dass der kleine orangefarbene O-Ring am Spanner dort, wo dieser durch das Steuerkettengehäuse durchgeführt wird, angebaut wird. Den O-Ring vor dem Einbauen mit sauberem Motoröl leicht anfeuchten. Die 13-mm-Sechskantmutter wieder anziehen, den Sicherungsstift heraus ziehen und dann den neuen Steuergehäusedeckel anbauen. Hierbei die neue Dichtung aus dem Nachrüstsatz verwenden. Am Steuergehäusedeckel wird beim Eingreifen über dem O-Ring einen gewisser Widerstand zu bemerken sein.

Das Austauschen der Steuergehäusedeckel an der rechten Seite gestaltet sich ähnlich, ist jedoch etwas schwieriger, weil hier die Steuerkette leichter ihre Spannung verlieren kann. Daher besonders sorgfältig vorgehen, um die Steuerkette an der rechten Seite zu sichern.

Unbedingt darauf achten, dass die Sicherungsstifte aus den Kettenspannern heraus gezogen werden. Werden die Stifte nicht heraus gezogen, so wird die Kette nicht unter Spannung stehen. Wird der Motor in diesem Zustand gestartet, so fällt die Kette vom Kettenrad ab und das Ergebnis ist eine Katastrophe in Form eines kapitalen Motorschadens.

Nachdem die beiden Steuergehäusedeckel wieder angebaut wurden, müssen die neuen Ölleitungen zur Nockenwellenlagerbrücke angebaut werden. Die Leitungen vorher auf die Werkbank legen und prüfen, dass alle Anschlussstücke, Dichtungen und Unterlegscheiben vorhanden sind. Beide Leitungen sind mit Hohlanschlüssen versehen und außerdem mit normalen Rohrleitungsanschlüssen mit einem Aluminiumdichtring unter der Überwurfmutter. Das Anbauen der äußeren Hohlanschlüsse erfolgt ohne Schwierigkeiten, die innen liegenden Anschlüsse sind jedoch etwas komplizierter. Die innen liegenden, geraden Ölleitungen müssen exakt fluchtend zu den innen liegenden Rohranschlüssen liegen und die konischen Dichtringe müssen mit ihrer verjüngten Kante nach unten zeigen. An keinem der Rohranschlüsse darf zuviel Kraftaufwand erfolgen. Bei ordnungsgemäßem Einbau werden sie im Regelfall perfekt abdichten. Unter Umständen müssen einige Schläuche oder weitere Bauteile entfernt werden, um genug Freiraum zum Festziehen aller Anschlüsse der Leitungen zu erhalten. Sind die Leitungen einmal fest gezogen, so werden die kleinen Stützhalterungen eingebaut. An Motoren Baujahr 1967 bis 1972 müssen die beiden oberen Stehbolzen am linken Steuergehäusedeckel entfernt werden und durch zwei längere Stehbolzen M8 x 60, die im Nachrüstsatz enthalten sein sollten, ersetzt werden.

Ist einmal der Schalldämpfer wieder eingebaut – und zwar unter Verwendung neuer Dichtungen – und sind weiterhin Schläuche, Verteiler und Blechverkleidungen wieder angebaut, so kann am Motor Öl aufgefüllt werden, um dann den Motor anzulassen und auf Ölaustritt zu prüfen. Kleinere Undichtigkeiten an den Rohrleitungsanschlüssen können normalerweise mit einer halben Umdrehung an den Überwurfmuttern beseitigt werden. Nicht vergessen, bei Einbau des Verteilers den Zündzeitpunkt neu einzustellen. Bei Einsetzen des Verteilers muss der Verteilerfinger auf die Kerbe im Verteilergehäuse zeigen. Siehe Projekt 22 für weitere Einzelheiten.

Obwohl diese Nachrüstung nicht etwa zusätzliche 25 PS erzeugt, wird sie jedoch einige Sorgen unbegründet machen. Die Kettenspanner der älteren Konstruktionen werden früher oder später mit an Sicherheit grenzender Wahrscheinlichkeit versagen und diese Nachrüstung an ihrem Fahrzeug ist eine kosteneffiziente Versicherung gegen einen daraus resultierenden Motorschaden.

MOTOR

PROJEKT 16 • NACHRÜSTEN DER TURBO-VENTILDECKEL

Zeit: 30 Minuten

Werkzeug: 13-mm-Steckschlüssel

Talent:

Zutreffende Baujahre: 1968-1989

Erforderliche Teile: Turbo-Ventildeckel, Ventildeckeldichtungen und Kleinteile

Tipp: Vor Abbauen der unteren Ventildeckel das Motoröl ablassen.

Zweck des Projekts: Nachrüstung verhindert eine sehr häufig auftretende Ölundichtigkeit

Ergänzende Arbeitsgänge: Gleichzeitig die Ventile einstellen.

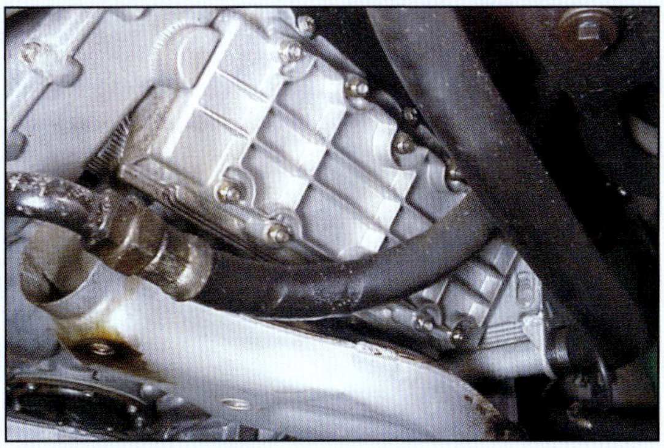

1 Die Verstärkungsstege an den Turboventildeckeln bewirken eine Stabilisierung der unteren Ventildeckel und verringern die Wahrscheinlichkeit eines Verziehens. Die zusätzliche Hitzeeinwirkung der Motorabgasanlage macht diese Versteifung erforderlich. Ein Foto der Magnesiumventildeckel ist im Bild 1 von Projekt 2 zu sehen.

Eine sehr häufig durchgeführte Nachrüstung am 911-Motor ist der Einbau der Ventildeckel des 911 Turbo. Die ursprünglich an nahezu allen Porsche 911 der Baujahre 1968 bis 1977 eingebauten Ventildeckel wurden aus Magnesium hergestellt. Das Magnesium sollte eine Gewichtsersparnis bringen. Unglücklicherweise hielten die Magnesiumventildeckel am 911-Motor den außerordentlichen Belastungen nicht stand. Sehr häufig werden sich Ventildeckel aus Magnesium nach vielen Jahren normaler Betriebszeit und einhergehenden Temperaturextremen verziehen.

Werden die Ventildeckel undicht, so wird Öl oben auf die Wärmetauscher tropfen und zu einer geringfügigen Rauchentwicklung während der Fahrt führen. Ebenfalls wird der Geruch des verbrannten Öls zu bemerken sein. Wenn Öl von den Nockenwellenlagerbrücken herunter tropft, so ist dies ein deutliches Zeichen für undichte Ventildeckel. Tritt das Öl nicht hier aus, so ist eine andere Ursache für die Ölundichtigkeit zu suchen. Siehe Projekt 20 für weitere Information zum Beheben dieser und anderer Ölleckagen.

Ab Werk wurden die Magnesiumventildeckel an den aus Aluminium bestehenden Nockenwellenlagerbrücken des Motors angeschraubt. Die Fachwelt ist sich nicht einig, was exakt zum Verziehen der Magnesiumventildeckel führt. Zweifelsohne führt ein Verziehen der Ventildeckel jedoch unvermeidlich zu Ölaustritt. Durch Austauschen der Ventildeckeldichtungen gegen solche mit Vertiefungen und aus Silikonkautschuk gefertigten, kann das Problem etwas verringert werden. Die beste Lösung besteht jedoch im Austauschen der gesamten Ventildeckel gegen die Ventildeckel des 911 Turbo.

Diese Ventildeckel bestehen vollständig aus Leichtmetall, d.h. Aluminium, und wurden zuerst am 911 Turbo (930) verwendet. Die Leichtmetallventildeckel sind stabiler und neigen weniger zu Korrosion als die aus Magnesium gefertigten. Zusätzlich sind die unteren Turboventildeckel späterer Baujahre mit Leichtmetallstegen verstärkt, die eine Stabilisierung und Abstützung der Struktur des Ventildeckels bewirken und so die Wahrscheinlichkeit eines Verziehens weiter verringern.

Ist der betreffende Porsche 911 ab Baujahr 1968 ursprünglich mit Magnesiumventildeckeln versehen, so sollten diese unbedingt ausgetauscht werden. Dies betrifft sowohl die oberen als auch die unteren Deckel, für die jeweils ein Ersatz aus Aluminium aus der Turboversion erhältlich ist. An Fahrzeugen mit einem Baujahr nach 1978 ist angeraten, die unteren Ventildeckel gegen die verstärkten Turbo-Ventildeckel auszutauschen. An diesem Porsche 911 waren die oberen Ventildeckel bereits in Aluminium ausgeführt.

Um die ursprünglichen Magnesiumventildeckel auf Verzug zu prüfen, werden sie auf einer flachen Oberfläche abgelegt (z.B. Glastisch), um dann zu prüfen, ob sie sich hin und her kippeln lassen. Magnesiumventildeckel lassen sich unter anderem an ihrer Farbgebung erkennen. Sie sind dunkler als jene aus Leichtmetall. Wenn die Magnesiumventildeckel auf der Glasplatte kippeln, so sollte auf jeden Fall möglichst rasch ein Austauschen gegen die Turboventildeckel aus Leichtmetall vorgenommen werden.

Das Anbauen der Ventildeckel ist recht einfach. Die neuen Ventildeckel werden einfach angeschraubt. Beim Einbau unbedingt neue Ventildeckeldichtungen verwenden und die Muttern der Ventildeckel auf ca. 8 Nm anziehen – was gerade einmal handfest bedeutet.

Treten am Fahrzeug nach Einbau der Turbo-Ventildeckel weiterhin Ölleckagen auf, so besteht eine mögliche Lösung des Problems in der spanabhebenden Bearbeitung in der ortsansässigen Zylinderschleiferei. Unter Umständen wurden die Leichtmetalldeckel in der Fertigung etwas verformt und müssen plangefräst werden. Durch Abfräsen der Dichtfläche wird sicher gestellt, dass die Ventildeckel mit Anschrauben am Fahrzeug vollkommen flach anliegen. Dieser Arbeitsgang kann ebenfalls zur vorübergehenden Beseitigung von Ölleckagen an den Ventildeckeln früherer Baujahre, d.h. 1965 bis 1967, verwendet werden.

PROJEKT 17 • VENTILE EINSTELLEN

Zeit: 3 Stunden

Werkzeug: 24-mm-Steckschlüssel, 13-mm-Schraubenschlüssel, Ventileinstellwerkzeug, verstellbarer Inspektionsspiegel, Zündkerzenschlüssel, Spezial-Fühlerlehre

Talent:

Zutreffende Baujahre: alle

Erforderliche Teile: Ventildeckeldichtungen und Kleinteile

Tipp: Eine Werkstattleuchte verwenden und Schläuche, die im Wege liegen, abmontieren.

Zweck des Projekts: Mehr Motorleistung und ein ruhigerer Lauf des Ventiltriebs

Ergänzende Arbeitsgänge: Ölwechsel, Nachrüstung der Turboventildeckel

1 Der Motor lässt sich am besten mit einem 24-mm-Steckschlüssel mit Ratsche am Gebläse durchdrehen. Der Motor darf nur im Uhrzeigersinn gedreht werden; wird er um eine längere Strecke in entgegengesetzter Richtung gedreht, so kann dies zu Schäden an der Kettenspanneranlage führen. Vor Durchdrehen des Motors sicher stellen, dass die Gebläseriemenscheibe und der Antriebsriemen richtig gespannt sind, sonst wird der Antriebsriemen an den Riemenscheiben rutschen. Durch Ausbauen der Zündkerzen und Herausnehmen des Gangs am Getriebe wird die erforderliche Kraft zum Durchdrehen des Motors wesentlich verringert.

Eine der häufigsten und teuersten Wartungsarbeiten am Porsche 911 besteht im Einstellen der Ventile. Die Ventile sollten an Porsche 911 der späteren Baujahre (d.h. ab 1978) ca. alle 15.000 km eingestellt werden und ca. alle 8000 km bis 10.000 km an Fahrzeugen vor Baujahr 1978. Ist das Ventilspiel zu straff, so schließen die Ventile unter Umständen nicht vollständig, was einen Verlust an Motorleistung mit sich bringt. Ist das Spiel zu lose, werden die Ventile nicht vollständig öffnen und eine entsprechend erhöhte Geräuschkulisse erzeugen. Da die Ventile bei zu großem Spiel nur für kürzere Zeit geöffnet werden, ergibt sich auch hierdurch ein Leistungsabfall.

Die Ventile bei vollständig kaltem Motor einstellen. Sonst werden die Spaltmaße beim Anwärmen des Motors nicht genau sein. Vor dem Einstellen der Ventile den Motor mindestens 4 Stunden lang nicht starten. Wenn der Wagen über Nacht steht, ist es um so besser. Vor Beginn der Arbeiten die Zündkabel abklemmen und die Verteilerkappe und Kabel als Baugruppe entfernen. Hierbei zum leichteren Einhalten der Zündfolge die Zündkabel an der Verteilerkappe angeschlossen lassen. Bei diesem Arbeitsgang bietet sich ebenfalls das Austauschen der Zündkerzen an – siehe Projekt 20 für weitere Einzelheiten.

Vor Beginn der Arbeiten das Motoröl ablassen. Erfolgt dies nicht, so wird das Öl an den unteren Ventildeckeln auslaufen. Dann die Ventildeckel sowohl unten als auch oben vom Motor abbauen. Die Platzverhältnisse sind beschränkt, so dass einige Verlängerungen erforderlich sein könnten, um alle Muttern zu erreichen.

Zum Beginn des Einstellvorgangs wird Kolben Nr. 1 auf OT gestellt. In der OT-Stellung muss die Z1-Markierung am Kurbelwellenriemenrad zum Spalt der Fuge zwischen beiden Kurbelgehäusehälften ausgerichtet sein und der Verteilerfinger muss auf die kleine Kerbe des Verteilergehäuses zeigen. Der Motor wird mit einem 24-mm-Steckschlüssel im Uhrzeigersinn gedreht. Den Steckschlüssel an der Mutter des Gebläses ansetzen. Den Motor nicht gegen den Uhrzeigersinn drehen, da hierdurch die Bauteile des Kettenspanners beschädigt werden könnten. Lässt sich der Motor auf diese Weise nicht durchdrehen, weil der Antriebsriemen des Gebläses rutscht, so ist erst der Gebläseantriebsriemen zu erneuern oder zu spannen (siehe Projekt Nr. 3). Durch Ausbauen der Zündkerzen – wodurch eine Verdichtung im Motor ausbleibt – und Herausnehmen des Gangs am Getriebe, lässt sich der Motor wesentlich leichter von Hand durchdrehen.

Steht Kolben Nr. 1 auf OT, so werden die Ventile für diesen Zylinder eingestellt. Einlass- und Auslassventil können gleichzeitig eingestellt werden. Die Einlassventile sind oben am Motor angeordnet, die Auslassventile unten. An jedem Ventil die 13-mm-Sicherungsmutter an der Einstellschraube lösen und die Schraube gegen den Uhrzeigersinn drehen. Eine Fühlerlehre zwischen Ventilschaft und Schwenkfuß der Schraube einführen und die Schraube wieder fest ziehen. Durch leichtes Beschichten der Fühlerlehre mit Motoröl erhält man ein besseres Gefühl dafür, wann die Einstellung korrekt ist. Lässt sich nach Hineinschrauben der Einstellschraube die Fühlerlehre straff zwischen Schwenkfuß der Schraube und Oberfläche des Ventilschaftes hin und her bewegen, so ist die richtige Einstellung erreicht. In exakt dieser

2 Die Kurbelwellenriemenscheibe weist eine Markierung Z1 auf (siehe Pfeil), die den oberen Totpunkt für entweder Zylinder Nr.1 oder Zylinder Nr.4 anzeigt. Steht die Kurbelwelle auf dieser Markierung und der Verteilerfinger weist auf die Kerbe seines Gehäuses, so steht der Motor auf OT Zylinder Nr.1. In Bezug auf den Ablauf der vier Takte des Motors befindet sich Zylinder Nr.1 am Ende des Verdichtungstakts bzw. am Beginn des Verbrennungstakts oder Arbeitstakts, die Zündkerze hat soeben gezündet und sowohl Einlass als auch Auslassventile sind geschlossen.

3 In Stellung OT für Zylinder Nr. 1 zeigt der Verteilerfinger auf die kleine Kerbe am Verteilergehäuse (siehe Pfeil). In dieser Stellung sind beide Ventile geschlossen und die Anlageflächen der Kipphebel an den Ventilschäften sollten einen Spalt aufweisen.

4 Diese speziell angefertigte Fühlerlehre ist ein wichtiges Werkzeug zum Einstellen der Ventile. Normale Fühlerlehren lassen sich in die Vertiefung der Nockenwellenlagerbrücke nicht einfach einsetzen. Sicher stellen, dass die Ventile derart eingestellt werden, dass die Fühlerlehre danach noch entfernt werden kann. Ebenfalls ist es sinnvoll, einige Ersatzfühlerlehren zur Hand zu haben, da diese vielleicht abbrechen, wenn in den Vertiefungen des Motors gearbeitet wird.

5 Einen Schraubenzieher und einen Schraubenschlüssel mit 13 mm Schlüsselweite verwenden, um den Schraubenfuß der Einstellschraube einzustellen. Nach Abschluss der Arbeiten durch Herausnehmen und erneutes Einsetzen der Fühlerlehre das Spaltmaß des Ventilspiels nochmals überprüfen.

Position die Sicherungsmutter der Schraube fest ziehen und hierbei dieselbe mit einem Schraubenzieher in genau dieser Stellung halten. Nach Festziehen der Mutter das Ventilspiel erneut prüfen, da beim Festziehen das Spiel oft wieder verändert wird.

Jetzt die Kurbelwelle am Gebläse um 120 Grad drehen. Eine Markierung am Kurbelwellenriemenrad wird die Position 120 Grad anzeigen. Die Vorgehensweise zum Einstellen an Zylinder Nr. 6 wiederholen. Nach Abschluss der Einstellarbeiten an Zylinder Nr. 6 den Motor um weitere 120° drehen und die Ventile an Zylinder Nr. 2 einstellen. Motor jeweils weiter drehen und Einstellung an den verbleibenden Ventilen wiederholen und zwar entsprechend der Motorzündfolge 1/6/2/4/3/5 (siehe Diagramm).

Nach Abschluss der Arbeiten den Motor wieder auf OT Zylinder Nr.1 stellen – der Verteilerfinger muss wiederum auf die Kerbe im Verteilergehäuse zeigen. Jetzt den gesamten Einstellvorgang erneut durchlaufen und alle Ventilspiele mit der Fühlerlehre erneut prüfen. Ergeben sich Abweichungen zum Sollwert des Ventilspiels, so ist das betreffende Ventil neu einzustellen.

Nach Abschluss dieses Verfahrens die Ventildeckel wieder anbauen und auf ca. 8 Nm anziehen. Hierbei immer neue Ventildeckeldichtungen und Befestigungsmittel verwenden. Nach dem Einstellen der Ventile ist unter Umständen ein merklicher Leistungszuwachs erkennbar und außerdem eine wesentliche Reduzierung des Geräuschpegels seitens des Ventiltriebs.

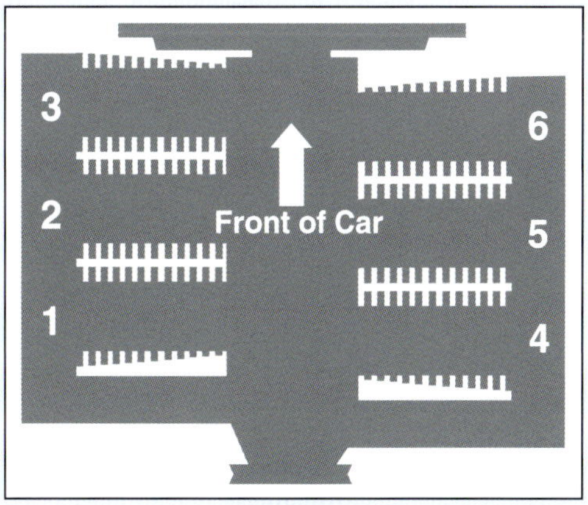

6 Die Zündfolge des 911-Motors lautet 1/6/2/4/3/5. Einlass- und Auslassventile sind gemeinsam in dieser Reihenfolge einzustellen. Dann alle Ventilspiele erneut prüfen. Bisweilen sitzen die Kipphebel beim zweiten Durchgang etwas anders.

MOTOR

PROJEKT 18 • ERSETZEN DES ÖLSTANDGEBERS

Zeit: 1 Stunde

Werkzeug: Steckschlüsselsatz

Talent:

Zutreffende Baujahre: alle

Erforderliche Teile: Neuer Ölstandgeber, Dichtung

Tipp: Man sollte sich niemals auf den genauen Stand dieser Anzeige verlassen. Zur Überprüfung immer den Ölmessstab im Leerlauf ziehen, wenn das Fahrzeug auf Betriebstemperatur ist.

Zweck des Projekts: Halbgenaue Ölstandsangaben

Ergänzende Arbeitsgänge: Ölwechsel

Wenn festgestellt wird, dass die Anzeige des Ölstands im Instrument am Armaturenbrett etwas von der Realität abweicht, so könnte es Zeit für eine Erneuerung des Ölstandgebers sein. Dieser Ölstandgeber ist unter Umständen das gefährlichste Bauteil am ganzen Fahrzeug und ist in der Tat meistens nutzlos. Die Anzeige ist nur genau, wenn das Fahrzeug betriebswarm ist, im Leerlauf dreht und auf waagerechter Fläche steht. Unter allen anderen Bedingungen wird die Anzeige künstlich zu hohe oder zu niedrige Werte anzeigen. Bisweilen wird der Auslenkhebel des Ölstandgebers oder der Zeiger der Anzeige fest klemmen, was eine weitere Verfälschung der Messwerte mit sich bringt. Im Allgemeinen ist es am sichersten, den Ölstand einfach mit dem Ölmessstab im Öleinfüllstutzen des Motors zu prüfen wenn das Fahrzeug auf ebenem Boden steht, betriebswarm ist und der Motor im Leerlauf dreht.

Wenn der Ölstandgeber ständig vollen Füllstand anzeigt, dann besteht wahrscheinlich ein Problem mit dem Ölstandgeber selbst. Das Ersatzteil ist relativ kostengünstig und der Einbau gestaltet sich problemlos.

Der Ölstandgeber befindet sich außen am Öltank, der hinten im hinteren rechten Kotflügel des Porsche 911 hinter dem Rad angeordnet ist. Alle Porsche 911 weisen diese Einbaulage des Öltanks auf – mit Ausnahme des 911 von 1972, dessen Öltank im Vorderwagen untergebracht war. Die Gebereinheit wird mit 5 kleinen Muttern befestigt, die ausgebaut werden müssen. Es ist sinnvoll, den Bereich von jeglicher Verunreinigung und Fremdmaterial zu reinigen, der von den Reifen dort hochgeworfen wurde. Beim Ausbauen des Ölstandgebers darf auf keinen Fall Dreck oder Fremdmaterial in den Öltank fallen. Die Gebereinheit ist ungewöhnlich geformt und es mag einige Verrenkungen erfordern, sie in den Öltank hinein zu bringen. Der neue Ölstandgeber sollte genau so ausgerichtet werden, wie das vorgefundene Gebrauchtteil. Er lässt sich nicht verdrehen, weil die Löcher nur in einer Richtung mit den Bohrungen des Öltanks übereinstimmen. Unbedingt eine neue Dichtung verwenden und die Muttern fest anziehen.

Zeigt die Ölstandanzeige im Armaturenbrett weiterhin unplausible Werte an, nachdem der Ölstandgeber ausgetauscht wurde, so muss unter Umständen das Instrument ausgetauscht werden. Bedauerlicherweise ist die Ölstandanzeige nicht als separate Einheit erhältlich, es muss das gesamte Instrument einschließlich Tankanzeige erneuert werden. Das alte Instrument lässt sich einfach aus dem Armaturenbrett herausklipsen und das neue wird nach Anschließen aller elektrischen Verbindungen einfach wieder hinein gedrückt. Siehe Projekt 82 für weitere Informationen zum Ausbauen der Instrumente.

1 Der neue Ölstandgeber sieht etwas grotesk aus. Die Formgebung ermöglicht gerade eben ein Einsetzen in die Aussparung des Öltanks. Der Einbau erfordert einige Verrenkungen, um den Ölstandgeber in die Aussparung einzusetzen.

2 Zugang zum Ölstandgeber erfolgt von der Außenseite des Öltanks. Der Blick erfolgt hier vom Radkasten des Hinterrades aus. Das primäre Signalkabel ist in der Mitte der Einheit angeschlossen und der Masseanschluss erfolgt über eine der Befestigungsmuttern der Einheit. Beim Entfernen des alten Ölstandgebers und Einbau des neuen darf keinerlei Verunreinigung in den Öltank erfolgen.

3 Wenn nach Einbau des neuen Ölstandgebers das Instrument weiterhin nicht korrekt anzeigt, so liegt das Problem wahrscheinlich in der Anzeige im Armaturenbrett selbst. Diese lässt sich nur als Einheit erneuern.

PROJEKT 19 • FEHLERSUCHE AN DER LICHTMASCHINE UND AUSTAUSCHEN DER LICHTMASCHINE

Zeit: 4 Stunden

Werkzeug: Sechskant-Steckschlüsselsatz, Schraubenschlüssel, Riemenscheibenwerkzeug für Porsche 911

Talent:

Zutreffende Baujahre: alle

Erforderliche Teile: Neue Lichtmaschinenbürsten oder eine neue Lichtmaschine, neuer Lichtmaschinenantriebsriemen

Tipp: Die Bürsten erneuern und die Masseverbindungen prüfen, bevor die Lichtmaschine selbst ausgetauscht wird.

Zweck des Projekts: Größere Ladestromleistung

Ergänzende Arbeitsgänge: Lüfterflügel des Gebläses säubern und lackieren. Nachrüstung auf das 11-flügelige Gebläse.

Einer der wesentlichen Vorteile der Konfiguration des 911-Motors besteht in dem einfachen Aus- und Einbauen der Lichtmaschine. Die Lichtmaschine ist direkt vor dem Gebläse angebracht, ein sehr günstiger Standort aufgrund der so erfolgenden Kühlung. Die Instandsetzung und das Austauschen der Lichtmaschine sollten keine großen Schwierigkeiten bereiten und im Rahmen eines Nachmittags beendet werden können.

Zuerst ist sicher zu stellen, dass die Lichtmaschine tatsächlich die Ursache des Problems im Ladestromkreis ist. Bisweilen können die seltsamsten Probleme an der Elektrik durch eine Reihe von Fehlern verursacht werden, die mit der Lichtmaschine nichts zu tun haben. Es ist wichtig, an der Anlage vor dem Austauschen der Lichtmaschine eine sorgfältige Fehlersuche durchzuführen.

Zuerst ist der Gebläseantriebsriemen, der gleichzeitig die Lichtmaschine antreibt, zu prüfen. Ist der Riemen richtig gespannt und wird das Gebläse richtig gedreht? Falls nicht, so ist der Riemen nachzuspannen (siehe hierzu Projekt 3). Moderne Keilriemen reißen nur selten, sie werden jedoch mit fortschreitendem Einsatz spröde und blankgeschliffen und können deshalb in der Riemenscheibennut rutschen. Vorsorglich ist der Keilriemen zu erneuern.

Dann ist die Spannung der Batterie zu prüfen. Sie sollte etwas über 12 Volt betragen wenn der Motor nicht läuft. Läuft der Motor, so sollte die Spannung bei einer Motordrehzahl von 2000 Umdrehungen pro Minute 13,5 bis 14,5 Volt betragen. Wenn an der Batterie Flüssigkeit austritt, so weist dies auf einen defekten Spannungsregler hin. Im Regelfall wird die Batterie nur Säure ausschwitzen, wenn eine zu starke Ladung mit einer wesentlich höheren Spannung erfolgte. Beträgt die an der Batterie gemessene Spannung mehr als 16 oder 17 Volt, so ist der Spannungsregler wahrscheinlich defekt. Wenn die Batterie übergekocht und die Säure oben ausgetreten ist, so müssen die Säurereste unbedingt entfernt werden. Hierbei sind die einschlägigen Vorsichtsmaßnahmen im Umgang mit der äußerst gefährlichen und ätzenden Batteriesäure zu beachten. Unbedingt Augenschutz und entsprechende Kleidung tragen. Durch Abspülen des betreffenden Bereichs mit einer Lösung aus Wasser und Backpulver (Sodawasser)

1 Die Lichtmaschine ist am Gebläse und am Gebläsegehäuse befestigt. Das Gebläsegehäuse ist am Motorkurbelgehäuse mit einem langen Metallband befestigt, das gelöst und abgebaut werden muss, bevor das Gehäuse entfernt werden kann. Die Spule und die beiden Schrauben zur Befestigung der Luftführung aus GFK am Gebläse entfernen. Das lange Metallband muss nicht vollständig vom Gehäuse abgebaut werden, es sollte am Sockel des Motorkurbelgehäuses befestigt bleiben.

2 Ist das Gebläsegehäuse einmal vom Motor abgebaut, sind die hinteren cremefarbenen Kunststoff-Luftführungen, die die Rückseite der Lichtmaschine umgeben, zu entfernen. Dieses Bauteil ist mit Muttern an Stehbolzen an der Lichtmaschine befestigt. Vorsicht walten lassen, damit dieses Bauteil beim erneuten Einbau nicht reißt. Werden die Muttern zu stark fest gezogen, so kann dies leicht zu einer Beschädigung der Luftführung beim Einbau führen.

3 Sorgfältig die Kabel an der Rückseite der Lichtmaschine etikettieren und dann abklemmen. Das große dicke Masseband ebenfalls abbauen. Es ist zu beachten, dass die Kabel recht alt und ständig der Hitze des Motors ausgesetzt sind, sie können deshalb spröder sein als erwartet. Die Kabel deshalb nicht unnötig hin und her bewegen. Die Steckverbinder sorgfältig überprüfen und beschädigte oder korrodierte Kabelzungen erneuern. Beim Einbau die Kabel erneut prüfen. Die Anschlussklemmen dürfen keinesfalls vertauscht werden.

4 Die Lichtmaschine sollte sich aus dem Gehäuse heraus schieben lassen. Es muss gegebenenfalls etwas nachgeholfen werden und die Stehbolzen dürfen dabei nicht beschädigt werden. Leichte Schläge mit einem Gummihammer sollten ausreichen.

sollte die Säure neutralisiert werden können, damit kein weiterer Säurefraß im Metall erfolgt. Folgende Richtlinien sind für die Fehlersuche an der Lichtmaschine von Nutzen.

Die Ladekontrollleuchte der Lichtmaschine leuchtet auf, während der Zündschalter aus ist:

- Dies weist auf ein Betriebsversagen der Lichtmaschine hin, insbesondere einen Kurzschluss der Dioden. Die Lichtmaschine erneuern und während dieser Zeit die Batterie abklemmen, um ein vollständiges Entladen derselben zu verhindern.

Ladekontrollleuchte leuchtet mit Einschalten der Zündung nicht auf:

- Die Glühlampe der Ladekontrollleuchte ist durchgebrannt
- Der Regler ist defekt
- Das DF-Kabel ist von der Lichtmaschine abgeklemmt oder durchgebrochen
- Die Lichtmaschine ist defekt und die innen liegenden Wicklungen weisen eine Unterbrechung auf

Ladekontrollleuchte leuchtet weiter auf, nachdem der Motor angelassen wurde und über 2000 Umdrehungen pro Minute dreht:

- Betriebsversagen des Spannungsreglers
- Das Batteriekabel an der Lichtmaschine wurde abgeklemmt
- Die Masseverbindung der Lichtmaschine ist nicht fest
- Die Buchsen im Inneren der Lichtmaschine sind verunreinigt oder verschlissen
- Die Lichtmaschine ist defekt

Die Ladekontrollleuchte leuchtet nach dem Anlassen schwach und wird mit steigender Motordrehzahl heller:

- Das Batteriekabel an der Lichtmaschine ist lose oder ganz und gar defekt
- Die Masseanschlüsse sind defekt
- Die Batterie ist defekt
- Die Lichtmaschine ist aufgrund einer Unterbrechung an den Dioden defekt

Die Ladekontrollleuchte leuchtet nach dem Anlassen schwach, wird jedoch nach steigender Motordrehzahl immer schwächer und geht letztendlich aus:

- Ein niedriger Batterieladezustand
- Mangelhafte Anschlüsse an der Batterie

Ladekontrollleuchte leuchtet nach dem Anlassen schwach, wird mit steigender Motordrehzahl immer schwächer, geht jedoch nie aus:

- Der Spannungsregler ist defekt
- Die Lichtmaschine ist auf dem Wege zum Totalausfall

Ein weiterer wichtiger Prüfgegenstand ist das Massekabel des Getriebes an die Fahrzeugkarosserie. Der Motor ist über die Motorlager aus Gummi elektrisch vom Rahmen isoliert. Fehlt das Getriebemassekabel oder ist es nicht angeschlossen, so können hieraus eine ganze Reihe von Problemen entstehen einschließlich Fehlfunktionen der Elektrik und ein erschwertes Durchdrehen des Anlassers. Alle 911-Porsche bis Baujahr 1981 waren mit externen Spannungsreglern versehen und ab 1982 wurden die Lichtmaschinen mit integrierten Spannungsreglern ausgeführt. Wird einmal festgestellt, dass der Regler nicht ordnungs-

5 Das Gebläse ist auf die Lichtmaschinenwelle aufgepresst. Nur geringen Kraftaufwand anwenden, sonst können die Lager der Lichtmaschine beschädigt werden. Gegebenenfalls in einer Fachwerkstatt mit einer Presse entfernen lassen.

6 An einigen Lichtmaschinen des Porsche 911 können die Bürsten an der Rückseite leicht einzeln ausgebaut werden. Die Bürsten entfernen und überprüfen, um die Ursache für die Fehlfunktion der Lichtmaschine einzugrenzen. Sind die Bürsten kurz, so sind sie verschlissen und müssen erneuert werden. Sind die Bürsten jedoch noch recht lang, dann liegt wahrscheinlich ein anderes internes Problem an der Lichtmaschine vor.

gemäß arbeitet, so sollte wahrscheinlich die Lichtmaschine zur Überprüfung und zur Inspektion ausgebaut werden. Vor Beginn jeglicher Arbeiten sicher stellen, dass die Batterie abgeklemmt wurde. Der Pluspol der Batterie ist direkt mit der Lichtmaschine verbunden, so dass Arbeiten daran gefährlich sein können, wenn dieses Kabel stromführend ist.

Der erste Schritt besteht im Abbauen des Gebläseantriebsriemens. Siehe Projekt 3 für genaue Anweisungen zum Abbauen des Gebläseantriebsriemens. Das Abbauen des Gebläsegehäuses selbst ist ein sehr einfacher Vorgang. Die gesamte Baugruppe ist mit einem Metallband, das um das Gebläse fest gezogen wird, am Motor-Kurbelgehäuse befestigt. Dieses Band durch Entfernen der ein oder zwei großen Spannschrauben des Bands abbauen. Ebenfalls müssten einige Schrauben der GFK-Verkleidung ausgebaut werden. Ist die Baugruppe einmal gelöst, kann das Gebläse vom Motor weit genug abgezogen werden, um Zugang zu den Muttern und den elektrischen Verbindungen weiter hinten zu erlangen. Hierbei nicht zu stark ziehen, weil die an der Lichtmaschine angeschlossenen Kabel nicht besonders lang sind.

Ist so einmal Zugang zur Rückseite des Gebläses erlangt worden, kann die Kunststoffluftführung, welche die Lichtmaschine umgibt, entfernt werden. Es sollte nun ausreichend Freiraum bestehen, um die Kabel an der Rückseite der Lichtmaschine abzuklemmen. Die Kabel unbedingt markieren oder ein Bild der gesamten Baugruppe machen, damit fest steht, wo jedes Kabel beim Einbau wieder angeschlossen werden muss. Die gesamte Lichtmaschine und Teile der gesamten Fahrzeugelektrik können zerstört werden, wenn die Kabel falsch herum angeschlossen werden. Ebenfalls muss die Lichtmaschine ordnungsgemäß am Motor an Masse gelegt werden, da dies sonst auch Ursache der Fehlfunktion sein kann. Das Masseband besteht aus dickem Kupferdrahtgewebe und stellt eine Verbindung des Lichtmaschinengehäuses zum Motorkurbelgehäuse her. Vor dem Ausbauen der Lichtmaschine ist dieses Masseband abzuklemmen.

Nachdem die Lichtmaschine nun elektrisch getrennt ist, sollte sie zusammen mit der Gebläsebaugruppe vom Fahrzeug abgebaut werden. Der Lüfterflügel ist an der Lichtmaschine aufgepresst und wird letztendlich von der Riemenscheibenmutter gehalten. Die Lichtmaschine wiederum ist mit dem Gebläsegehäuse verschraubt. Sollen nur die Bürsten der Lichtmaschine erneuert werden, so können diese ausgebaut werden, ohne die Lichtmaschine vom Gebläsegehäuse abbauen zu müssen.

Die Bürsten durch Abschrauben des kleinen Bürstenhalters an der Rückseite der Lichtmaschine entfernen und auf nachhaltigen Verschleiß überprüfen. Liegt dieser Verschleiß vor, so sind sie zu erneuern. Wird nun dennoch entschieden, die gesamte Lichtmaschine zu erneuern, so ist diese aus dem Gehäuse mit einem Gummihammer vorsichtig heraus zu schlagen. Das Gebläse wird auf die Lichtmaschinenwelle gepresst und muss Vorsichtig entfernt werden. Die Lichtmaschine nicht mit zu hohem Kraftaufwand aufschlagen, da dadurch die Lager im Inneren der Lichtmaschine Schaden nehmen können.

Der Einbau der neuen Lichtmaschine erfolgt einfach in umgekehrter Reihenfolge des Ausbauens. Unbedingt alle Kabel an den richtigen Anschlüssen wieder anschließen.

Mitte der siebziger Jahre führte Porsche an US-Versionen einen 5-flügligen Lüfterflügel an Stelle des normalen 11-flügeligen des 911-Motors ein. Sinn und Zweck dieser Änderung bestand in einer Reduzierung der Kühlung des Motors, wodurch die Betriebstemperatur angehoben werden sollte. Dies erfolgte allein zum Zwecke der Einhaltung von Abgasgrenzwerten. Je wärmer der Motor, um so besser verbrennen die Gase und um so weniger Schadstoffe verbleiben im Abgas. Diese Änderung wirkte sich auf die Langlebigkeit des Motors jedoch eher nachteilig aus. Die Motoren neigten schneller zum Überhitzen und hielten den Belastungen des Alltags im Regelfall wesentlich kürzer stand als ihre in der Grundkonstruktion identischen Vorgänger. Eine Nachrüstung, die deshalb an jedem 2,7-Liter-Motor der US-Version durchgeführt werden sollte, ist das Austauschen des ursprünglichen 5-flügligen Gebläses gegen ein 11-flügliges. Die beiden Gebläse sind gegeneinander austauschbar und können beim Erneuern oder Abbauen der Lichtmaschine ausgetauscht werden. Das einzige weitere Bauteil, das im Zuge dieser Nachrüstung erneuert werden müsste, ist die Riemenscheibenhälfte, die speziell an die Größe des Gebläses angepasst werden muss. Ebenfalls ist zu beachten, dass Gebläse und Riemenscheiben unterschiedlicher Größe auch unterschiedliche Längen von Keilriemen erfordern. Deshalb sicher stellen, dass der Keilriemen für den betreffenden Anwendungsfall geeignet ist.

PROJEKT 20 • BEHEBEN HÄUFIG AUFTRETENDER ÖLUNDICHTIGKEITEN

Zeit: 12 Stunden

Werkzeug: Kompletter Werkzeugsatz

Talent:

Zutreffende Baujahre: alle

Erforderliche Teile: Neue Dichtungen, O-Ringe, Ventildeckel

Tipp: Alle potenziell undichten Dichtringe und Dichtungen erneuern, während der Motor aus dem Fahrzeug ausgebaut ist

Zweck des Projekts: Kein Ölaustritt mehr

Ergänzende Arbeitsgänge: Anbau von Turbo-Ventildeckeln, Einbau von Teleskopölrücklaufrohren

Einer der frustrierendsten Aspekte an Porsche 911 älteren Baujahrs ist das unvermeidliche Auftreten von Ölleckagen. Insbesondere der 911-Motor verfügt über eine Unzahl von unterschiedlichen Dichtungen und Anschlüssen, die sich oft mit zunehmenden Alter zersetzen und eine große Anzahl von Ölundichtigkeiten verursachen. Bedauerlicherweise können einige dieser Undichtigkeiten nicht ohne den Motor aus dem Fahrzeug auszubauen oder die Bauteile der Kraftstoffanlage von der Oberseite des Motors zu entfernen repariert werden. Sinnvollerweise wird mit dem Beheben jener Leckagen begonnen, die am einfachsten zu reparieren sind, um dann die schwierigeren Fälle später anzugehen.

Die vielleicht am einfachsten zu behebende Möglichkeit eines Ölaustritts betrifft die Ventildeckel. Ventildeckel früheren Baudatums aus Magnesium erlitten leicht Verzug, so Öl entlang der Ventildeckeldichtungen auslief. Die einfachste Lösung dieses Problems besteht im Austauschen der vorhandenen Ventildeckel gegen die sogenannten Turbo-Ventildeckel des 911. Letztere sind aus Aluminium hergestellt und entsprechend verstärkt, um den bei Magnesiumventildeckeln oft auftretenden Verzug zu mindern. Siehe Projekt 16 für weitere Informationen zum Einbau der Turbo-Ventildeckel.

Einige der am häufigsten auftretenden Ölundichtigkeiten können leider nicht behoben werden, ohne den Motor oder die Einspritzanlage abzubauen. Einige der Bauteile und Bereiche, die häufiger Ölleckagen unterliegen, sind vorne am Motor nahe dem Schwungrad

1 Ventildeckel werden oft undicht, insbesondere an den 911-Porsche mit Magnesiumventildeckeln. Sind die vorhandenen Ventildeckel undicht, so sind erst die Dichtungen zu erneuern. Dichtungen mit hochstehendem Rand aus Silikon sind leichter verformbar und verhindern Ölundichtigkeiten wesentlich besser als normale Dichtungen. Bestehen weiterhin Ölundichtigkeiten, so ist die Nachrüstung der Turboventildeckel in Betracht zu ziehen (siehe Projekt 16).

und der Zugang hierzu wird durch die Gemischbildungsanlage oben auf dem Motor vollständig verwehrt. Der Anschluss des Kurbelgehäuseentlüftungsschlauchs ist eine solche Problemzone. Der Schlauch ist mit einer Schlauchschelle an seinem Anschlussstück befestigt und dieser Schlauch kann sich bisweilen lösen oder rissig werden, wodurch Öl überall oben auf dem Motor verteilt wird. Der Schlauch wird einfach erneuert und mit einer neuen Schlauchschelle festgezogen. Der Kurbelgehäuseentlüftungsdeckel an der Stelle, wo der Schlauch angebracht ist, ist ebenfalls in Bezug auf Ölaustritt problematisch. Der kleine Deckel oben am Motor ist mit einer Dichtung versehen, die einem Ölaustritt entgegen wirken soll. Das Austauschen ist sehr einfach, einfach den Deckel entfernen und die neue Dichtung mit etwas Dichtmasse ansetzen.

Rechts neben dem Kurbelgehäuseentlüftungsschlauch befindet sich der Öldruckschalter für die Öldruckkontrollleuchte. Dieses Bauteil ist oft undicht – nicht nur an seinem Gehäuse, sondern auch am Anschluss zum Kurbelgehäuse. Der gesamte Öldruckschalter wird erneuert. Das Neuteil muss ordnungsgemäß im Gehäuse festgezogen werden und hierbei muss eine neue Dichtung aus komprimierbarem Metall verwendet werden. Den Schalter nicht zu stark festziehen. Das werksseitig angegebene Anzugsdrehmoment beträgt 20 Nm. Wird der Öldruckschalter zu fest angezogen, so könnte dies letztendlich zum Aufspalten des Gehäuses führen und eine neue Ölleckage wäre entstanden. Bisweilen ist es möglich, den Öldruckschalter ohne Sicht auf den Arbeitsbereich zu erneuern, d.h. ohne den Motor oder Bauteile der Gemischbildungsanlage zu entfernen. An Fahrzeugen früheren Baudatums war der Öldruckanschluss für die Öldruckanzeige ebenfalls an dieser Stelle eingebaut und führte oft zu Ölundichtigkeiten.

Unmittelbar neben dem Öldruckschalter befindet sich der Thermostat, der den Ölstrom an den Ölkühler regelt. Der Thermostat ist mit einem internen O-Ring versehen, der eine selbsttätige Abdichtung ge-

2 Der Kurbelgehäuseentlüftungsschlauch wird oben am Motor angebracht und wird zum Gehäuse durch die hier gezeigte Dichtung abgedichtet. Zum Erneuern dieser Dichtung muss der Motor oder die Gemischbildungsanlage ausgebaut werden. Die Dichtung sollte daher immer erneuert werden, wenn Zugang hierzu besteht.

3 Der Kurbelgehäuseentlüftungsschlauch kann eine weitere Ursache von Ölundichtigkeiten sein. Bisweilen löst er sich und rutscht von seiner Befestigung ab. Der Schlauch muss unbedingt mit einer Schlauchschelle gesichert werden (siehe Pfeil).

4 Der O-Ring am Ölkühlerthermostat ist eine weitere Ursache von problematischenÖlleckagen. Ein Erneuern des O-Rings ist nahezu unmöglich, ohne den Motor oder die Gemischbildungsanlage abzubauen. Den O-Ring mit etwas Öl anfeuchten, bevor er eingebaut wird.

gen das Gehäuse bewirkt und ein Austreten von Öl oberhalb des Motors verhindern soll. Der Thermostat unterliegt recht hohen Öldrücken, so dass ein Ölaustritt im Bereich dieser Dichtungen sehr wahrscheinlich ist. Zum Beheben des Problems einfach die beiden 10-mm-Muttern zur Befestigung des Thermostats am Kurbelgehäuse entfernen. Vorsichtig die Kanten des Thermostats mit einem Schraubenzieher hoch hebeln, den O-Ring erneuern und dann den Thermostat wieder in das Gehäuse einsetzen. An allen O-Ringen sollte beim Einbau reichlich frisches, sauberes Motoröl aufgetragen werden.

Der Ölkühler befindet sich im selben Bereich. Die drei Dichtungen zum Anschluss des Ölkühlers am Motorgehäuse werden oft spröde und undicht. Zum Erneuern der Dichtungen muss der Ölkühler ausgebaut werden, eine Arbeit, die bei im Fahrzeug eingebauten Motor vollbracht werden kann. Die Ölleitung zum Anschließen an den Ölbehälter demontieren und die umgebende Blechverkleidung lösen, um Zugang zu den drei Muttern zur Befestigung des Ölkühlers zu erlangen. Die Dichtungen mit etwas frischem Motoröl anfeuchten, wenn der Kühler wieder eingebaut wird. Wenn eine Undichtigkeit des Ölkühlers selbst vermutet wird, so ist es sinnvoll, im Laufe dieser Arbeiten, den ausgebauten Ölkühler in einer Fachwerkstatt einer Druckprüfung unterziehen zu lassen.

Am Ölkühler ist ein S-förmiger Schlauch angeschlossen, der die Verbindung zum Ölbehälter herstellt. Dieser Gummischlauch kann Risse entwickeln und im Laufe der Jahre undicht werden. Bei Anzeichen von Beschädigung des Gummis ist dieser Schlauch sofort zu erneuern. Der Schlauch ist mit zwei handelsüblichen Schlauchschellen angeschlossen und lässt sich einfach austauschen. Vorher muss unbedingt das Öl am Motor und aus dem Ölbehälter abgelassen werden, da sonst der gesamte Ölhaushalt bei Abnehmen dieses Schlauches auslaufen wird. Die anderen, unter dem Fahrzeug verlaufenden Ölleitungen zwischen Motor und Behälter werden auch mit der Zeit undicht. Sorgfältig alle Leitungen auf Ölaustritt, Rissbildungen und Leitungsbruch überprüfen, während die Unterseite des Motors inspiziert wird.

Der Ölstandgeber wird ebenfalls an seinem Dichtring am Ölbehälter undicht. Für weitere Informationen zum Erneuern des Ölstandgebers und dieses Dichtrings siehe Projekt 18.

Unter den Ventildeckeln befinden dich die Kipphebel, die bisweilen undicht werden. Ursprünglich hat das Werk keine Dichtringe für die Kipphebel zur Verfügung gestellt, statt dessen wurde eine Presspassung verwendet, um das Öl in den inneren Kammern einzuschließen. Die Konstruktion wird im Werkstatthandbuch von Porsche recht genau dargelegt:

„Die Kipphebelwellen sind so konstruiert, dass die Inbusschraube die beiden konischen Bauteile (Mutter und Buchse) gegen die konischen Enden der Kipphebelwelle drückt, und deren Enden aufspreizt. Mit Aufspreizen der Stirnseiten der Kipphebelwelle wird diese in ihrer Bohrung im Nockenwellengehäuse festgesetzt und somit eine Bewegung in Drehrichtung oder in axialer Richtung verhindert."

Diese Konstruktion hat sich in der Praxis jedoch nicht immer gut bewährt. Wenn die Wellen oder die konischen Teile nicht exakt aneinander anliegen, so könnte Öl ausschwitzen. Ein Geheimtipp zum Beheben dieses Problems besteht im Einbau eines kleinen Gummidichtrings in der kleinen Nut der Kipphebelwelle, der auch eine Abdichtung in der inneren Kammer bewirkt. Hier handelt es sich um ein Bauteil aus dem Motorsporteinsatz, das ursprünglich nicht in der Serienversion verwendet wurde, sich natürlich aber auch an Straßenfahrzeugen zum Beheben dieser Ölundichtigkeiten gut bewährt hat. Die Teilenummer für diesen Dichtring der Kipphebelwelle lautet 911.099.103.52. Für jeden Kipphebel werden 2 dieser Dichtringe benötigt, für insgesamt 12 Kipphebel also 24 Dichtringe.

Eine weitere Ursache häufiger Ölundichtigkeiten sind die Ölrücklaufleitungen. Die Dichtungen am Ende dieser Leitungen expandieren

5 Der Öldruckschalter befindet sich ganz hinten, hinter der Gemischbildungsanlage und ist eines jener, eigentlich sehr preiswerten Teile, die oft undicht werden. Es ist anzuraten, dieses Teil jedes mal zu erneuern, wenn hierzu Zugang besteht, was der Fall ist, wenn der Motor oder die Gemischbildungsanlage ausgebaut sind.

6 Der Kipphebeldichtring ist eines der am besten gehüteten Geheimnisse. Hier handelt es sich nicht um ein Serienbauteil. Da für den Motorsporteinsatz konstruiert, ist es dennoch von Porsche erhältlich. Dieser kleine Dichtring wird in der Nut der Kipphebelwelle (siehe Foto) eingesetzt und verhindert einen Ölaustritt an der Welle. Normalerweise soll die Presspassung an den Enden der Kipphebelwellen in den Nockenwellenlagerbrücken eine Abdichtung sicher stellen. Diese Konstruktion funktioniert jedoch nicht immer, insbesondere wenn es sich um einen generalüberholten Motor handelt.

7 Bei ausgebautem Motor erfolgt ein leichterer Zugang zum Ölkühler. Die Ölkühlerdichtringe sind dafür bekannt, undicht zu werden. Ein Austauschen dieser 3 Dichtringe (2 gleich große oben, 1 unten – nicht im Bild) ist einfach, nachdem der Ölkühler einmal ausgebaut wurde.

8 Die flexiblen Ölleitungen zu den Nockenwellen werden mit der Zeit an den Anlageflächen von Gummi an Metall (siehe Pfeil) undicht. Diese Leitungen sind gemeinhin von der Rückseite des Fahrzeugs aus recht leicht zu erreichen. Lediglich der Verteiler ist hier im Weg, der einfach auszubauen ist.

und kontrahieren im Laufe der Jahre viele Male und entwickeln so kleine Ölundichtigkeiten. Für weitere Informationen zum Austauschen dieser Dichtungen siehe Projekt 23 über Erneuern der Ölrücklaufleitungen.

Unten hinten am Motor befinden sich die Nockenwellengehäusedeckel. Diese sind mit dünnen Papierdichtungen abgedichtet, die bei falschem Einbau undicht werden können. Das Erneuern dieser Dichtungen ist recht arbeitsaufwendig. So müssen zum Beispiel der Schalldämpfer und die hintere Blechverkleidung entfernt werden. Für weitere Informationen zum Erneuern dieser Dichtungen siehe Projekt 15 über Nachrüstung der Carrera-Kettenspanner.

9 Auf diesem Bild ist der O-Ring zur Abdichtung des Verteilers im Motorkurbelgehäuse gezeigt. Obwohl hier kein hoher Öldruck anliegt, wird der Dichtring bisweilen undicht. Vor Ausbauen des Verteilers unbedingt den Motor auf OT Zylinder Nr.1 stellen. So wird sicher gestellt, dass der Verteiler ohne aufwendige Grundeinstellung wieder ordnungsgemäß eingebaut werden kann.

10 Der Öldruckgeber für die als Instrument ausgeführte Öldruckanzeige kann an seinem Sockel oder direkt an der Einheit undicht sein. Der Geber lässt sich leicht austauschen, da er nahe des Fahrzeughecks angeordnet ist (sofern es sich um ein Fahrzeug späteren Baudatums handelt). Am Anschluss ein wenig Teflondichtband umwickeln, um so einer Undichtigkeit vorzubeugen.

Oben hinten am Motor sind die Ölzufuhrleitungen an die Nockenwellen. Diese Leitungen fördern Öl an die Nockenwellenlagerbrücken, zur Schmierung der Nockenwellen und der Kipphebel. Diese Leitungen vibrieren im Betrieb und entwickeln so im Laufe der Lebensdauer des Motors Undichtigkeiten. Ein Austauschen gestaltet sich einfach, obwohl der Verteiler zwecks Zugang zu einem der Anschlüsse entfernt werden muss. Beim Einbau dieser Leitungen neue Dichtringe verwenden. Projekt 15 gibt Einzelheiten über den Einbau dieser Leitungen.

Neben der rechten Ölleitung der Nockenwelle an Fahrzeugen späteren Baudatums befindet sich die Öldruckgebereinheit. Dieses Bauteil wird oft an seinem Flansch zum Gehäuse undicht und außerdem auch am eigenen Gehäuse. Die Gebereinheit sorgfältig überprüfen und erneuern, wenn Verdacht auf Undichtigkeit besteht. Da der Zugang zu dieser Gebereinheit recht einfach erfolgt, ist keine übermäßige Vorsicht geboten. Deshalb dieses Teil nur erneuern, wenn eine Undichtigkeit tatsächlich vorliegt. An Fahrzeugen früheren Baudatums befindet sich die Öldruckgebereinheit weiter vorne im Motorraum.

Der Schwungraddichtring ist eine weitere Quelle häufiger und schwer nachvollziehbarer Undichtigkeiten am Porsche 911. Bedauerlicherweise kann der Schwungraddichtring (Kurbelwellendichtring an der Schwungradseite) nicht ohne Ausbauen des Motors und der Kupplung erneuert werden. Siehe Projekt 7 über Erneuern der Kupplung am Porsche 911 für weitere Informationen zum Erneuern dieses Dichtrings. Ganz hinten am Motor befindet sich der Dichtring der Kurbelwellenriemenscheibe (Kurbelwellendichtring an der Steuergehäuseseite). Um diesen Dichtring zu erneuern, müssen der Schalldämpfer, die Blechverkleidung des Karosseriehecks, die Motorlagerstange und die hintere Riemenscheibe entfernt werden. Das Aus- und Einbauen des Dichtrings erfolgt ähnlich wie das Erneuern des Schwungraddichtrings. Vorsicht walten lassen, damit die Außenfläche der Kurbelwelle beim Einbau des neuen Dichtrings nicht verkratzt wird.

11 Der Kurbelwellendichtring befindet sich unterhalb der Kurbelwellenriemenscheibe. Zum Austauschen dieses Dichtrings werden Motorlager, Riemenscheibe und einige andere Teile abgebaut. Der Dichtring wird in einem Verfahren ähnlich dem Austauschen des Schwungraddichtrings (Projekt 7) ausgebaut und eingepresst. Dieses Foto zeigt den Dichtring im eingebauten Zustand innerhalb des Lagers Nr. 8, vor Einbau der Kurbelwelle im Motorgehäuse.

PROJEKT 21 • WARTUNGSARBEITEN AN DER ZÜNDANLAGE

Zeit: 1 Stunde

Werkzeug: Drehmomentschlüssel, Zündkerzenschlüssel, Schraubenzieher

Talent:

Zutreffende Baujahre: alle

Erforderliche Teile: Neue Zündkerzen, neue Verteilerkappe, neuer Verteilerfinger, neue Unterbrecherkontakte und neue Zündkabel

Tipp: Zündverteilerkappe und Verteilerfinger alle 25.000 km erneuern

Zweck des Projekts: Gleichmäßigerer Motorlauf

Ergänzende Arbeitsgänge: Nachrüsten des Bosch-Verteilers im Austausch gegen den alten

Die Zündanlage ist eines der wartungsintensivsten Systeme am Porsche 911. Zweifelsohne sollten Verteilerkappe, Verteilerfinger und Unterbrecherkontakte regelmäßig erneuert werden, da sie im Laufe der Zeit einem erhöhten Verschleiß unterliegen. Zusätzlich werden die Zündkabel mit zunehmender Alterung abgenutzt und weniger effektiv. Nicht zu vergessen sind neue Zündkerzen, die eigentlich den wichtigsten Bestandteil einer Wartungsmaßnahme an der Zündanlage ausmachen. Es ist anzuraten, die Zündkerzen, den Verteilerfinger, die Verteilerkappe und die Unterbrecherkontakte an Porsche 911 nach Baujahr 1977 alle 25.000 km zu erneuern. An Fahrzeugen früherer Baujahre ist es sinnvoll, diese Teile sogar eher zu erneuern, ca. alle 15.000 km. Bei derart wichtigen mechanischen und elektrischen Bauteilen wie diesen, ist es sehr wichtig, sie in bestem Zustand zu halten. Oft sieht man ältere Fahrzeuge, die nicht ordnungsgemäß laufen, weil an Verteilerkappe, Verteilerfinger oder Unterbrecherkontakten auch nach hoher Kilometerleistung gespart wird.

Zuerst sollten die Zündkerzen erneuert werden. Das Fahrzeug muss vor jedem Versuch, die Zündkerzen auszubauen, vollständig ausgekühlt sein. Wird versucht, die Zündkerzen aus den Leichtmetallzylinderköpfen heraus zu schrauben, während diese noch heiß oder nur handwarm sind, so besteht eine hohe Wahrscheinlichkeit, dass die Zündkerzen aus Stahl die Gewinde in den Leichtmetallzylinderköpfen heraus reißen. Bei kaltem Fahrzeug vorsichtig jeden Gummistecker der Zündkabel abziehen und von der Zündkerze entfernen. Unbedingt vermeiden, an den Zündkabeln selbst zu ziehen, da dies die Kabel beschädigen könnte. Diesen Arbeitsgang an allen 6 Zündkerzen wiederholen und die Kabel im Motorraum hängen lassen.

Sind die Zündkabel einmal abgebaut, so wird der Zündkerzenschlüssel in die Zugangsbohrung eingesetzt, an denen die Zündkabel angeschlossen sind. Es wird eine Verlängerung am Steckschlüssel erforderlich sein, um die Zündkerzen zu erreichen. Insbesondere am 911 ist ein Zündkerzenschlüssel mit Kardangelenk zu empfehlen, der ein Erreichen der Zündkerzen auch bei sehr beengten Platzverhältnissen ermöglicht. Der Zündkerzenschlüssel muss an den Zündkerzen fest anliegen. Zündkerzen nacheinander ausbauen.

Die Zündkerzen bieten eine gute Möglichkeit abzulesen, wie gut der Motor läuft. Die Zündkerzen sorgfältig prüfen, da Probleme mit dem Motor oder der Gemischbildungsanlage durch die Farbgebung bzw. die Beschichtung der Zündkerzenelektrode angezeigt werden können. Das Einbauen der neuen Zündkerzen gestaltet sich recht einfach. Die runden Steckerbuchsen an den Enden der Zündkerzen müssen fest angebaut sein. Der Elektrodenabstand der Zündkerze sollte überprüft werden, da er werksseitig an der Zündkerze nicht unbedingt richtig eingestellt ist. Siehe hierzu die einschlägigen technischen Daten der Werkstattliteratur für das betreffende Fahrzeug oder die Angaben in der Betriebsanleitung.

Beim Einbau der Zündkerzen im Motor besonders vorsichtig vorgehen und bei jeglichem Widerstand sofort inne halten. Wird beim Einbau mit zu hohem Kraftaufwand vorgegangen, so könnten die Gewinde der Zündkerzenbohrungen zerstört werden, was unausweichlich ein Ausbauen des Motors zwecks Instandsetzung nach sich ziehen würde! Die Zündkerzen mit einem Drehmomentschlüssel auf 25 bis 30 Nm anziehen. Gleitmittel gegen Festfressen (Antiseize) darf an den Zündkerzen nicht verwendet werden.

Die Zündkabel sollten ca. alle 100.000 bis 150.000 km erneuert werden. Obwohl die Zündkabel des Porsche 911 sehr robust sind, leiden sie doch unter den ständigen Temperaturschwankungen im Motorraum und eine Aushärtung der Metallseele mit einhergehendem Leistungsabfall ist somit unausweichlich.

Es ist anzuraten, die Zündkabel alle 100.000 km oder eher zu erneuern, wenn Probleme mit der Zündanlage festgestellt werden. Im Regelfall bedeutet dies alle 5 Jahre, wenn das Fahrzeug täglich bewegt wird und ca. alle 10 Jahre, wenn es sich um ein Fahrzeug für gelegentliche Ausfahrten handelt.

Das Austauschen der Zündkabel ist unkompliziert. Einfach die alten Zündkabel abziehen und die neuen einsetzen und aufdrücken. Vor Abziehen der Zündkabel am besten die Verteilerkappe markieren oder aber die Zündkabel eines nach dem anderen ersetzen. Sonst wird unter Umständen die Zündfolge nicht richtig eingehalten. Einige der älteren Zündkabel können an der Verteilerkappe sehr fest anhaften, so dass sie zum Abbauen unter Umständen etwas hin und her bewegt werden müssen.

An Fahrzeugen mit K-Jetronic sind die serienmäßig vorgegebenen, abgeschirmten Zündkabel des Porsche 911 besonders geeignet. Diese Kabel sind von sehr hoher Qualität, so dass man auf die Verwendung von Zündkabeln anderer Hersteller verzichten sollte. Die

Edelstahlummantelung dieser Zündkabel bewirkt eine Isolierung des Zündimpulses. Es ist zu beachten, dass die Masseleitungen der Zündkabel an einem ordnungsgemäßen Ort am Motor (normalerweise an einer der Schrauben zur Befestigung der Zündspule) befestigt werden sollten.

Die Verteilerkappe wird einfach an den kleinen Bügeln ausgeklinkt, um dann die Zündkabel von der alten Verteilerkappe auf die neue umzubauen. Auch hier ist darauf zu achten, dass die Zündfolge nicht verändert wird.

Der Verteilerfinger lässt sich einfach oben von der Verteilerwelle unter der Verteilerkappe abziehen. Der neue Verteilerfinger kann nur in einer Richtung eingebaut werden. Im Verteilerfinger befindet sich eine Kerbe, die eine Ausrichtung zur Verteilerwelle festlegt. Der neue Verteilerfinger muss bis nach unten auf die Welle gedrückt werden. Neue Verteilerfinger sind auch mit einem eingebauten Drehzahlbegrenzer erhältlich. Diese Verteilerfinger werden ein Überdrehen des Motors unterbinden. Sie sind für Drehzahlabschaltungen bei 5800, 6500, 7000 oder 7300 U/min erhältlich. Es ist hierbei wichtig zu beachten, dass ein derartiger Drehzahlbegrenzer den Motor nicht vor einem Überdrehen schützt, das durch Verschalten verursacht wird. Beginnend im Jahre 1978 wurde ein elektronischer Drehzahlbegrenzer im Zündsteuergerät eingebaut.

Das Austauschen der Unterbrecherkontakte, das nur an Fahrzeugen Baujahr 1965-1976 erfolgen muss, ist etwas schwieriger. Die Verwendung des Zündkondensators am 911-Porsche sollte einen Abbrand der Kontakte verhindern, nach einiger Betriebszeit unterliegen sie dennoch einem Verschleiß. Die Unterbrecherkontakte befinden sich unter dem Verteilerfinger und sind oben in die Verteilergrundplatte eingeschraubt. Die Unterbrecherkontakte des Verteilers dienen als Unterbrecherschalter, die bei Öffnung das Überspringen eines Zündfunkens in der Zündanlage auslösen. Der Unterbrecherkontaktabstand sollte auf einen anfänglichen Wert eingestellt werden und dann unter Verwendung eines Schließwinkeltesters genau eingestellt werden (siehe Projekt 22). Siehe die Betriebsanleitung des Fahrzeugs für Angaben zum richtigen Unterbrecherkontaktabstand oder aber das Handbuch zu technischen Daten von Porsche für das Baujahr des Fahrzeugs.

Zum richtigen Einstellen der Unterbrecherkontakte muss der Verteiler gedreht werden, bis die Unterbrecherkontakte so weit wie möglich geöffnet sind. Hierzu die Kurbelwelle des Motors (siehe Projekt 17) so drehen, dass die Nocken an der Verteilerwelle die Unterbrecherkontakte auf den größten Abstand öffnen. Mit der Fühlerlehre diesen Öffnungsabstand einstellen und dann die Schraube zur Arretierung der Unterbrecherkontakte festziehen. Das Einstellen des Unterbrecherkontaktabstands erfolgt nur vorläufig, um ein Anspringen des Motors zu ermöglichen. Der Kontaktabstand muss im Zuge der Einstellung des Schließwinkels später, nach Anspringen des Motors, korrigiert werden. Nach Einstellung des Unterbrecherkontaktabstands den Zündzeitpunkt für das betreffende Fahrzeug einstellen (siehe Projekt 22).

An einigen Fahrzeugen früheren Baudatums verwendet Porsche einen Verteiler des Herstellers Marelli. Diese Verteiler sind nicht länger erhältlich und zum Zeitpunkt der Drucklegung dieses Buches wurde der gesamte Vorrat original erhältlicher Verteilerkappen, Verteilerfinger und Unterbrecherkontakte aufgebraucht. Von einem unabhängigen Hersteller werden Unterbrecherkontakte für Marelli-Verteiler gefertigt. Die Teilenummer lautet: 911.602.960.00 und der

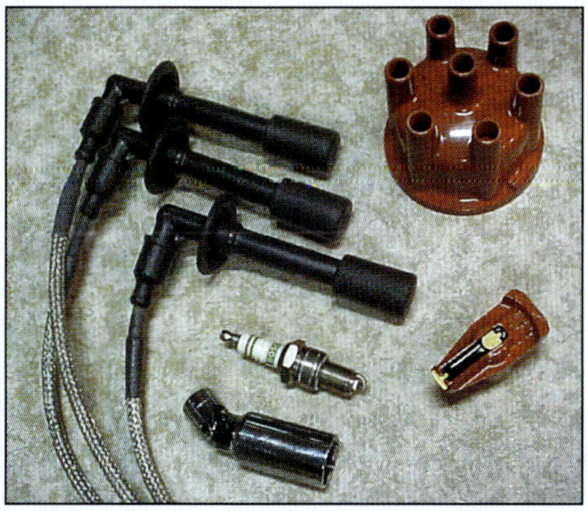

1 Auf dem Foto sind die wesentlichen Ersatzteile für eine größere Inspektion an der Zündanlage des 911 SC dargestellt. Die Zündkabel sind mit einer Edelstahlabschirmung versehen, die serienmäßig so eingebaut wurde. Verteilerkappe und Verteilerfinger sind Original-Bosch-Teile, wie auch die Bosch-Platinzündkerze. An Fahrzeugen der früheren Baujahre werden ebenfalls die Unterbrecherkontakte erneuert werden müssen. Zum Einbau der Zündkerzen eignet sich ein Zündkerzenschlüssel mit Kardangelenk.

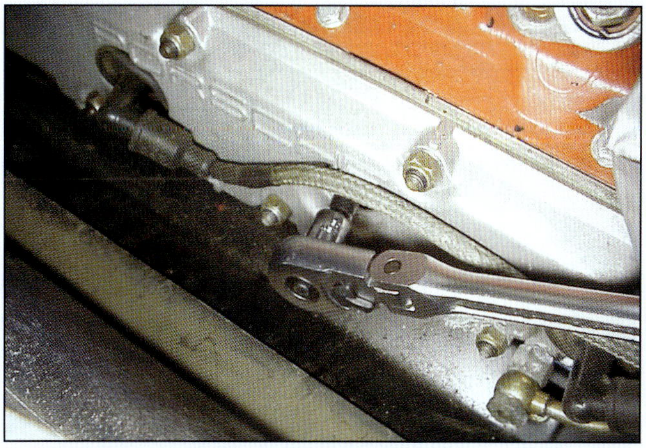

2 Nach dem Abziehen der Zündkabel die Zündkerze mit dem Steckschlüsseleinsatz für Zündkerzen entfernen. Dieser Steckschlüssel ist mit einem Gummieinsatz versehen, der ein Herausfallen der Zündkerze verhindern soll. Das Herausfischen der Zündkerzen aus den Eingeweiden des 911-Motors ist bisweilen eine langwierige Angelegenheit.

2 Auf diesem Bild des Motorraums ist dargelegt, wie die Zündlichtpistole anzuschließen ist. Die Anschlussklemme des Pluskabels an einer der Sicherungen mit Zündspannung an der linken Seite des Motorraums (gelber Pfeil) anschließen. Das schwarze Massekabel der Zündlichtpistole kann an jedem Metallpunkt des Rahmens oder Motors angeschlossen werden. Besonders bequem ist das Anschließen am Masseanschluss der Zündkabel (grüner Pfeil – Abschirmung der Zündkabel). Der weiße Pfeil zeigt an, wo der Geber der Zündlichtpistole an den ohne Abschirmung versehenen Abschnitten des Zündkabels angeschlossen wird. Erfolgt ein Anschließen des Gebers an dem Abschnitt des Zündkabels mit Abschirmung, so wird hierdurch ein zu schwaches Signal erzeugt.

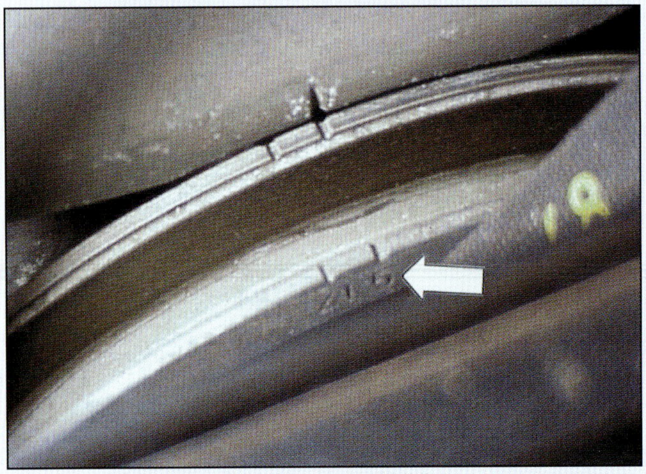

3 Bei der vorgegebenen Drehzahl die Zündlichtpistole unten auf die Kurbelwellenriemenscheibe zielen. An diesem Motor, einem 3,0-Liter-Motor des 911 SC sollte die Grundeinstellung der Zündanlage so eingestellt werden, dass die zweite Markierung (5) zu der Kerbe unten am Gebläsegehäuse ausgerichtet ist, wenn der Stroboskopblitz diese Stelle erhellt. Diese Markierung der Ziffer 5 (siehe Pfeile) bedeutet 5 Grad vor OT (oberem Totpunkt) Kurbelwellenwinkel.

Unterdruckschläuche am Verteiler entfernt werden. Siehe hierzu die Literatur zu technischen Daten von Porsche, zwecks exakter Angabe darüber, was zum Einstellen der Zündung am betreffenden Fahrzeug zu unternehmen ist. An einigen Fahrzeugen sind diese Angaben an Aufklebern im Motorraum oder an der Heckklappe befindlich.

Bei laufendem Motor und richtig eingestellter Leerlaufdrehzahl mit der Zündlichtpistole auf die Kurbelwellenriemenscheibe unmittelbar unterhalb des Gebläses zielen. Wenn alles richtig funktioniert, dann sollte die Zündlichtpistole regelmäßige Stroboskopblitze erzeugen, die bei richtiger Einstellung der Zündung ein Erkennen der Zündzeitpunktmarkierung an der Riemenscheibe ermöglichen. Porsche 911 unterschiedlicher Baujahre sind mit unterschiedlichen Zündzeitpunktmarkierungen versehen, grundsätzlich sollte jedoch eine Markierung mit der Nr. 5 oder einer ähnlichen Markierung vorhanden sein. Diese Markierung weist auf eine Grundeinstellung des Zündzeitpunkts auf 5 Grad vor oberem Totpunkt bzw. nach oberem Totpunkt hin, je nachdem um welches Baujahr und welchen Motor es sich handelt.

Die Grundeinstellung des Zündzeitpunkts wird durch leichtes Drehen des Verteilers verändert. Mit einem 13-mm-Schlüssel die Mutter zur Befestigung des Verteilers am Motorkurbelgehäuse lösen. Bei laufendem Motor und auf die Riemenscheibe blitzender Zündlichtpistole vorsichtig den Verteiler drehen, bis die Zündzeitpunktmarkierung der Riemenscheibe mit der Kerbe im Gebläsegehäuse übereinstimmt. Bei Hochspannungszündanlagen vor Berühren jeglicher Bauteile der Zündanlage Motor ausschalten. Es kann mehrere Anlaufversuche erfordern, diese Einstellung richtig vorzunehmen. Hierbei beachten, dass nur sehr kleine Bewegungen in Drehrichtung des Verteilers erforderlich sind. Ist die korrekte Einstellung einmal erreicht, so ist die Mutter am Verteiler erneut fest zu ziehen. Hierbei darf die Einstellung nicht wieder verändert werden. Vorsicht walten lassen, damit keine Werkzeuge oder gar die Hände bei laufendem Motor in die Nähe des Gebläses geraten. Ebenfalls die Kabel der Zündlichtpistole ständig beobachten und außerhalb des Gefahrenbereichs anordnen. Des weiteren müssen die einschlägigen Gefahrenhinweise für Hochspannungszündanlagen beachtet werden.

An Porsche 911 der Baujahre vor 1977 muss ebenfalls der Schließwinkel für die Unterbrecherkontakte eingestellt werden. Der Schließwinkel beschreibt die Gradzahl der Drehung der Verteilerwelle, während derer die Unterbrecherkontakte geschlossen bleiben. Der Winkel wird durch Bewegen und Drehen der Position der Unterbrecherkontakte in Bezug auf den Nocken der Verteilerwelle eingestellt. Je weiter die Unterbrecherkontakte vom Nocken weg bewegt werden, um so geringer der Schließwinkel.

Die Schwierigkeit besteht darin, dass eine Änderung des Schließwinkels auch die Grundeinstellung des Zündzeitpunkts am Motor beeinflusst. Es ist daher sinnvoll, erst die Grundeinstellung des Zündzeitpunkts am Verteiler vorzunehmen, dann den Schließwinkel einzustellen und dann die Einstellung des Verteilers erneut zu prüfen und zu korrigieren. Der Schließwinkel wird mit einem Schließwinkeltester gemessen, der an den Unterbrecherkontakten und an Masse angeschlossen wird. Der Schließwinkeltester wird den Schließwinkel auf der Grundlage der Frequenz und der Länge der Öffnungs- und Schließzeit der Unterbrecherkontakte messen. Zum Ändern des Schließwinkels werden die Unterbrecherkontakte näher zu den Nocken der Verteilerwelle oder von ihr weg bewegt. Die Unterbrecherkontakte sind am Verteiler mit einer kleinen Schraube befestigt, die gelöst werden muss, um die Kontakte zu bewegen. Bei abgestelltem Motor die Verteilerkappe entfernen, die kleine Schraube lösen und die Unterbrecherkontakte vom Nocken weg bewegen, um den Schließwinkel zu verkleinern oder zum Nocken hin bewegen, um den Schließwinkel zu vergrößern. Auf Grund der Vielzahl der Motoren und unterschiedlichen Baujahre am Porsche 911 ist jeweils die Werksliteratur von Porsche für den exakten Schließwinkel zu Rate zu ziehen, ebenfalls für den exakten Zündzeitpunkt. Im Allgemeinen sollte am Porsche 911 Baujahre 1965-1968 ein anfänglicher Unterbrecherkontaktabstand von 0,4 mm und an Porsche 911 der Baujahre 1969-1977 ein anfänglicher Unterbrecherkontaktabstand von 0,3 mm eingestellt werden.

Der Schließwinkel am Porsche 911 der Baujahre 1965-1968 ist durch Anschließen des Messgeräts an den Pluspol und Minuspol der Zündspule zu messen. An Porsche 911 Baujahre 1969-1977 ist eine andere technische Lösung zu wählen, da der verwendete Zündkondensator kein genaues Signal erzeugen wird. Den Schließwinkeltester in diesem Fall also nicht an der Zündspule anschließen, anderenfalls könnten der Zündkondensator und der Schließwinkeltester beschädigt werden. Statt dessen das Signalkabel des Schließwinkeltesters direkt am Kabel zu den Unterbrecherkontakten, das vom Verteiler wegführt, anschließen. In einigen Fällen kann es am einfachsten sein, den Schließwinkeltester an einem langen Schraubenzieher anzuschließen, dessen Spitze dann an den Kontakten angesetzt wird, an denen das Kabel am Verteiler eingesteckt ist. Mit dieser Methode sollte es möglich sein, eine genaue Messung am Verteiler zu erhalten.

Abwechselnd den Schließwinkel einstellen und die Grundeinstellung des Zündzeitpunkts am Verteiler korrigieren, bis diese beiden Werte korrekt eingestellt sind. Wenn Unterdruckschläuche für Zündzeitpunktverstellung in Richtung Früh oder Spät am Verteiler entfernt wurden, so kann es erforderlich sein, den Leerlauf nach Anschließen dieser Schläuche erneut einzustellen.

Die Anweisungen zur Behandlung der Unterdruckschläuche beim Einstellen der Zündung sind unbedingt zu beachten. An einigen Fahrzeugen mit Unterdruckverstellung müssen die Schläuche demontiert und verstopft werden, um einen genauen Messwert zu erhalten. Hierzu sind wiederum die werkseitigen Angaben des betreffenden Fahrzeugs zu prüfen.

Ebenfalls ist es wichtig, die Gesamtverstellung des Zündzeitpunkts in Richtung früh bei 6000 U/min zu prüfen. Diese Messung ist bei warm gefahrenem Motor durchzuführen. Auch hier sind die technischen Daten der Porsche Werksliteratur für das betreffende Fahrzeug zu Rate zu ziehen, insbesondere um festzustellen, welche Unterdruckschläuche vom Verteiler abgebaut werden müssen. Die Überprüfung der gesamten Frühverstellung der Zündung bei 6000 U/min mag etwas furchterregend klingen, ist jedoch erforderlich, um eine ordnungsgemäße Frühverstellung der Zündanlage zu überprüfen. Es ist wichtig, dass die gesamte Frühverstellung bei 6000 U/min nicht oberhalb des werksseitig vorgegebenen Wertes liegt. Ist dies doch der Fall, so führt dies zu Motorklingeln bei höheren Drehzahlen und potenziell zu einem Motorschaden. Liegt die Gesamtfrühverstellung oberhalb des vorgegebenen Wertes, so ist der Verteiler zu drehen, bis die Frühverstellung wieder innerhalb des Toleranzbereiches liegt. Als Ergebnis dieser Einstellung wird die Grundeinstellung der Zündung im Leerlauf geändert. Ist festzustellen, dass sowohl die Grundeinstellung im Leerlauf als auch die Gesamtfrühverstellung sich nicht miteinander vereinbaren lassen, so kann dies auf Verschleiß einiger innerer Bauteile des Verteilers hinweisen oder aber auf verstopfte oder falsch angebaute Unterdruckschläuche.

4 **Das Innenleben des Bosch-Verteilers enthält die Unterbrecherkontakte. Die Fühlerlehre ist zwischen den Kontakten eingesetzt und zeigt die Verfahrensweise zum Einstellen des Unterbrecherkontaktabstands. Diese Einstellung muss vor Einstellen der Grundeinstellung des Zündverteilers vorgenommen werden. Der Pfeil weist auf den Unterbrecherkontaktabstand. Hier handelt es sich um jenen Bosch-Verteiler, der als Nachrüstung für den Marelli-Verteiler der Porsche 911 der Baujahre 1969-1971 verwendet werden kann.**

PROJEKT 23 • ERNEUERN DER ÖL-RÜCKLAUFROHRE

Zeit: 1 bis 2 Stunden je Motorseite

Werkzeug: Wasserpumpenzange, Schlauchschellen, Schlauchklemmen

Talent:

Zutreffende Baujahre: alle

Erforderliche Teile: Teleskopartig expandierende Öl-rücklaufrohre

Tipp: Eine Schlauchschelle am Rohr anbringen, so dass sich dieses besser greifen lässt

Zweck des Projekts: Kein weiterer Ölaustritt auf die Wärmetauscher

Ergänzende Arbeitsgänge: Wärmetauscher erneuern oder instand setzen

Eine der Stellen, die am Porsche 911 besonders häufig undicht werden, sind die Ölrücklaufrohre. Über die Jahre führt das wechselnde Erhitzen und Abkühlen und das einhergehende Aufweiten und Zusammenziehen der Gummidichtungen zu einer Versprödung und zum Verschleiß der selben. All zu oft tropft das Öl direkt auf die Wärmetauscher, was eine Rauchentwicklung beim Anlassen des Motors bewirkt und auch dazu führen kann, dass der Ölgeruch durch die Heizungsanlage in den Fahrgastraum eintritt. Glücklicherweise lassen sich diese Rohre mit teleskopartig zusammenschiebbaren Ersatzteilen erneuern, die ein Ausbauen des Motors so überflüssig machen.

Wie ist nun also festzustellen, ob die Ölrücklaufrohre undicht sind? Entgegen landläufiger Meinung enthält auch die Trockensumpfschmierung des Porsche 911 eine recht große Menge Öl in der Motorölwanne, selbst wenn der Motor nicht läuft. Dieses Öl kann sehr leicht über Nacht an der Unterseite des Motors austreten, um am Boden der Standfläche des Fahrzeugs einen großen Ölfleck zu hinterlassen. Um exakt festzustellen, wo der Ölaustritt erfolgt, muss die Unterseite des Motors gewaschen werden, um dann den Motor eine Weile lang zu betreiben und hierbei zu prüfen, wo das Öl austritt. Wenn das Öl aus der Unterseite der Ölrücklaufrohre auszutreten scheint, entweder an der zum Kurbelgehäuse gerichteten Seite oder an der Seite der äußeren Nockenwellenlagerbrücke, so besteht die Möglichkeit, dass der Dichtring defekt ist und erneuert werden muss.

Obwohl das Austauschen der Ölrücklaufrohre kein großes Können voraussetzt, erfordert diese Aufgabe jedoch eine Menge Geduld. Bei diesen Arbeiten ist unbedingt zu erwägen, mehrere Ölrücklaufrohre als Ersatzteil bereit zu halten, da sich das Austauschteil beim Einbau sehr leicht versehentlich beschädigen lässt. Werden die Wärmetauscher abgebaut, so sollten die Ölrücklaufrohre paarweise, sowohl rechts als auch links, erneuert werden. Letztendlich werden sie Undicht werden – früher oder später –, so dass es sinnvoll ist, diese Rohre zu erneuern, während Zugang hierzu besteht.

Zuerst werden die Wärmetauscher vom Fahrzeug abgebaut. Dies jedoch nur, wenn nicht ausreichend Platz besteht, um ein Austauschen der Ölrücklaufrohre ohne Abbauen der Wärmetauscher vorzunehmen. Dies ist an einigen 911-Modellen der Fall. Das Ausbauen der Wärmetauscher selbst kann sehr schwierig sein, insbesondere dann, wenn die Schrauben fest gefressen sind und sich nicht drehen lassen. Siehe Projekt 42 für weitere Einzelheiten zum sicheren Ausbauen der Wärmetauscher. Nach Ausbauen der Wärmetauscher ist es sinnvoll, am Motor das Öl abzulassen. Dies ist nicht unbedingt erforderlich, kann jedoch dazu beitragen, den gesamten Arbeitsablauf wesentlich sauberer zu gestalten.

Das alte Ölrücklaufrohr wird einfach auf zerstörerische Weise entfernt. Hierzu eine große Gripzange verwenden und das alte Ölrücklaufrohr in der Mitte zerdrücken. So beginnen die Endstücke sich aus dem Motorgehäuse und der Nockenwellenlagerbrücke zu lösen. Das alte Rohr so lange zusammen drücken und hin und her bewegen, bis ein Ende heraus gezogen werden kann. Das andere Ende des Rohrs lässt sich dann einfach mit heraus ziehen. Auch wenn das Motorenöl abgelassen wurde, kann sich immer noch Öl in dem Rohr oder in dessen Einzugsbereich befinden, so dass das Bereitstellen einer Ölauffangwanne sinnvoll ist.

Jetzt auf der Werkbank die Teile des neuen Teloskoprücklaufrohres zusammen bauen. Zuerst den Sicherungsring auf das lange Rohr schieben. Den Ring an den Nuten vorbei schieben wie im ersten Bild dieses Projekts dargestellt. Dann zwei kleinere Ringe an den beiden inneren Nuten des größeren Ölrücklaufrohrs anordnen. Dann die beiden größeren Dichtringe am Ende jedes Rohres anordnen. Vor dem Einbau jeder der vier Dichtringe am Rohr sollten diese zuerst mit et-

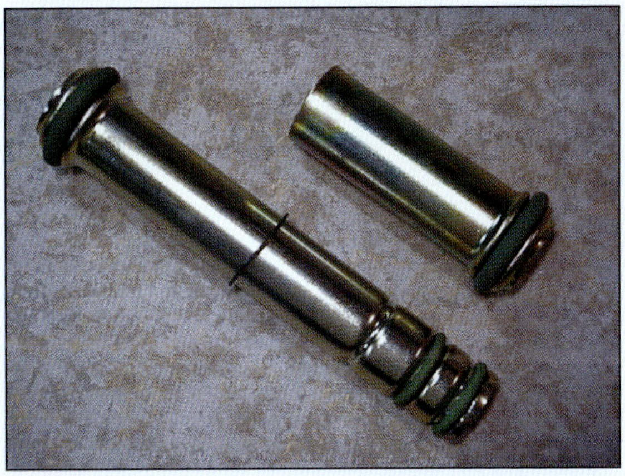

1 Die teleskopartig expandierenden Ölrücklaufrohre werden als Nachrüstteil speziell zum Ersetzen der alten verschlissenen Rohre und Dichtringe gefertigt, die ursprünglich am Motor vorhanden sind bzw. beim letzten Zerlegen des Motors eingebaut wurden. Der Vorteil dieser Bauweise liegt darin, dass der Motor nicht zerlegt werden muss, um die Undichtigkeit an den Ölrücklaufrohren zu beheben. Der Teilesatz enthält die beiden Gummidichtringe, die an jedem Ende des Rohres angebracht sind sowie zwei zusätzliche Dichtringe an der Anlagefläche beider Rohrabschnitte. Des weiteren ist ein Sicherungsring vorgesehen, der im Bild noch nicht in seiner Einbaulage in der Nut unten am längeren Rohr befindlich ist.

2 Um die zusammenschiebbaren Rücklaufrohre an jeder Seite einbauen zu können, sei es nun am Motorgehäuse oder an den Nockenwellenlagerbrücken, ist etwas Geduld erforderlich. Wird hier zu viel Kraft aufgewendet, so kann dies die Rohre beschädigen. Das hier gezeigte teloskopartige Rohr wird von einem anderen Hersteller gefertigt, als das im anderen Bild dargestellte. Die Vorgehensweise zum Einbauen ist doch sehr ähnlich. In einigen Fällen kann es erforderlich sein, dass Abgasrohr abzubauen, bevor das Ölrücklaufrohr erneuert wird.

was sauberem Motoröl, Molybdänschmierfett oder Kontaktfett benetzt werden. Auf diese Weise werden sich die Dichtringe ordnungsgemäß setzen und einen weiteren Ölaustritt verhindern. Es sind einige unterschiedliche Bauarten dieser Ölrücklaufrohre erhältlich. Die Einbauanweisungen können je nach entsprechender Bauart des verwendeten Rohres leicht voneinander abweichen.

Nachdem alle Dichtringe und der Sicherungsring ordnungsgemäß angebaut wurden, die beiden Rohre ineinander schieben. Unter das Fahrzeug kriechen und das Ende des längeren Rohres in die Nockenwellenlagerbrücke einsetzen. Das kürzere Rohr wird am Kurbelgehäuse eingesetzt. Der Grund hierfür liegt darin, dass Öl wahrscheinlich vor allem bei warmem Motor austritt, wenn es nämlich dünn ist. Da das Öl von den Nockenwellenlagerbrücken zurück in das Kurbelgehäuse geführt wird – und nicht in der anderen Richtung –, sollten die Rohre so ausgerichtet werden, dass die Kontaktfläche der beiden inneren Dichtringe mit warmem Öl auf ein Mindestmaß reduziert wird.

Das Rohr sollte nun in Einbaulage expandiert werden. Die wesentliche Schwierigkeit hierbei besteht im festen Ergreifen der Ölrücklaufrohre. Eine Möglichkeit besteht in der Verwendung einer Gripzange oder Wasserpumpenzange, wodurch jedoch die Oberfläche der Rücklaufrohre, wenn nicht gar das Rohr selbst, zerstört wird. Eine weitere Möglichkeit besteht im Befestigen einer Schlauchschelle am Rohr. Die Schlauchschelle um das Rohr ansetzen, um so genug Hebelwirkung erlangen zu können, um das Ölrücklaufrohr in seine Fassung hinein zu drücken. Wie auch immer vorgegangen wird, der Einbau der Rohre muss vorsichtig erfolgen, da diese Rohre sehr leicht beschädigt werden können.

Nach Einsetzen der ersten Seite und nachdem das Rohr fest in seiner Aufnahme befestigt ist, das gegenüber liegende Rohr hinein drücken, bis der Sicherungsring in seine Nut geschoben werden kann. Erst wenn der Sicherungsring vollständig in seiner Nut einrasten kann, steht fest, dass das Ölrücklaufrohr vollständig in Einbaulage ist.

Sofern Motoröl abgelassen wurde, dieses wieder auffüllen und das Fahrzeug einer Probefahrt unterziehen, um dann auf Ölaustritt zu prüfen. Wenn alles korrekt durchgeführt wurde, sollte an den Ölrücklaufrohren kein Öl mehr austreten können. Nachdem das Ölrücklaufrohr ersetzt wurde, kann es sich jedoch heraus stellen, dass die Undichtigkeit woanders liegt. Für einen solchen Fall siehe Projekt 20.

PROJEKT 24 • EINBAU/NACHRÜSTUNG DES IM VORDERWAGEN ANGEORDNETEN ÖLKÜHLERS

Zeit: 6 bzw. 15 Stunden

Werkzeug: Rohrleitungsschlüssel

Talent: 4 von 5

Zutreffende Baujahre: 1965-1986

Erforderliche Teile: Ölkühler, Ölkühler-Schaumstofffassung, Gebläse, Ölleitungen, Relais und Fassung, Hupenhalterung und Kotflügelstrebe, Kühlerschläuche, Befestigungsteilesatz

Tipp: Vor Beginn der Arbeiten alle erforderlichen Teile ansammeln

Zweck des Projekts: Bessere Motorkühlung

Ergänzende Arbeitsgänge: Ölwechsel

Eine der sinnvollsten Nachrüstungen am Porsche 911 ist der extern angebrachte Ölkühler. Am betreffenden Fahrzeug ist entweder überhaupt kein Ölkühler vorhanden oder ein Ölkühler früherer Bauart, der durch die Ausführung an späteren Modellen ersetzt werden kann. Der Ölkühler wird direkt vom Motor mit Öl durchströmt und befindet sich im vorderen rechten Kotflügel des Fahrzeuges.

Im Jahre 1969 wurde am Porsche 911 S ein Ölkühler in Ausführung eines normalen Netzkühlers serienmäßig im vorderen rechten Radkasten eingebaut. Im Jahre 1973 wurde ein als Rohrschlange ausgeführter Kühler verwendet. Diese Bauart des Ölkühlers wurde bis 1983 eingebaut. Am Porsche 911 S des Baujahres 1973, wie auch am Porsche Carrera der Baujahre 1974 und 1975, war der Ölkühler serienmäßig, er war jedoch an allen anderen Modellen bis 1977 nur als Sonderausrüstung zu erhalten. Im Jahre 1980 begann Porsche mit dem Einbau eines Ölkühlers aus vollem Messing mit 28 Kühlrohren an Stelle der Rohrschlange an allen europäischen 911 SC -und Turbo-Modellen. Angeblich wurde durch Verwendung dieses Messingkühlers die Betriebstemperatur gegenüber der Ausführung mit Rohrschlange gesenkt.

Die Rohrschlange selbst funktionierte nicht wie ein herkömmlicher Kühler, weil die eigentliche Kühlwirkung in den Rohrleitungen, die zum Kühler hin und vom Kühler weg führten, erfolgte. Wohl findet in der Rohrschlange einige Wärmeabstrahlung statt, der meiste Teil der Kühlung erfolgt jedoch in der Zu - und Rückleitung. Ein nahe des Motors befindlicher Thermostat regelt die an den vorderen Ölkühler umgeleitete Ölmenge.

Als man bei Porsche erkannte, dass diese Konstruktion für die Kühlung des Motors nicht ausreichte, wurde der Messingkühler der späteren Baujahre entwickelt. Dieser kam an allen US-Modellen und allen europäischen Modellen des Porsche 911 Carrera im Jahre 1984 zur Anwendung. Danach führte Porsche einen noch besseren Ölkühler ein. Hierbei handelt es sich um einen normalen Netzkühler mit Kühlerrippen wie auch bei normalen Wasserkühlungen verwendet. Dieser Carrera-Ölkühler wurde genau an der selben Stelle eingebaut, wie der vorherige Kühler auch, jedoch mit einer großen Abdichtung versehen und einem Steinschlagschutz, um den Kühler vor allerlei Unrat zu schützen, der vom Reifen hochgeschleudert wird.

Im Baujahr 1987 wurde ein vor dem Ölkühler angeordnetes elektrisches Gebläse als weitere Sonderausrüstung eingeführt. Die Steuerung erfolgt über einen Thermostat oben auf dem Ölkühler. Diesem Carrera-Ölkühler mit angebautem Gebläse ist der Vorzug zu geben, wenn der Einbau eines Ölkühlers an einem Porsche 911 in Betracht gezogen wird, der diesen nicht serienmäßig aufweist, d.h. alle Porsche 911 vor Baujahr 1987. Mit dieser Nachrüstung kann das serienmäßige Erscheinungsbild des Fahrzeugs gewahrt werden, während die Motorkühlung bei einem Mindestmaß an Änderungen an der Bodengruppe verbessert wird.

An Porsche 911, die noch keinen externen Ölkühler aufweisen, sind folgende Teile zur Nachrüstung erforderlich:

- Carrera-Ölkühler, Teilenummer 930.207.053.00
- Abdichtung Ölkühler an Kotflügel, Teilenummer 930. 207.353.00
- Steinschlagschutz und Luftführung für Ölkühler (im Lieferumfang des Kühlers enthalten) Teilenummer 930.207.319.02
- Gummilager – 3 Stück erforderlich – Teilenummer 930.207.239.99
- Ölzufuhr- und Ölrücklaufleitungen entlang der Seite des Fahrzeugs. Diese Leitungen sind gebraucht zu beschaffen oder entsprechend anzufertigen
- Thermostat im rechten hinteren Kotflügel
- Flexible Adapterleitungen für den Anschluss des Ölkühlers an die Ölleitungen
- Gebläse für Ölkühler
- Abdichtung zwischen Steinschlagschutz und Ölkühler, Teilenummer 930.207.3611.99
- Thermoschalter für Ölkühler, Teilenummer 930.606.118.99
- Relais und Relaisfassung für Ölkühler, Teilenummer 911.615.109.01 und 901.612.333.00
- Ausreichende Kabellänge zum Anschließen des Ölkühlergebläses und seines Relais
- Neue Hupenhalterung und Kotflügelstrebe, Teilenummern 911.635.107.00 und 911.504.080.00
- Obere Halterung zur Befestigung des Ölkühlers, Teilenummer 930.207. 927.00, außerdem untere Halterung zur Befestigung des Ölkühlers

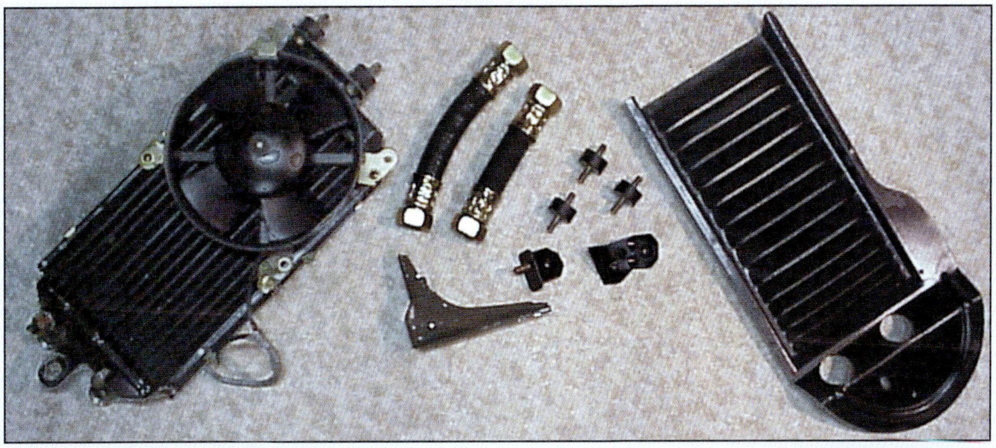

1 Der Teilesatz zur Montage des Carrera-Ölkühlers enthält die hier dargestellten Bauteile, nämlich den Ölkühler mit Gebläse, die Schlauchverbindungen und den Steinschlagschutz mit Schaumstoffeinfassung. Nicht dargestellt sind die Hupenhalterung, die Kotflügelstrebe und die große Abdichtung zum Einsetzen des Ölkühlers im Innern des Kotflügels.

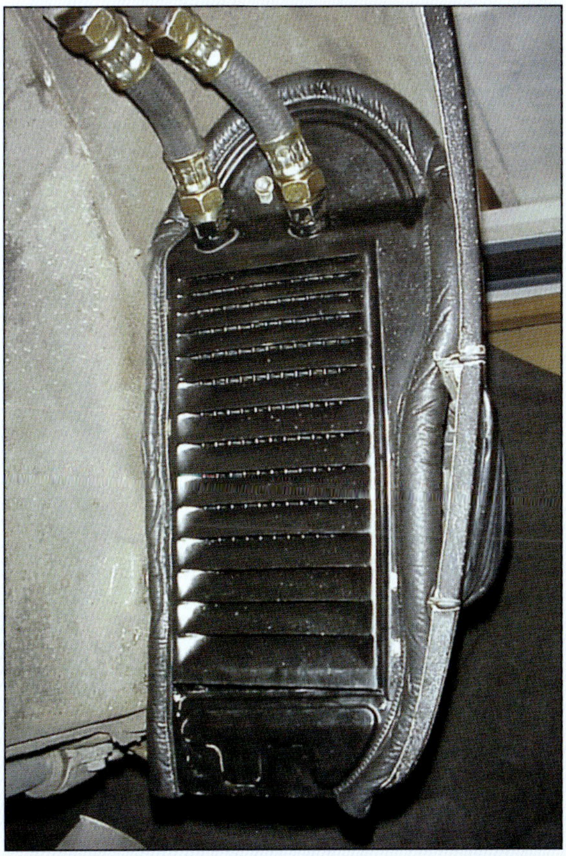

3 Der Carrera-Ölkühler wird im Radkasten des Vorderen Kotflügels eingebaut. Die untere Halterung muss am inneren Radkasten angeschweißt werden, um den Kühler sicher befestigen zu können. Gut zu erkennen ist die große Schaumstoffabdichtung am Umfang des Kühlers, die als Abdichtung gegen die Innenwände des Kotflügels dient. Der Steinschlagschutz wird an der Seite des Kühlers angeclipst und verhindert ein Auftreffen von Fremdmaterial an den Kühlerrippen des Kühlers.

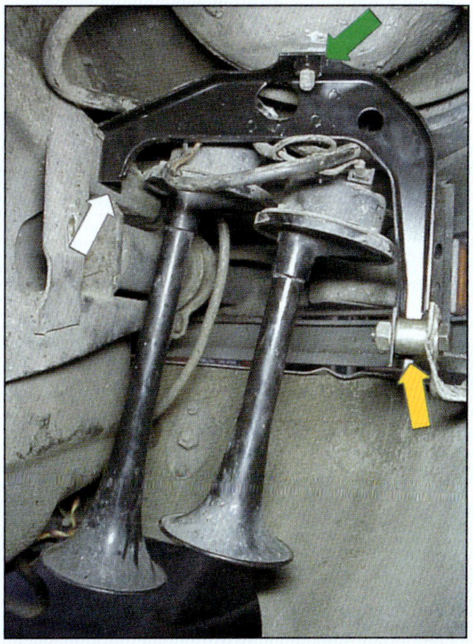

2 Die geänderte Anordnung der Hupen ist der schwierigste Teil dieses Projektes. Ein neues Loch muss in sehr beengten Verhältnissen gebohrt werden, um die Kotflügelstrebe innen am Fahrzeug anzubringen. Diese Bohrung, angezeigt durch den weißen Pfeil, kann im Blech gebohrt werden, das als Stütze im Innern des Radkasten ausgeführt ist. Es ist möglich, hinter diesen Bereich zu greifen und eine Mutter auf eine Befestigungsschraube zu platzieren. Der grüne Pfeil weist auf die Mutter hin, die an der Kotflügelstrebe festgeschweißt ist. Die in diese Mutter einfädelnde Schraube befindet sich unterhalb des Scheinwerfertopfes. Der gelbe Pfeil zeigt auf das Distanzstück an der Kotflügelstrebe, das erforderlich ist, weil Kotflügelstreben neueren Baudatums sich nicht exakt zu den Schutzblechen älterer Modelle ausrichten lassen.

Der erste Schritt beim Einbau des Ölkühlers besteht in der Ansammlung aller erforderlichen Teile.

Bei Gebrauchtteilen ist unbedingt auf eine Garantie zu achten bzw. auf eine ordnungsgemäße Reinigung und Druckprüfung des Kühlers. Ölkühler sind teuer und ein Leck am Ölkühler kann ohnehin schwerwiegende Folgen haben.

Das Fahrzeug anheben und das rechte Vorderrad abbauen, um Zugang zum Bereich der Ölkühlereinbaulage zu erlangen. Ölleitungen jeweils mit 2 Schlüsseln festziehen, also mit einem Schlüssel gegenhalten, mit dem anderen jeweils umsetzen und die Überwurfmutter drehen. Ein Satz dünner Schlüssel wurde von Porsche speziell für diesen Zweck entwickelt. Den neuen Carrera-Ölkühler in Einbaulage anordnen. Die obere Halterung am Flansch oben im Radkasten einbauen. Diese Halterung ist winklig ausgeführt, mit einem kleinen Stehbolzen, der davon absteht. Eines der Gummilager an der Halterung ansetzen und dann die Halterung am Fahrzeug anschrauben. Die Gummihalterung, die am Ölkühler angesetzt wird, sollte nach hinten zeigen. Die beiden Gummilager unten am Kühler anbringen. Das kleine Steinschlagschutzschild zur Abdeckung der Unterseite richtig ausgerichtet einbauen. Dieses sollte an den Gummilagern angebracht sein und bündig an der rechtwinkligen Halterung passen. Die rechtwinklige Halterung unten am Ölkühler anbauen und hierbei die Luftführung mit erfassen. Jetzt sicher stellen, dass der Steinschlagschutz fest am Ölkühler angebracht ist. Mit einem Satz Clips – ähnlich den am Dachhimmel verwendeten – sollte der Steinschlagschutz fest am Ölkühler befestigt bleiben. Ebenfalls wird eine Dichtung um die beiden Öleinlassöffnungen zwischen Ölkühler und Abschirmung angeordnet. Sicher stellen, dass dieser Dichtring vor Anclipsen des Steinschlagschutzes zusammen mit dem Kühler in Einbaulage ist.

Jetzt die große Schaumstoffdichtung am Umfang des Ölkühlers aufdrücken. Die Schaumstoffdichtung rastet an der Kante des Ölkühlers ein. Diese Abdichtung muss entlang der Kante des Ölkühlers und jeder Rundung der Abschirmung angesetzt werden. Der Thermostat sollte zu diesem Zeitpunkt eingebaut und verkabelt werden. Der ursprünglich ab Werk verwendete Thermostat schaltet das Gebläse bei einer sehr hohen Temperatur ein. Ein alternativer Thermostatschalter, der ähnlich BMW/Teilenummer 61-31-1-364-273 ausgeführt ist, wird ein Einschalten des Gebläses bei einer wesentlich geringeren Temperatur bewirken. Diesen Thermostatschalter mit einem neuen Aluminiumdichtring einbauen, um sicher zu stellen, dass dieser nicht undicht

4 Der Einbau der Ölleitungen von der Rückseite des Fahrzeuges ist nicht besonders schwierig, sofern die erforderlichen Teile vorhanden sind. Hier dargestellt sind die Leitungen und der Thermostat. Diese Teile sind im rechten hinteren Radkasten angeordnet, unmittelbar vor dem Rad. Die beiden nach unten gebogenen Leitungen führen in die Schwellerbleche und weiter zu dem Ölkühler im Vorderwagen. Die aus dem Thermostat heraus führenden beiden Leitungen führen zum Motor und zum Ölbehälter.

5 **Die Verkabelung des Kühlergebläses für den Ölkühler sollte über ein Relais geführt werden, das einfach in einem der freien Plätze des Sicherungskastens am Porsche 911 angeordnet wird. Rechts dargestellt ist ein als Normteil erhältliches Relais mit Fassung, das zur Stromversorgung des Gebläses verwendet werden kann. Der Sicherungskasten wie links dargestellt hat bereits eine Aussparung, wo die Fassung des Relais angeordnet werden kann.**

wird. Die beiden Kabel vom Schalter an das Gebläse verlegen und mit den beiden Kabeln des Gebläses verbinden. Diese Kabel müssen in den Gepäckraum des Vorderwagens geleitet werden. Hier bietet es sich an, die Kabel durch eine oder mehrere der Öffnungen zu führen, die für die Verkabelung der Scheinwerfer und seitlichen Blinker vorgesehen sind.

Die Hupen stellen ein Problembereich beim Einbauen des Ölkühlers dar. Ein großes Gebläse vorne am Fahrzeug wird fast immer Platzprobleme mit den Hupen mit sich bringen. Die Konstruktion an den Porsche Carrera späteren Baujahres bestand im Vorsehen einer abweichenden Kotflügelstrebe und Hupenstützhalterung. Eine der Befestigungsschrauben befindet sich innerhalb des Scheinwerfertopfes. Zum Umbauen dieser Teile muss der Scheinwerfer ausgebaut werden (siehe Projekt 67).

Zum Einbau der neuen Kotflügelstrebe muss ein Loch in einer der Stützaufnahmen im Innern der Kotflügel gebohrt werden. Die Kotflügelstrebe am Kotflügel anbauen und dann die Bohrung in der Strebe zur Ausrichtung des Bohrloches verwenden. Das Foto in diesem Projekt gibt hierüber mehr Klarheit. Außen am Kotflügel ist wahrscheinlich ein kleines Distanzstück erforderlich, da die neue Kotflügelstrebe nicht perfekt an die alte Schürze passt.

Sind die Hupen einmal neu angeordnet worden, kann der Ölkühler eingebaut werden. Den Ölkühler in den Radkasten heben und an der oberen Halterung hängen lassen. Die Halterungen mit einer Mutter befestigen, damit der Kühler nicht abfallen kann, jedoch noch nicht festziehen. Die untere Halterung muss letztendlich angeschweißt werden. Hier wird davon ausgegangen, dass das Anschweißen der Halterung außerhalb erfolgt. Die beste Vorgehensweise hier besteht im Einbauen des Kühlers und Markierung der Einbaulage der Halterung, um dann das Fahrzeug zur Karosseriewerkstatt zu fahren und dort die Halterung anschweißen zu lassen. Der Kühler muss zum Anschweißen der Halterung nicht ausgebaut werden. Er kann aus dem Wege gedrückt werden. Das Fahrzeug kann eine kurze Strecke weit bewegt werden, während der Kühler von der oberen Halterung herunter hängt. Es ist jedoch sicher zu stellen, dass diese Halterung vor Verlassen der Garage angezogen wird.

Nachdem der Ölkühler einmal eingebaut wurde, können jetzt die Ölleitungen angeschlossen werden. Die Ölleitungen an den Ölschläuchen anschließen. Dann die Schläuche am Ölkühler anbringen. Eine Anpassung der Ölleitungen kann hier erforderlich sein. Falls erforderlich den Ölkühler ausbauen und näher an den Ölrohrleitungen anordnen. Hier bietet sich die Unterstützung eines Helfers an, der den Kühler festhält, während die Gewinde der Leitungen am Kühler angefädelt werden. Wurden die Überwurfmuttern einmal angefädelt, so kann der Ölkühler wieder an der oberen Halterung angesetzt werden. Nachdem der Ölkühler wieder in der richtigen Einbaulage ist, die Leitungen festziehen. Hierbei wie bereits erwähnt zwei Schlüssel verwenden, einen zum Gegenhalten, einen zum Umsetzen. Ein Verdrehen der Ölrohrleitungen muss unbedingt vermieden werden.

Nach Einbau des Ölkühlers und Anschließen der Leitungen ist nun die untere Halterung anzuschweißen, um dann die Verkabelung des Gebläses vorzunehmen. Das Gebläse wird wie folgt in die elektrische Anlage des Fahrzeugs integriert:

- Relais und Relaisfassung müssen aufeinander passen
- Klemme 30 der Relaisfassung an die untere Seite der Sicherung Nummer 13 (von der Vorderseite des Fahrzeuges aus gezählt), in diesem Falle einem Typ SC. Diese Sicherung ist eine 25-Ampere-Sicherung für Schiebedach, Heckscheibenwischer und Spiegel. Zur Verbindung zwischen Klemme 30 und Sicherung Nummer 13 einen Draht der Stärke 5,0 mm^2 verwenden.
- Klemme 87 an die Plusklemme des Gebläsemotors anschließen. Hierfür ein Kabel der Stärke 5,0 mm^2 verwenden
- Klemme 86 unten an Sicherung Nummer 14 anschließen, hierbei ein dünneres Kabel der Stärke 1,0 mm^2 verwenden (Siche-

ABSCHNITT DREI

GEMISCHBILDUNG

Ohne Zweifel kann die Diagnose und Fehlersuche an der Kraftstoffeinspritzanlage des Porsche 911 besonders schwierig sein. Über Kraftstoffeinspritzanlagen und Vergaser werden ganze Buchbände verfasst, so dass in diesem Abschnitt nur die einzelnen Gemischbildungsanlagen des Porsche 911 vorgestellt werden können, wobei insbesondere auf häufige Probleme und Fehlerquellen hingewiesen wird. Die Lektüre dieses Kapitels wird es einfacher machen, Fehlfunktionen am Porsche 911 zu identifizieren und die Funktionsweise der einzelnen Gemischbildungsanlagen zu verstehen.

GEMISCHBILDUNG

PROJEKT 26 • GENERALÜBERHOLUNG DES VERGASERS

Zeit: 12 Stunden

Werkzeug: Steckschlüsselsatz, Druckluftversorgung, Teilereiniger, Wattestäbchen, Vergaserreiniger aus der Sprühdose

Talent:

Zutreffende Baujahre: Alle Fahrzeuge mit Weber-Vergaser

Erforderliche Teile: Reparatursatz für Weber-Vergaser

Tipp: Die Arbeiten jeweils nur an einer Seite durchführen, um die andere Seite zu Vergleichszwecken intakt zu halten.

Zweck des Projekts: Ein sauberer Motorlauf und eine bessere Gasannahme

Ergänzende Arbeitsgänge: Optimierung der Düsenbestückung für das Fahrzeug

Die Weber-Dreifachvergaser werden an Porsche 911 der späteren Baujahre am häufigsten angebaut. In diesem Projekt wird die Generalüberholung der Weber-Vergaser in Einzelheiten behandelt. Für Solex-Vergaser und Zenith-Vergaser ist die Vorgehensweise ähnlich und unterscheidet sich im Wesentlichen in der Verfahrensweise zum Einstellen des Schwimmerkammerniveaus.

Für eine ordnungsgemäße Funktion des Vergasers ist die Sauberkeit von äußerster Wichtigkeit. Innerhalb des Vergasers gibt es diverse kleine Kanäle und Bohrungen, die durch Dreck oder alten Kraftstoff verunreinigt werden können und so einen ordnungsgemäßen Betrieb des Fahrzeugs verhindern. Vergaser verursachen üblicherweise Probleme wie Zündungsrückschläge in das Luftfiltergehäuse, Beschleunigungslöcher, Fehlzündungen, Leistungsverlust und im Allgemeinen ungleiche Leistungsabgabe. Lässt sich das Gemisch durch Einstellung am Vergaser nicht berechenbar verändern, so ist dies ein klares Zeichen dafür, dass der Vergaser generalüberholt werden muss (siehe Projekt 27).

Der erste Schritt besteht im Abbauen der beiden Vergaser vom Motor. Die Vergaser sind am Ansaugkrümmer beiderseits an 6 Stehbolzen befestigt. Beim Lösen der an den Vergaser angeschlossenen Kraftstoffleitungen Vorsicht walten lassen, da wahrscheinlich noch Kraftstoff darin enthalten ist. Ebenfalls beim Abbauen der Vergaser beachten, dass die Schwimmerkammern noch voll Kraftstoff sein können, der dann leicht ausläuft.

1 Der erste Schritt im Zerlegen des Vergasers besteht im Abbauen der Einlasslufttrichter und des oberen Vergaserdeckels mit Anlageflansch für das Luftfiltergehäuse. Nach Entfernen der als Sicherungsmuttern ausgeführten Sechskantmuttern kann jetzt der Vergaserdeckel vom Vergasergehäuse abgebaut werden.

2 Die Luftkorrekturschraube entfernen, um Zugang zu den Kanälen innerhalb des Vergasergehäuses zu erlangen. Reichlich Vergaserreiniger einsprühen und mit Druckluft durchblasen, um die Kanäle zu säubern. Die Sauberkeit dieser Kanäle und Kammern innerhalb des Gehäuses steht in direktem Zusammenhang mit der Möglichkeit, den Vergaser richtig einstellen und abgleichen zu können.

3 Der untere Teil des Vergasers sollte nicht bis in seine Einzelteile zerlegt werden. Die Drosselklappen und Drosselklappenwellen sollten also im eingebauten Zustand belassen werden. Sind die Buchsen der Drosselklappenwellen stark ausgeschlagen, so wird hierfür ein Fachbetrieb engagiert werden müssen. Die Buchsen sind verschlissen, wenn die Drosselklappenwellen im Gehäuse festklemmen oder sich ruckartig bewegen lassen. Oft arbeiten die Drosselklappen mit zunehmendem Verschleiß der Buchsen regelrechte Kerben in die Lufttrichter des Vergasergehäuses ein. In einem solchen Fall ist das Vergasergehäuse nur noch Ausschuss und kann nicht weiter verwendet werden.

4 Die Einlasslufttrichter sind mit einer Stellschraube im inneren Gehäuse befestigt. Nach Entfernen dieser Schraube können die Lufttrichter vorsichtig aus dem Gehäuse entfernt werden, um sie dann zu säubern. Beim Zerlegen des Vergasers sorgfältig alle Kleinteile sortieren und aufbewahren. Viele dieser Teile sind heutzutage schwer zu beschaffen und lassen sich nur noch aus alten, nicht mehr brauchbaren Vergasern gewinnen.

5 Das Vergasergehäuse im Teilereiniger anordnen und die Waschlösung durch alle Kanäle des Vergasergehäuses durchzwingen. Ein Einweichen des Vergasers in der Waschlösung ist ebenfalls sinnvoll. Die über Jahre abgelagerten Kraftstoffreste müssen aufgelöst und aus den innen liegenden Kanälen heraus gewaschen werden.

6 Mit einem Wattestäbchen, das in Vergaserreiniger eingeweicht wurde, lassen sich schwer zugängliche Stellen besonders leicht reinigen. Vor dem Abtrocknen, alle Teile noch einmal mit frischem Vergaserreiniger abspülen. Die Baumwollfasern dürfen in den engen Kanälen des Vergasers nicht hängen bleiben.

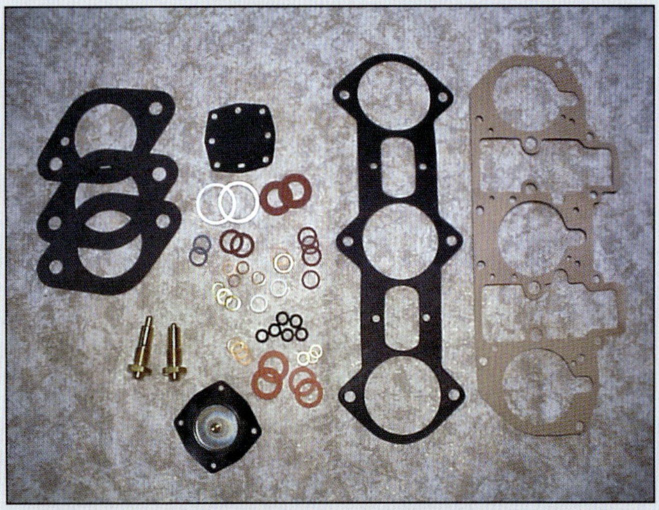

7 Der vollständige Reparatursatz zur Generalüberholung des Vergasers enthält alle Dichtungen, Dichtringe und Schwimmernadelventile, die erforderlich sind, um eine vollständige Generalüberholung vorzunehmen. Oft sind die Reparatursätze für mehrere Vergaser gleichzeitig geeignet, so dass einige Teile immer übrig bleiben werden. Beim Einbau der Papierdichtungen darauf achten, dass die jeweils richtige Größe für den vorhandenen Vergaser verwendet wird.

8 Ein wichtiger Schritt besteht im Einstellen des Schwimmerkammerniveaus. Zwischen Schwimmer und Vergasergehäuse ein Stück Papierhandtuch einklemmen, um den Schwimmer vom Boden des Gehäuses abzuheben. Mit einem Lineal die Höhe der Blechlasche des Schwimmers zur oberen Dichtfläche des Vergasergehäuses messen und einstellen, bis der gemessene Abstand 18 mm beträgt.

9 Nachdem der Schwimmer auf exakt 18 mm Abstand von der oberen Vergaserdichtfläche eingestellt wurde, sollte der Schwimmer selber 12,5 – 13 mm von der oberen Dichtfläche abstehen. Die Höhe ist nicht von der gelöteten Naht des Schwimmers aus zu messen, sondern von der Blechoberfläche aus. Ist das Maß nicht richtig, so muss die Lasche des Schwimmers etwas gebogen werden, bis die erforderlichen Maße erreicht sind. Zusätzlich die Höhe des Schwimmernadelventils prüfen. Beim Einbau mit seiner Dichtscheibe muss das Schwimmernadelventil exakt 18 mm von der Oberkante des Vergasergehäuses herunter hängen.

10 Die Beschleunigerpumpe kann einige Probleme beim Einbau bereiten, weil hierbei die Druckfedern belastet und zusammen gedrückt werden. Beim Einbau deshalb darauf achten, dass die neue Gummimembran nicht beschädigt wird. Ebenfalls muss geprüft werden, dass alle Teile richtig angesetzt und richtig ausgerichtet eingebaut werden. Hier können nur zu leicht Fehler gemacht werden.

11 Der komplettierte und generalüberholte Vergaser. Am Gestänge etwas Lithiumfett auftragen, um den Verschleiß in diesem Bereich zu mindern und sicher stellen, dass beim Einbau der Vergaser am Fahrzeug ein neuer Luftfilter verwendet wird. Ebenfalls einen neuen Kraftstofffilter einbauen. Es sollte kein verunreinigter Kraftstoff in die gerade frisch generalüberholten Vergaser gelangen.

Sind die Vergaser einmal auf der Werkbank angeordnet, erfolgt hier eine sorgfältige Inspektion, um festzustellen, ob der Grad des Verschleißes eine Generalüberholung bereits unwirtschaftlich macht. Oft werden die Buchsen der Drosselklappenwellen verschlissen und die Drosselklappen selbst arbeiten in das Drosselklappengehäuse eine Kerbe entlang ihres Betätigungswegs ein. Liegt die Drosselklappenwelle in ihren Lagern lose, so sollte der Vergaser von einem Fachbetrieb instand gesetzt werden. Hierzu werden die alten Buchsen ausgebohrt und entfernt, um dann neue Buchsen einzubauen und auf das exakte Maß des Drosselklappenwellendurchmessers aufzureiben. Die genaue Ausrichtung in der Flucht und die Beachtung der Toleranzen sind bei diesem Verfahren besonders wichtig, so dass diese Arbeit einem Fachbetrieb überlassen werden sollte. Sind die Drosselklappenwellen lose und die Buchsen werden nicht erneuert, so werden die Drosselklappen wahrscheinlich das Drosselklappengehäuse sehr bald so stark beschädigen, dass der Vergaser nicht mehr generalüberholt werden kann.

Die Generalüberholung selbst gestaltet sich recht einfach. Der Vergaser wird einfach in seine Einzelteile zerlegt und nach Reinigung und Überprüfung mit neuen Dichtungen zusammengebaut. Hier ist zu empfehlen, jeweils nur eine Seite zu bearbeiten und die andere zu Vergleichszwecken am Fahrzeug angebaut zu lassen. So kann im Zweifelsfall geklärt werden, wie welches Teil wieder angebaut werden muss. Die linken und rechten Vergaser sind identisch.

Vorsichtig alle Teile und Befestigungsmittel des Vergasers entfernen und in einem Teilereiniger säubern. Die Drosselklappen und das Gestänge an der Unterseite des Vergasergehäuses müssen nicht entfernt werden. Diese Teile werden im eingebauten Zustand mit gereinigt. Vergaserreiniger aus der Sprühdose durch jeden kleinen Kanal durchsprühen und an jeder Fläche des Vergasers reichlich auftragen. Danach mit Druckluft alle Kanäle durchblasen. Bei diesen Arbeiten sind immer Handschuhe und entsprechender Augenschutz zu tragen.

Einige der Rohranschlussstücke sind aus Messing gefertigt und beim Ausbauen derselben ist besondere Vorsicht angebracht. Messing ist ein weiches Metall und die Anschlussstücke können leicht am Gewinde beschädigt werden. Bei Schwierigkeiten ist zuerst mit Rostlöser über Nacht einzuweichen.

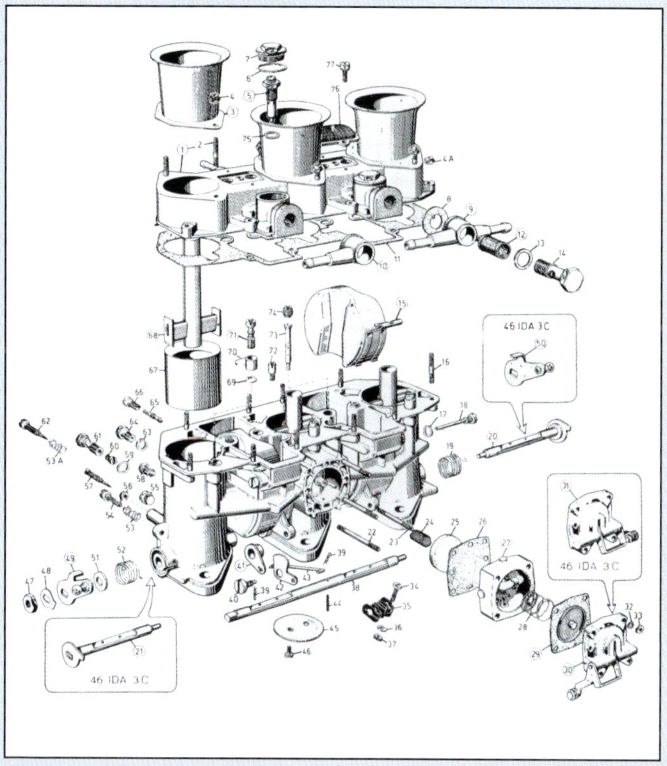

12 Diese Explosionszeichnung des Vergasers am Porsche 911 gibt Aufschluss darüber, wo jedes Kleinteil eingebaut wird. Hier mit Bedacht vorgehen und immer doppelt nachprüfen, damit keine Teile vergessen werden. Die Teile sind im einzelnen:

1. Vergaserdeckel
2. Stehbolzen
3. Lufttrichter
4/4.a Mutter
5. Schwimmernadelventil
6. Unterlegscheibe
7. Stopfen
8. Unterlegscheibe
9. Rohranschlussstück
10. Rohranschlussstück
11. Dichtung
12. Kraftstofffilter
13. Unterlegscheibe
14. Schraube
15. Schwimmer
16. Stehbolzen
17. Unterlegscheibe
18. Umlenkstift
19. Feder
20. Drosselklappenwelle
21. Drosselklappenwelle
22/23. Stehbolzen
24. Feder
25. Scheibe
26. Membran
27. Beschleunigerpumpengehäuse
28. Feder
29. Membran
30. Deckel
31. Deckel
32. Federscheibe
33. Mutter
34. Schraube
35. Gestänge
36. Unterlegscheibe
37. Mutter
38. Drosselklappenwelle
39. Clip
40. Umlenkzapfen
41. Hebel
42. Nockenscheibe
43. Gestängehebel
44. Spannstift
45. Drosselklappe
46. Schraube
47. Mutter
48. Sicherungsblech
49. Hebel
50. Hebel
51. Distanzstück
52. Feder
53/53a. Feder
54. Leerlaufeinstellschraube
55. Inspektionsstopfen für Übergangsbohrung
56. Sicherungsmutter
57. Luftkorrekturschraube
58. Lufttrichter-Arretierschraube
59. Unterlegscheibe
60. Hauptdüse
61. Halter
62. Gemischeinstellschraube
63. Unterlegscheibe
64. Ablassstopfen
65. Leerlaufdüse
66. Halter
67. Lufttrichter
68. Zusatzlufttrichter
69. Unterlegscheibe
70. Pumpendüse
71. Dosierventil
72. Einlass- und Auslassventil
73. Emulsionsrohr
74. Luftkorrekturdüse
75. Unterlegscheibe
76. Filtersieb
77. Schraube

PROJEKT 27 • VERGASERANLAGE EINSTELLUNG, SYNCHRONISIERUNG UND LEISTUNGSSTEIGERUNG

Zeit: 1 Stunde

Werkzeug: Luftdurchsatzmessgerät

Talent:

Zutreffende Baujahre: Alle mit Vergaser

Erforderliche Teile: keine

Tipp: Die Vergaser einstellen, dann eine längere Probefahrt durchführen und alle Einstellungen erneut prüfen

Zweck des Projekts: Bessere Motorleistung

Ergänzende Arbeitsgänge: Zündeinstellungen überprüfen

Die korrekte Vergasereinstellung ist das wichtigste Kriterium für gute Motorleistung. Wenn die einzelnen Vergaser nicht aufeinander abgeglichen sind, erhalten unterschiedliche Zylinder des Motors abweichende Mengen von Kraftstoff und Luft und das wichtige Mischungsverhältnis von Luft zu Kraftstoff wird verzerrt. Das Ergebnis ist Leistungsverlust, mangelhafter Leerlauf und erhöhte Abgaswerte. Es ist sinnvoll, die Synchronisierung der Vergaser bei jeder großen Inspektion am Motor zu überprüfen. Die am Porsche 911 am häufigsten verwendete Vergaseranlage ist der Weber-Dreifachvergaser. In diesem Projekt wird die Verfahrensweise zum Abgleichen der einzelnen Lufttrichter eines Dreifachvergasers zueinander sowie der beiden Dreifachvergaser zueinander behandelt.

Bei mangelhafter Synchronisierung der einzelnen Vergaser tritt eine Vielzahl von Problemen am Motor auf. Der Motor wird in den Ansaugtrakt „zurück spucken" und Fehlzündungen durch den Auspuff erzeugen. Mangelhaft abgeglichene Vergaser können ebenfalls einen unrunden Leerlauf erzeugen oder es sehr schwer machen, den Leerlauf stabil zu halten, ohne dass der Motor abstirbt. Hierbei muss beachtet werden, dass der Motor insgesamt von der mechanischen Seite her in gutem Zustand ist. Das bedeutet, dass die Verdichtung in vertretbarem Rahmen sein muss. Ebenfalls müssen die Leerlaufdüsen sauber sein. Verunreinigte Leerlaufdüsen, mangelhaft eingestellte Ventile oder abgebrannte Auslassventile können ebenfalls Symptome erzeugen, die normalerweise mit schlecht aufeinander abgeglichenen Vergasern in Verbindung gebracht werden.

Vor Beginn der Einstellarbeiten an den Vergasern ist sicher zu stellen, dass alle übrigen Systeme des Fahrzeugs richtig eingestellt sind und eine ordnungsgemäße Leistungsabgabe aufweisen. Insbesondere müssen die Ventile ordnungsgemäß eingestellt sein (Projekt 17), ebenso der Zündzeitpunkt und der Schließwinkel (Projekt 22). Die Zündkabel müssen in Ordnung sein, die Zündkerzen sollten erneuert werden und die Schwimmer des Vergasers müssen ordnungsgemäß eingestellt werden , ebenfalls sind die Leerlaufdüsen zu säubern. Das Fahrzeug auf seine normale Betriebstemperatur warm fahren, bevor mit den Einstellarbeiten am Vergaser begonnen wird. Nach Erreichen der Betriebstemperatur zuerst den Leerlauf auch ca. 1000-1100 U/min einstellen. Der Leerlauf wird für Zwecke der anfänglichen Einstellarbeiten künstlich etwas höher als üblich eingestellt, damit der Motor bei den weiteren Einstellarbeiten nicht unvermittelt stehen bleibt. Den Motor durch vorsichtiges Verstellen der Leerlaufeinstellschrauben an den Stirnseiten des Vergasers auf diesen Wert einstellen. Jetzt den Luftfilter von oben an den Vergasern abbauen. Eine der beiden kleinen Verbindungsstangen der Drosselklappengestänge trennen, so dass keine Verbindung mehr zwischen beiden Vergasern besteht.

Ist der Zündzeitpunkt einmal richtig eingestellt und die Leerlaufdrehzahl auf diesen Arbeitsbereich von 1000-1100 U/min geregelt, so kann mit dem Synchronisieren aller Lufttrichter der beiden Dreifachvergaser aufeinander begonnen werden. Hierzu wird ein Luftdurchsatzmessgerät verwendet, das den Luftdurchsatz jedes Saugrohrs misst. Ziel dieser Arbeiten ist es, die Vergaser so einzustellen, dass durch jeden der sechs Lufttrichter exakt die gleiche Luftmenge angesaugt wird.

Beginnend mit Zylinder Nr. 1, der sich hinten links am Motor befindet, das Luftdurchsatzmessgerät oben auf dem Lufttrichter anordnen und senkrecht halten. Die Einstellscheibe am Messgerät drehen bis die kleine Anzeigekugel im Schauglas auf ca. die Hälfte des Bereichs ansteigt. So wird eine Kalibrierung des Luftdurchsatzmessgeräts für Zylinder Nr. 1 vorgenommen.

Und nun das Messgerät an einem der Lufttrichter der rechten Zylinderreihe ansetzen. Die Leerlaufeinstellschraube an der Stirnseite der Vergaser einstellen, bis die Kugel des Messgeräts ca. die selbe Höhe erreicht hat, wie an Zylinder Nr. 1. Die Leerlaufdrehzahl sollte von dem vorher eingestellten Niveau etwas ansteigen oder abfallen.

Beginnend mit Zylinder Nr. 1 die Leerlaufgemisch-Einstellschraube am Sockel der Vergaser einstellen. An jedem Weber-Vergaser sind 3 Gemischeinstellschrauben angeordnet, die mit einer Druckfeder belastet sind, um ein selbsttätiges Drehen zu verhindern. Diese Schraube hinein drehen, bis der Leerlauf abzufallen beginnt, dann die Schraube ca. 1/8 Umdrehung wieder heraus drehen, bzw. so weit, bis der Leerlauf wieder das vorherige Niveau erreicht hat. Alle 3 Gemischeinstellschrauben sollen im Zuge dieses Arbeitsgangs auf exakt den Punkt eingestellt werden, von dem an sie einen Einfluss auf den Leerlauf haben. Diesen Vorgang an jedem Zylinder beiderseits des Fahrzeugs wiederholen. Sind die Gemischeinstellschrauben zu weit hinein gedreht, so erhält der Motor zu wenig Luft. Das Ergebnis ist eine klar erkennbare Fehlzündung aus dem Auspuff. Nach Einstellen aller Gemischeinstellschrauben werden die Leerlaufeinstellschrauben an der Stirnseite beider Vergaser neu eingestellt, bis der Leerlauf wieder 1000-1100 U/min beträgt. Hierbei das Luftdurchsatzmessgerät verwenden, um sicher zu stellen, dass beide Zylinderreihen bei der betreffenden Leerlaufdrehzahl die selbe Luftmenge ansaugen.

Im nächsten Schritt mit dem Luftdurchsatzmessgerät die Luftmenge messen, die jeder Zylinder durch seinen Vergaserlufttrichter ansaugt. Hierbei beachten, welcher Zylinder die meiste Luftmenge ansaugt. Alle anderen Vergaserlufttrichter werden auf das Maß dieses Zylinders eingestellt. Am Sockel der Vergaser befinden sich jeweils 3 Luftkorrekturschrauben mit einer kleinen Sicherungsmutter. Die Luftkorrekturschraube so einstellen, dass jeder Zylinder gemäß Luftdurchsatzmessgerät dieselbe Luftmenge erhält, wie der zuvor gemessene Zylinder mit der größten Luftmenge. Das Einstellen der Vergaser unter Verwendung dieser Methode wird dem Motor einen stabilen Leerlauf bescheren und ihn sehr gleichmäßig laufen lassen. Sollte es aus irgend einem Grund nicht möglich sein, alle Zylinder auf den höchsten gemessenen Wert einzustellen, so ist der Zylinder mit dem höchsten Messwert zuerst auf einen Wert abzuregeln, auf den alle anderen Zylinder eingestellt werden können. Nach Einstellen aller Luftkorrekturschrauben die Leerlaufdrehzahl wieder in den Bereich zwischen 1000-1100 U/min regeln und mit dem Luftdurchsatzmessgerät überprüfen, dass beide Zylinderreihen aufeinander abgeglichen sind. Nachdem alle Zylinder nun eingestellt und synchronisiert wurden, kann eine Einstellung der Vergasergestänge erfolgen. Das Gestänge muss ein Öffnen jeder einzelnen Drosselklappe um den selben Anstellwinkel zur gleichen Zeit bewirken. Sowohl das linke als auch das rechte Vergasergestänge muss mit Durchdrücken des Gaspedals exakt den selben Stellweg aufweisen und aufeinander abgestimmt sein.

Alle Verbindungsgestänge und Kugelpfannen müssen fest sein und dürfen kein Spiel und keinen Schlag aufweisen. Weisen diese Kugelgelenke einen merklichen Verschleiß auf, so sollten sie erneuert werden. Sonst wird das Einstellen der Gestänge und das Abgleichen der Vergaser aufeinander so gut wie unmöglich. Zum Einstellen des Gestänges muss die Länge der Verbindungen durch Verdrehen der Kugelpfannen an den Enden der Hebel oder Stangen verändert werden. Das Gestänge hat 2 senkrechte Verbindungen, deren Länge regelt, wann die Drosselklappen geöffnet und geschlossen werden. Wenn ein Vergaser früher öffnet als ein anderer, so muss die Länge der betreffenden Verbindungsstange verringert werden, bis beide Vergaser gleichzeitig öffnen. Die senkrechten Verbindungsgestänge sind mit Links- und Rechtsgewinde versehen (wie auch an Spurstangen), so dass durch Drehen der eigentlichen Stange in beide Richtungen eine sehr genaue Einstellung erreicht werden kann. Nach Abschluss der Einstellarbeiten die Sicherungsmuttern an beiden Enden der Stange festziehen.

Zusätzlich zur Überprüfung sowohl des Leerlaufgemischs als auch der Einstellung des Gestänges muss die Einstellung der Beschleunigerpumpen geprüft werden. Diese Pumpen fördern mit Betätigung des Gaspedals zusätzlichen Kraftstoff in die Lufttrichter des Vergasers. Es gibt 2 Beschleunigerpumpen und diese befinden sich in der Mitte jedes Vergasers. Sie haben einen direkten Einfluss auf die Leistung des

1 Das Luftdurchsatzmessgerät für die Synchronisierung des Vergasers wird an jedem einzelnen Lufttrichter angesetzt. Das Messgerät muss an der Einlassöffnung bündig anliegen, damit keine Fehlmessung entsteht. Ist das Messgerät einmal auf einen bestimmten Zylinder eingestellt, so darf die Membraneinstellung nicht geändert werden, bis alle anderen Zylinder geprüft wurden. Bei laufendem Motor auf keinen Fall in die Vergaserlufttrichter hinein sehen. Ebenfalls auf das Löschen eines Motorbrands vorbereitet sein. Ein Zündungsrückschlag durch einen Vergaserlufttrichter kann den Betrachter ohne weiteres schwer im Gesicht verletzen.

2 Das Gestänge der Vergaser muss unbedingt richtig eingestellt werden. Die kleinen senkrechten Verbindungsstangen (siehe gelber Pfeil) zur Verbindung mit dem Gaspedalübertragungsgestänge und der einzelnen Drosselklappen des Vergasers müssen exakt eingestellt werden. Durch Betätigung des Gaspedals müssen alle 6 Drosselklappen gleichzeitig öffnen. Der weiße Pfeil weist auf die Leerlaufeinstellschrauben, die sich am Ende jedes Vergaser befinden.

Porsche 911, bis zu einer Geschwindigkeit von ca. 50 km/h. Über die Düse der Pumpe wird ein Kraftstoffstrahl mit Öffnung der Drosselklappe aus dem völlig geschlossenen Zustand heraus eingespritzt. Die Überprüfung der Beschleunigerpumpen gestaltet sich einfacher, wenn die Lufttrichter oben vom Vergaser abgebaut werden.

Zur Überprüfung der Einstellung der Beschleunigerpumpen einen kleinen Becher unter der Pumpendüse innerhalb des Lufteinlasskanals des Vergasers anordnen. Den kleinen Becher mit einem Stück Draht halten. Den Becher nicht in den Motor hinein fallen lassen! Die Drosselklappe zwei Mal vom vollständig geschlossenen Zustand aus öffnen und die im Becher befindliche Menge Kraftstoff messen. Für kalte Witterungsbedingungen wird werksseitig eine Kraftstoffmenge von 0,55-0,65 cm^3 Kraftstoff vorgegeben. Für wärmere Gefilde werden 0,40-0,50 cm^3 Kraftstoff vorgegeben. Die Länge des kleinen Verbindungsgestänges an der Beschleunigerpumpe des Vergasers ändern, um diese Menge zu vergrößern oder zu verkleinern.

Die Weber-Vergaser der früheren Baujahre haben keine Verstellmöglichkeit an den Beschleunigerpumpen. Eine fehlerhaft eingestellte Beschleunigerpumpe wird zu zögernder Gasannahme unter Beschleunigung führen.

Dieses Symptom tritt auch auf, wenn die Membran am Vergaser gerissen oder undicht ist. Sehr oft reißt diese Gummimembran an Porsche 911, die lange Jahre gestanden haben. Die Erneuerung der Membran im

3 Dieses Bild zeigt die Einstellpunkte der Weber-Vergaser klar und deutlich. Die weißen Pfeile weisen auf die Leerlaufeinstellschrauben. Grüne Pfeile weisen auf die Leerlaufgemisch-Einstellschrauben. Gelbe Pfeile zeigen auf die Luftkorrekturschrauben und der rote Pfeil weist auf die Einstellstange der Beschleunigerpumpe. Die blauen Pfeile zeigen auf den Einbauort der Leerlaufdüsen, die sauber gehalten werden müssen.

Rahmen einer routinemäßigen Generalüberholung kann dieses Problem beheben (siehe Projekt 26).

Nach Abschluss der Einstellarbeiten eine Probefahrt vornehmen und die Leistung des Motors überprüfen. Oft sind mehrere Versuche erforderlich, um die Vergaser ordnungsgemäß einzustellen und abzugleichen. Nach Abschluss des gesamten Vorgangs ist es sinnvoll, alle eingestellten Werte nochmals zu überprüfen. Zeigt es sich, dass die Vergaser nur schwer gegeneinander abgeglichen oder eingestellt werden können, so kann eine Generalüberholung der Vergaser erforderlich sein. Falschlufteintritt am Umfang der Dichtungen und verschlissene Drosselklappengehäuse machen eine Einstellung des Vergasers nahezu unmöglich. Reagiert ein Lufttrichter des Vergasers auf Änderungen an der Leerlaufgemisch-Einstellschraube nicht, so ist dies ein klares Anzeichen für verstopfte Leerlaufdüsen oder aber eine erforderliche Generalüberholung (siehe Projekt 26 für weitere Hinweise zur Generalüberholung von Weber-Vergasern).

Ein weiteres häufig auftretendes Problem an Vergasern ist die Verstopfung der Leerlaufdüsen. Eine derartige Verstopfung wird einen unrunden Motorlauf verursachen. Das Problem wird einfach durch Herausziehen der Düsen von der Oberseite des Vergasers und Reinigung mit etwas Vergaserreiniger und Druckluft behoben. Vor Beginn jeglicher Einstellarbeiten oder dem Versuch der Synchronisierung aller Vergaser sollten alle Düsen unbedingt auf Sauberkeit überprüft werden (siehe Projekt 26 für weitere Einzelheiten). Ablagerungen in den Leerlaufdüsen werden einen trägen Motorlauf verursachen, ähnlich einem Leistungsverlust in einem Zylinder.

Ein weiteres häufig auftretendes Problem an Weber-Vergasern besteht im bisweilen auftretenden Zündungsrückschlag durch die Einlasskanäle des Vergasers in das Luftfiltergehäuse hinein. Dieser Effekt wird im Regelfall durch einen Konstruktionsfehler an den Vergasern der Porsche 911 früheren Baudatums verursacht. Das „Zurückspucken" wird durch die zu kleine Abmessung der Leerlaufdüsen verursacht. Zum Beheben dieses Problems werden größere Leerlaufdüsen eingebaut. In früheren Tagen konnte die Düsenbestückung des Vergasers durch genaue Untersuchung der Zündkerzen überprüft werden. Auf Grund der Zusammensetzungen des heute verwendeten, bleifreien Benzins sind die Zündkerzenbilder heute jedoch nicht mehr so aufschlussreich wie früher. Da der heute verwendete, bleifreie Kraftstoff eine Vielzahl von Additiven enthält, werden die Zündkerzen bisweilen schwarz und rußig aussehen, obwohl der Motor ordnungsgemäß läuft.

Sauberer Kraftstoff ist insbesondere für ein gutes Funktionieren der Vergaser wichtig. Hier ist es sinnvoll, einen weiteren Kraftstofffilter unmittelbar vor dem Vergasereinlass anzuordnen, um jegliche Verunreinigung der Leerlaufdüsen zu verhindern. Im Gegensatz zu den Kraftstoffeinspritzanlagen, die mit hohen Kraftstoffdrücken arbeiten, werden die Vergaser nicht durch unter Druck stehenden Kraftstoff, der die kleinen Kanäle durchströmt, gereinigt. Ebenfalls ist es sehr wichtig, auf die Sauberkeit des Luftfilters zu achten.

Die Weber-Vergaser am Porsche 911 haben keinerlei Kaltstartvorrichtung. Bei kalter Witterung müssen die Beschleunigerpumpen an den Vergasern mehrmals mit dem Gaspedal betätigt werden, um so eine Überfettung des Startgemischs zu erreichen. Beim Starten eines warmen Fahrzeugs einfach das Pedal bis zum Boden durchdrücken, dort halten und die Zündung betätigen. Bei warm gefahrenem Fahrzeug das Gaspedal nicht mehrmals pumpen, da so eine Überfettung des Gemischs ein „Absaufen" des Motors verursacht werden würde. An Weber-Vergasern kocht der Kraftstoff bei warm gefahrenem Fahrzeug gerne über und strömt dann in flüssigem Zustand in die Verbrennungsräume, was definitiv zu einem „Absaufen" des Motors führt. Ein herunter gedrückt gehaltenes Gaspedal ist auf jeden Fall die korrekte Vorgehensweise, da die Möglichkeit besteht, dass sich im Verbrennungsraum bereits eine größere Menge Kraftstoff befindet. Mit Anspringen des Fahrzeugs einfach den Fuß vom Gaspedal nehmen und den Motor im Leerlauf laufen lassen.

Wenn nach Durchlaufen des gesamten Einstellvorgangs der Motor immer noch nicht ordnungsgemäß funktioniert, so können die Probleme durch andere Ursachen erzeugt werden. Wenn der Motor mechanisch nicht gut in Schuss ist und ein Verlust der Verdichtung auftritt, so kann dies zu Zündungsrückschlägen in die Vergaser führen. Eine Verstopfung der kleinen Kanäle innerhalb der Vergaser erfordert unter Umständen eine Generalüberholung des Vergasers. Wenn das Verstellen entweder der Leerlaufgemisch-Einstellschrauben oder der Luftkorrekturschrauben keinen Einfluss auf den Leerlauf des Motors hat, so ist eine Generalüberholung der Vergaser angeraten.

PROJEKT 28 • MECHANISCHE KRAFTSTOFFEINSPRITZUNG, FEHLERSUCHE UND EINSTELLARBEITEN

Zeit: Keine Vorgabe

Werkzeug: Spezialwerkzeuge zur Einstellung der mechanischen Kraftstoffeinspritzung

Talent: 🔧🔧🔧

Zutreffende Baujahre: 1969-1973

Erforderliche Teile: keine

Tipp: Alle Systeme ordnungsgemäß überprüfen

Zweck des Projekts: Erheblich mehr PS durch eine korrekte Einstellung der mechanischen Kraftstoffeinspritzung

Ergänzende Arbeitsgänge: Keine

Eine der kompliziertesten Gemischbildungsanlagen, die jemals am Kraftfahrzeug zur Anwendung kam, war die mechanische Kraftstoffeinspritzung von Bosch. Bei diesem System handelt es sich um einen Vorgänger der moderneren elektronisch gesteuerten Kraftstoffeinspritzanlage, der durch seine ausgeklügelte Konstruktion besticht. Das System arbeitet ähnlich wie die elektronischen Systeme der späteren Jahre, alle Steuerungselemente waren jedoch vollständig mechanisch ausgeführt. Deshalb sind an dieser komplizierten Anlage eine Menge Einstellarbeiten erforderlich. Leider gibt es zu diesem Thema nicht sehr viel Literatur. Dieses Projekt wird deshalb eine Übersicht über die mechanische Kraftstoffeinspritzung bieten und einige Hinweise zur Einstellung und Leistungssteigerung aufzeigen. Für weitere Informationen ist das Werkstatthandbuch von Porsche zu Rate zu ziehen.

Die mechanische Kraftstoffeinspritzung besteht aus 2 wesentlichen Teilen, der Einspritz- und Verteilerpumpe und den Drosselklappengehäusen. Die im Vorderwagen untergebrachte elektrische Kraftstoffförderpumpe, fördert unter Druck stehenden Kraftstoff an die Einspritz- und Verteilerpumpe. Diese Pumpe ist das Herzstück der Anlage und hier findet die Dosierung und Zuteilung des Kraftstoffs an jeden Zylinder statt. Die Pumpe selbst besteht aus 2 wesentlichen Teilen, der Kraftstoffpumpenbaugruppe und der Reglereinheit. In der Kraftstoffpumpenbaugruppe erfolgt die eigentliche Zuteilung von Kraftstoff an jeden einzelnen Zylinder, während die Reglereinheit die Dosierung der Kraftstoffzufuhr, gemäß Eingabe über das Gaspedal und Drehzahl des Motors, regelt. Eine präzise Koordinierung aller Eingabegrößen seitens des Motors ist erforderlich, um die Anlage ordnungsgemäß funktionieren zu lassen.

Bei dieser Bauart der Einspritzanlage handelt es sich im Prinzip um eine Dieseleinspritzung. An Dieselfahrzeugen ist der Zeitpunkt der Einspritzung des Kraftstoffs entscheidend, da er den Zündzeitpunkt des Gemischs bestimmt. Schließlich haben Dieselfahrzeuge keine separate Zündanlage. Im Jahre 1966 verwendete Porsche zum ersten Mal eine mechanische Kraftstoffeinspritzung am Porsche Carrera 906 mit 2,0-Liter-Motor und 225 PS. Dieser Motor wurde später im Porsche 911 R eingebaut. Der Vorteil der mechanischen Kraftstoffeinspritzung besteht in der Dosierung der Kraftstoffzufuhr in Abhängigkeit von der Motordrehzahl. Im Allgemeinen teilt das System den Kraftstoff an die Zylinder in einer präziseren und aggressiveren Art zu, als Vergaser das ermöglichen. Weil die Anlage als hermetisch abgeschlossenes System konstruiert wurde und der Kraftstoff zu keinem Zeitpunkt der Außenluft ausgesetzt ist, sind die Abgaswerte, was die Kraftstoffdampf-Emissionen betrifft, ebenfalls wesentlich besser als bei Vergasern. Selbst im Vergleich zu den elektronischen Kraftstoffeinspritzanlagen, die heute weite Verbreitung gefunden haben, hat die mechanische Kraftstoffeinspritzung einen sehr hohen Einspritzdruck. Der Kraftstoff wird unter sehr hohem Druck aus den Einspritzventilen in die Zylinder eingespritzt. Der Einspritzdruck beträgt zwischen 15 und 17,5 bar. Dieser hohe Druck fördert eine Zerstäubung des Kraftstoffs, was wiederum die gleichmäßige Mischung des Kraftstoffs in der Ansaugluft wesentlich begünstigt. Das Ergebnis ist eine wirtschaftlichere und vollständigere Verbrennung des Kraftstoffs.

Die Zweckbestimmung jeder Gemischbildungsanlage besteht im Bereitstellen des richtigen Gemischs von Luft und Kraftstoff an den Motor. Die mechanische Einspritzanlage verwendet hierzu eine Einspritzpumpe, in der die Kraftstoffmenge und der Einspritzzeitpunkt koordiniert werden. Die Lufttrichter und Drosselklappengehäuse oben an den Zylinderköpfen dienen der Regulierung des Luftstroms in die Zylinder. Um also ein ideales Mischungsverhältnis von Luft zu Kraftstoff zu erhalten, müssen diese beiden Anlagen sorgfältig aufeinander abgestimmt werden. Aufgrund der Komplexität können an der mechanischen Einspritzanlage viele Probleme auftreten, ist sie jedoch richtig eingestellt, so leistet sie beste Dienste.

Der für die Dosierung des Kraftstoffs zuständige Teil der Einspritzpumpe ähnelt entfernt dem Ventiltrieb des Motors. Im Innern der Pumpe dreht sich eine kleine Nockenwelle und drückt kleine Kolben nach unten. Diese Kolben wirken als Stößel und drücken den Kraftstoffs durch die Leitungen an jeden Zylinder. Mit Drehen des Motors wird die kleine Nockenwelle der Einspritzpumpe mitgedreht und drückt die kleinen Druckkolben nach oben und unten, zeitgleich mit dem Zünden jedes Zylinders. Eine exakte Koordinierung mit den Steuerzeiten des Motors ist erforderlich, um diesen Vorgang richtig ablaufen zu lassen. Ähnlich wie an der Zündanlage, an der der Zündfunke zum exakt richtigen Zeitpunkt erzeugt werden muss, ist es auch an der Einspritzpumpe erforderlich, den exakt richtigen Einspritzzeitpunkt zu gewährleisten. Erreicht der Kraftstoff den Kolben, so tritt er nach Verdichtung

1 Die drei wesentlichen Komponenten der mechanischen Kraftstoffeinspritzanlage sind die Einspritz- und Verteilerpumpe – oben links dargestellt, die Lufttrichter – oben rechts – und die Drosselklappengehäuse – unten rechts. Hier handelt es sich um eine jüngst generalüberholte Pumpe für einen 2,4-S-Motor. Der große, goldfarbene Blechtopf oben an der Pumpe ist der Höhenversteller, der niemals verwendet werden darf, um die Pumpe festzuhalten oder anzuheben. Der silberne Zylinder an der Rückseite der Pumpe ist das Abschaltmagnetventil. Der große schwarze Zylinder an der Rückseite der Pumpe ist der Thermostat, der wiederum an einen Schlauch angeschlossen ist, der warme Luft von den Wärmetauschern zuführt. Die Lufttrichter sind aus Kunststoff hergestellt und mit eingepressten Lagern versehen, an denen das Drosselklappengestänge angelenkt wird. Das hier dargestellte Drosselklappengehäuse ist mit neuen Drosselklappen und neu eingestellten Verbindungsgestängen versehen.

in der Pumpe an einer Einspritzdüse in den Zylinderköpfen aus. Diese Seite der Kraftstoffpumpe, die für die Dosierung des Kraftstoffs zuständig ist, wird mit vom Motor zugeführtem Motoröl geschmiert. Zwei oben am Motor austretende Ölleitungen stellen eine Ölzufuhr und einen Ölrücklauf für den internen Mechanismus der Pumpe her.

Zusätzlich zum Einspritzzeitpunkt des Kraftstoffs in Übereinstimmung mit der Motordrehzahl regelt die Einspritzpumpe auch die während jeder Einspritzung geförderte Kraftstoffmenge. Hierzu sind die Stößel mit einer am Umfang ansteigend entlang laufenden Nut versehen. Die Stößel können in ihren Bohrungen um ca. eine halbe Umdrehung verdreht werden. Mit Drehen des Stößels entlang der Nut wird die Kraftstoffmenge unterhalb desselben vergrößert oder verkleinert. Die Drehung der Stößel ist mit der Position der Drosselklappen verbunden. Je größer der Anstellwinkel der Drosselklappe, um so weiter werden die Stößel gedreht und um so mehr Kraftstoff wird eingespart.

Es erfolgt also die Auf- und Abbewegung der einzelnen Kolben zur Kraftstoffzuteilung innerhalb der Pumpe in Übereinstimmung mit der Motordrehzahl. Die Kraftstoffmenge wird durch Verdrehen der Kolben in Relation zur Drosselklappenposition, d.h. zur Stellung des Gaspedals, reguliert. Während diese lineare Verknüpfung der Eingabegrößen für die meisten Betriebsbedingungen exakt richtig ist, muss der Motor jedoch bei unterschiedlichen Motordrehzahlen und Lastzuständen mit einer von der linearen Zuteilung abweichenden Kraftstoffmenge versorgt werden. Im Reglergehäuse der Einspritzpumpe befindet sich ein Zentrifugalkraftregler, der im Zusammenhang mit der Position des Drosselklappenhebels, die in die Anlage geförderte Kraftstoffmenge reguliert. Zusätzlich kommt ein Höhenkompensator zur Anwendung, der Änderungen im Luftdruck mit Einfluss auf das Kraftstoff-/Luft-Gemisch kompensiert. Ein Warmlaufthermostat mit Verbindung zu den Wärmetauschern erkennt, wann das Fahrzeug ein stärker angefettetes Gemisch beim Kaltstart benötigt. Ein Abschaltmagnetventil reduziert die Kraftstoffzufuhr in die Einspritzanlage, während das Gaspedal losgelassen ist und das Fahrzeug sich im Schiebebetrieb befindet.

Auf Grund der präzisen Steuerung der internen Mechanismen der mechanischen Kraftstoffeinspritzpumpe mit der Steuerung des Motors muss jede Pumpe speziell an einen Motor angepasst werden. Das Umtauschen von Pumpen von einem Motor an einen anderen ist nicht sinnvoll und wird wahrscheinlich nie einen korrekten Motorlauf ermöglichen. Die Pumpe, die Verteiler und die Nockenwellen des Motors müssen satzweise auf die mechanische Einspritzanlage abgestimmt werden, um einen ordnungsgemäßen Lauf zu garantieren.

Auf einzigartige Weise kombiniert die mechanische Kraftstoffeinspritzpumpe mechanische Elemente der modernen Einspritzanlagen und der älteren Vergaseranlagen. Wie an Vergasern auch, kommt an der mechanischen Einspritzanlage ein Drosselklappengehäuse je Zylinder zur Anwendung, um den Luftstrom in jeden einzelnen Zylindern zu regulieren. Die Drosselklappen müssen also jeweils auf die Kraftstoffeinspritzpumpe eingestellt werden, um ein exakt richtiges Mischungsverhältnis von Luft zu Kraftstoff in der Einspritzanlage zu erzeugen. Wie an Vergaseranlagen auch, müssen die Verbindungsstangen der gesamten Anlage ordnungsgemäß zueinander ausgerichtet und synchronisiert werden. Bestehen an einer oder mehreren Drosselklappen Abweichungen, so wird der Motor nicht ordnungsgemäß laufen. Die Länge der Verbindungsstange zwischen Pumpenreglerhebel und Querwelle ist am wichtigsten. Die Länge dieser Stange muss exakt auf 114 +/- 0,2 mm von Kugelkopfmitte zu Kugelkopfmitte eingestellt werden, um eine ordnungsgemäße Funktion der Kraftstoffeinspritzanlage zu gewährleisten.

Es gibt einen ganzen Werkzeugsatz von Porsche-Spezialwerkzeugen zum Einstellen dieser Verbindungsstangen. Die Werkzeuge werden an den Stangen und den Drosselklappengehäusen angesetzt und ebenfalls an der Einspritzpumpe. Änderungen im Anstellwinkel der Drosselklappen müssen mit Änderungen im Winkel am Pumpenhebel übereinstimmen. Ohne diese Spezialwerkzeuge ist es nur sehr schwer möglich, diese Einstellungen genau zu messen.

Ebenfalls sehr wichtig ist die Einstellung der Luftkorrekturschrauben. Diese Schrauben dienen der Abgleichung der Luftmenge, die jedem Zylinder im Leerlauf zugeteilt wird. Zur Überprüfung dieser Werte wird ein Luftdurchsatzmessgerät, ähnlich dem zum Einstellen der Vergaser verwendeten (siehe Projekt 27), eingesetzt. Die Luftkorrekturschrauben schließen und dann an 2,0- und 2,2-Liter-Motoren um fünf halbe Umdrehungen bzw. um drei halbe Umdrehungen an 2,4-Liter-Motoren öffnen. Den Motor anlassen und auf Betriebstemperatur bringen. Durch Betätigung der Drosselklappen von Hand eine erhöhte Leerlaufdrehzahl von 3000 U/min vorgeben. Den Luftdurchsatz an jedem der Lufttrichter messen und den Durchschnitt aller Messwerte berechnen. Jetzt unter Verwendung der Luftkorrekturschrauben an den Drosselklappengehäusen jeden Zylinder auf diesen Durchschnittswert einstellen. Wenn die Schrauben weiter als 4 volle Umdrehungen heraus gedreht werden müssen, dann bestehen wahrscheinlich Kohleablagerungen innen an den Kanälen und die Drosselklappengehäuse müssen gereinigt werden.

Das Einstellen der Leerlaufdrehzahl erfolgt nicht an der Einspritzpumpe, sondern an den Luftkorrekturschrauben. Zum Ändern der Leerlaufdrehzahl jede der 6 Luftkorrekturschrauben auf eine gleichmäßige Anzahl von Umdrehungen heraus drehen. Die Schrauben einstellen, bis der Leerlauf ca. 900 +/- 50 U/min erreicht.

An der mechanischen Einspritzanlage befinden sich 2 verschiedene Gemischeinstellschrauben. Eine Schraube dient der Einstellung des Gemischs im Leerlauf, im Übergang und unteren Teillastbetrieb. An der anderen Schraube wird das Gemisch für höhere Drehzahlen unter Last justiert. Die Einstellung dieser Schrauben sollten nicht verändert werden, wenn kein CO-Messgerät zur exakten Messung der Anreicherung des Gemischs am Fahrzeug angeschlossen werden kann. Die Einstellung muss am betriebswarmen Fahrzeug durchgeführt werden, hingegen muss jedoch beim Verstellen jeglicher Schrauben der Motor ausgestellt sein. Anderenfalls könnte die Pumpe beschädigt werden.

Zum Einstellen des Leerlaufgemischs an der mechanischen Kraftstoffeinspritzanlage muss die kleine Einstellschraube an der Rückseite der Pumpe verstellt werden. Zum Drehen der Einstellschraube muss ein Verlängerungswerkzeug verwendet werden, um durch die Lüfterflügel des Gebläses hindurch reichen zu können. Die Einstellschraube ist federbelastet und muss zur Pumpe hin gedrückt werden, um in den Mechanismus zur Gemischregelung einzugreifen. Die Einstellschraube ist mit einem Rastenmechanismus versehen, so dass jede Veränderung der Einstellung durch Klicken feststellbar ist. Zum Anreichern des Gemischs die Schraube im Uhrzeigersinn drehen, zum Abmagern gegen den Uhrzeigersinn. Jeweils nur um 1-2 Klicks verstellen und nur bei Motorstillstand. Nach Änderung des Gemischs die Einstellung mit einem CO-Messgerät überprüfen und nur bei betriebswarmen Motor Messungen vornehmen. An 2,0-Liter-Motoren ist unter Umständen eine flexible Welle erforderlich, um Zugang zu der Gemischeinstellschraube zu erlangen.

Zum Einstellen des Gemischs im Teillastbereich und für höhere Drehzahlen muss die kleine Sechskantschraube an der Rückseite der Pumpe entfernt werden. Im Innern der Pumpe befindet sich eine weitere Sechskantschraube, die zum Einstellen des Gemischs gedreht wird. Die Schraube im Uhrzeigersinn drehen, um das Gemisch abzumagern und gegen den Uhrzeigersinn, um es anzureichern. Es handelt sich also um die jeweils umgekehrte Richtung im Vergleich zu der anderen Gemischeinstellschraube. An 2,0-Liter-Motoren muss der Hebel des Anlassermagnetschalters an der Pumpe gelöst werden, um Zugang zu der Schraube zu erlangen.

Grundsätzlich muss beim Einstellen des Gemischs genau notiert werden, an welchem Punkt die Einstellarbeiten begonnen wurden, um im Zweifelsfall in der Lage zu sein, das Fahrzeug wieder in seinen ursprünglichen Zustand zurück zu versetzen, um von dort die Einstellarbeiten erneut zu beginnen. Wird unfachmännisch verstellt, ohne genaue Kenntnisse über den Anfangspunkt der Einstellarbeiten zu haben, so kann das Gleichgewicht der mechanischen Einspritzanlage schwerwiegend gestört werden und einen mangelhaften Motorlauf bewirken.

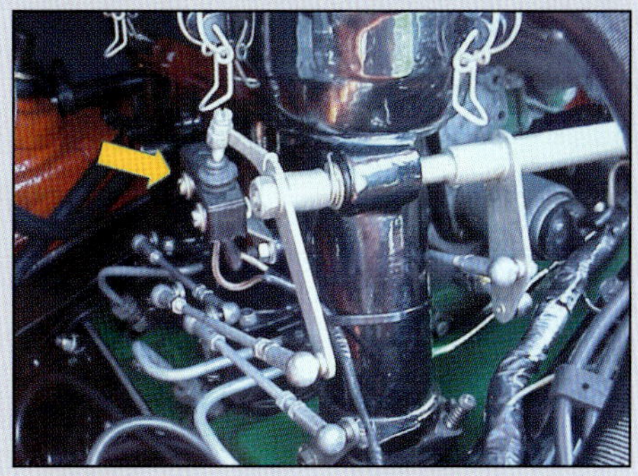

2 Im eingebauten Zustand am Porsche 911 werden die Drosselklappengehäuse und Lufttrichter direkt auf den Zylinderköpfen angeordnet. Das Bild gibt einen Eindruck der Komplexität des Drosselklappengestänges. Jede dieser Stangen muss exakt gemessen und eingestellt werden, anderenfalls wird das Gemisch für einen oder mehrere Zylinder verzerrt. Ebenfalls gut sichtbar ist der Mikroschalter, der bei vollständiger Freigabe des Gaspedals und somit Schließen aller Drosselklappen die Stromzufuhr zum Abschaltmagnetventil herstellt (siehe Pfeil). Über diesen Schalter und das dadurch betätigte Abschaltmagnetventil wird ein Zuteilen von überschüssigem Kraftstoff in die Zylinder bei geschlossenen Drosselklappen verhindert. Denn dann kann sich der Kraftstoff nicht mit Luft vermischen und auch nicht verbrannt werden. Die Einspritzdüsen der mechanischen Einspritzanlage werden direkt in die Zylinderköpfe eingeschraubt, weshalb die Zylinderköpfe an derartigen Motoren anders ausgeführt sind als üblich.

Beim Anbau der Pumpe am Motor sind einige Dinge zu beachten. Zum einen sollte die Pumpe immer von unten angefasst werden. Die oben an der Pumpe befindliche, messingfarbene Blechdose, die zum Festhalten geradezu einlädt, ist der Höhenversteller. Wird die Pumpe an diesem Höhenversteller angefasst, so kann dieser schwer beschädigt werden.

Ist die Pumpe einmal am Motor angebaut, so muss der Zahnriemen exakt eingestellt werden, um einen synchronen Lauf der Pumpe zur Kurbelwelle zu gewährleisten. An der Nabe des Zahnriemenrads der mechanischen Einspritzpumpe befindet sich eine Markierung. Diese Markierung muss zu der kleinen Kerbe am Pumpengehäuse ausgerichtet werden. Dann den Motor auf OT Zylinder Nr.1 einstellen (siehe Projekt 17 für weitere Einzelheiten zu diesem Vorgang). Dann den Motor 360 Grad drehen. Der Motor sollte nun bei Zylinder Nr. 4 auf OT stehen. Dann den Motor drehen, bis die Markierung FE an der Kurbelwellenriemenscheibe zur Markierung unten am Gebläsegehäuse ausgerichtet ist. Zu diesem Zeitpunkt den Zahnriemen anbauen. Die Pumpe sollte nun zum Motor eingestellt sein.

Wo liegen also die Problemzonen der mechanischen Kraftstoffeinspritzung?

Einige Problembereiche wurden im Laufe der vergangenen dreißig Jahre isoliert. Oft erzeugen die mechanischen Einspritzanlagen ein zu fettes Gemisch. Eine Ursache dieses Problems ist der Heizungsschlauch, wenn er am Thermostat an der Rückseite nicht richtig angeschlossen ist. Dieser Schlauch ist mit den Wärmetauschern verbunden und erwärmt das Element im Innern der Pumpe, um eine Abmagerung des Gemischs mit Anwärmen des Motors zu erreichen. Bei Kaltstart wird das Gemisch angefettet, um ein Starten und den Warmlauf zu erleichtern. Ist der Schlauch abgeklemmt oder beschädigt, so wird das Dehnelement in der Pumpe überhaupt nicht erwärmt und die Pumpe fördert dauernd ein zu fettes Gemisch, d.h. ein Kaltstartgemisch! Unbedingt sicher stellen, dass der Schlauch fest angeschlossen

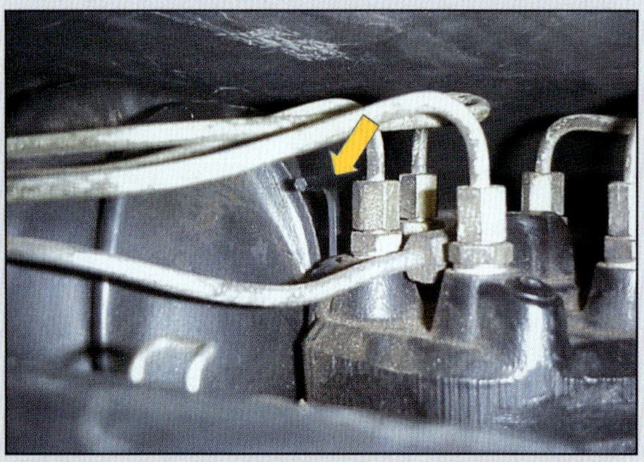

2 Das Gemisch wird durch Einsetzen des Einstellwerkzeuges zwischen Kraftstoffverteiler und großem Gummischlauch erreicht (siehe Pfeil). Die Schraube ist mit einem Rastenmechanismus versehen, so dass beim Drehen der Schraube Klickgeräusche zu bemerken sind. Zum Anreichern des Gemischs die Schraube im Uhrzeigersinn drehen, zum Abmagern gegen den Uhrzeigersinn. Die Abgaswerte während der Einstellung mit einem CO-Messgerät überwachen, um sicher zu stellen, dass die Einstellung im erforderlichen Bereich erfolgt.

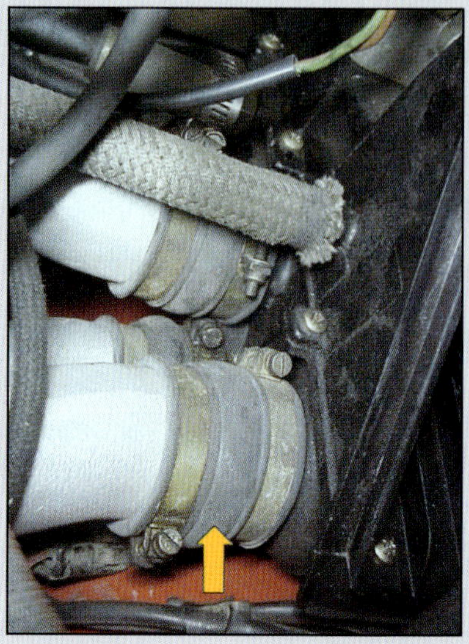

3 Die Schläuche am Ansaugkrümmer (siehe Pfeil) sind oft die Ursache für Falschlufteintritt. Zum Aufspüren von Falschluft wird ein entsprechendes Lecksuchspray verwendet. Die defekten Schläuche müssen dann erneuert werden. Bedauerlicherweise muss hierfür die gesamte Kraftstoffeinspritzanlage von der Oberseite des Motors abgebaut werden, eine Arbeit die sich insbesondere auf Grund der beengten Platzverhältnisse im Motorraum nicht einfach gestaltet. Eine weitere Ursache für Falschlufteintritt sind die Dichtringe an den Einspritzventilen und die Kunststoffeinsätze, die am Sockel der Ansaugkrümmer eingesetzt sind. Diese überprüfen und erneuern, wenn Falschluft nahe dem Sockel der Ansaugkrümmer festgestellt wird.

Fehlersuche

Welche Probleme können also an der K-Jetronic auftreten? Trotz der bekannten Zuverlässigkeit der K-Jetronic gibt es deren genug. So sind Warmstart- und Kaltstartprobleme häufig anzutreffen, ebenfalls Zündungsrückschlag und Leistungsmangel beim Warmfahren. An Porsche 911 früheren Baudatums, arbeitete die K-Jetronic grundsätzlich nicht ordnungsgemäß, bevor der Wagen warm gefahren war. Eine „Starterklappe" wurde serienmäßig vorgesehen, um ein leichteres Anlassen und Warmfahren zu ermöglichen. An Fahrzeugen mit K-Jetronic späteren Baudatums wurde ein Zusatzluftschieber eingebaut, der elektrisch betätigt wird und die Starterklappe überflüssig machte.

Eines der häufigsten Probleme an Fahrzeugen mit K-Jetronic, die in die Jahre gekommen sind, ist das Auftreten von Falschluft. Die gesamte Anlage benötigt exakte Unterdruckwerte, um richtig zu funktionieren. Jeder Falschlufteintritt wird Probleme bei der Regelung des Gemischs verursachen und ebenfalls einen ungleichmäßigen Motorlauf erzeugen. Zum Aufspüren von Falschlufteintritt wird ein Lecksuchspray verwendet, das an den Schläuchen und Einspritzventilen der Einspritzanlage aufgesprüht wird. Steigt die Leerlaufdrehzahl des Motors an, so handelt es sich wahrscheinlich um einen Falschlufteintritt, der eingegrenzt und behoben werden muss. Bei diesen Arbeiten einen Feuerlöscher bereit halten, da zum Beispiel ein einfacher Funkenüberschlag von den Zündkabeln das Lecksuchspray entflammen kann.

Eine weitere häufige Problemzone ist der Warmlaufregler oder Druckregler. Entgegen landläufiger Meinung regelt der Warmlaufregler den Kraftstoffdruck der Anlage auch nach Erreichen der Betriebstemperatur. Fahrzeuge, bei denen das Einstellen des Gemischs schwierig ist, können Probleme am Warmlaufregler haben. Ein Betriebsversagen des Warmlaufreglers kann die Startprobleme wesentlich verstärken.

Um richtig zu funktionieren, benötigt die K-Jetronic den richtigen Kraftstoffdruck. Deshalb müssen die Kraftstoffpumpe und der Kraftstoffdruckspeicher ordnungsgemäß funktionieren. Zur Überprüfung der ordnungsgemäßen Funktion der Kraftstoffförderpumpe ein entsprechendes Benzindruckmanometer verwenden, das für die auftretenden Kraftstoffdrücke ausgelegt ist. Die Überprüfung erfolgt bei stehendem Motor durch Einschalten der Zündung, wodurch die Kraftstoffpumpe in Betrieb genommen wird. Die Druckmessungen müssen zu bestimmten Zeitpunkten und bei unterschiedlichen Motortemperaturen vorgenommen werden. Für weitere Einzelheiten zu diesen Arbeiten siehe die einschlägige Werksliteratur für den Porsche 911 des betreffenden Baujahres. Ebenfalls sicher stellen, dass der Kraftstoffdruckspeicher (Projekt 5) und das Rückschlagventil an der Kraftstoffpumpe ordnungsgemäß funktionieren. An einigen Fahrzeug mit K-Jetronic wird ein sägender Motorlauf im Leerlauf auftreten. Dies wird oft durch eine falsche Gemischeinstellung verursacht. Das Gemisch mit einem CO-Messgerät erneut prüfen und sicher stellen, dass es im richtigen Bereich liegt.

An K-Jetronic-Fahrzeugen sind Warmstartprobleme recht häufig und können durch eine defekten Kraftstoffdruckspeicher (Projekt 5) oder ein defektes Rückschlagventil in der Kraftstoffpumpe (siehe Projekt 31) verursacht werden. Kaltstartprobleme haben oft mit dem Thermozeitschalter oder mit dem Warmlaufregler zu tun.

PROJEKT 30 • EINBAU EINES ZÜNDUNGSRÜCKSCHLAGVENTILS

Zeit: 4 Stunden

Werkzeug: 5-cm-Lochkreissäge, Staubsauger, elektrische Bohrmaschine

Talent:

Zutreffende Baujahre: 1973-1983

Erforderliche Teile: keine

Tipp: Die im Teilesatz enthaltene Schablone verwenden, um die Anordnung des Zündungsrückschlagventils festzulegen

Zweck des Projekts: Schutz des Luftansaugkastens vor explosionsartigen Zündungsrückschlägen

Ergänzende Arbeitsgänge: Erneuern des Luftfilters

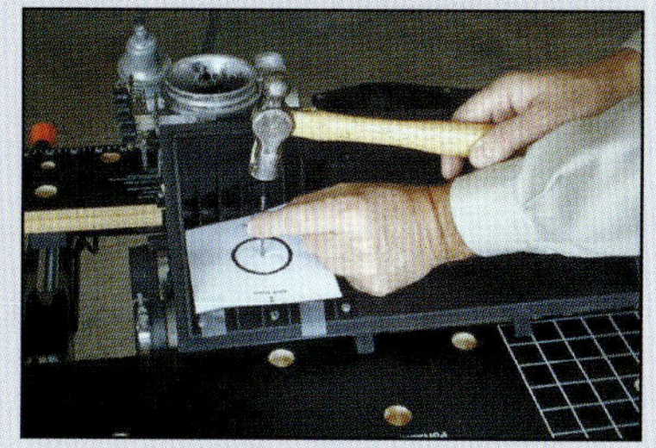

1 Die Schablone auf dem Luftansaugkasten anordnen und ein Führungsloch mit einem Nagel und einem Hammer durchschlagen. Hierbei nicht zu viel Kraft aufwenden, da sonst das Kunststoffgehäuse einreißen könnte. Auf diesem Bild wird der Arbeitsgang der besseren Darstellung halber an einem Luftansaugkasten dargestellt, der aus dem Fahrzeug ausgebaut wurde. Es ist jedoch weder erforderlich noch angeraten, den Luftansaugkasten für diesen Arbeitsgang auszubauen.

2 Eine Führungsbohrung mit einer kleinen Bohrmaschine bohren und dann die Lochkreissäge ansetzen. Der Bohrer muss absolut senkrecht gehalten werden. Die Zugänglichkeit kann bei Arbeiten im Motorraum zu wünschen übrig lassen. Eine rechtwinklig arbeitende Druckluftbohrmaschine ist hier besonders geeignet. Das Zündungsrückschlagventil vor Anmischen des Epoxidharzklebers probeweise einbauen. Der Epoxidharzkleber muss entlang des gesamten Umfangs des Ventils aufgetragen werden, denn hier darf keine Luft eintreten.

Im Jahre 1973 führte Porsche eine neue Bauart der Kraftstoffeinspritzanlage für den Porsche 911 T ein. Diese K-Jetronic-Anlage wird unterdruckgesteuert und hängt sehr stark von einer hundertprozentigen Abdichtung gegen Falschlufteintritt ab, um die Kraftstoffzugabe an die einzelnen Zylinder exakt zu dosieren und zu verteilen. Tritt an der K-Jetronic ein Falschlufteintritt auf, so werden Probleme mit der Leerlaufstabilität und andere allgemeine Probleme mit der Motorleistung auftreten. Siehe Projekt 29 für weitere Informationen zur Fehlersuche an der K-Jetronic.

Ein Problem mit der Abdichtung des Ansaugsystems besteht an der K-Jetronic darin, dass aufgrund einer Fehlzündung zurück schlagende Luft nirgendwo kontrolliert abgelassen werden kann. An Fahrzeugen mit K-Jetronic treten Zündungsrückschläge recht häufig auf, insbesondere an früheren Baujahren beim Kaltstart. Ein starker Zündungsrückschlag kann genug unter hohem Druck stehende Luft durch den Ansaugkrümmer befördern, dass der schwarze Luftansaugkasten aus Kunststoff der K-Jetronic quasi explodiert. Dieser Luftansaugkasten befindet sich oben auf dem Motor im Motorraum. Ein Original-Ersatzteil für den Luftansaugkasten von Porsche kostet mehrere hundert Euro und gute Gebrauchtteile sind schwer aufzutreiben. Selbst wenn die Einwirkung eines Zündungsrückschlags den Luftansaugkasten nicht vollends zerstört, so wird die hier und da auftretende Fehlzündung doch die Dichtungen schwächen und so die Wahrscheinlichkeit eines Falschlufteintritts erhöhen.

Der Einbau eines Zündungsrückschlagventils ist denkbar einfach. Es wird einfach mit einer Lochkreissäge ein ca. 5 cm im Durchmesser messendes Loch in den Boden des Luftansaugkastens gebohrt, um dann das Ventil aus dem Teilesatz mit Epoxidharzkleber einzukleben. Zuerst wird das Luftfiltergehäuse abgebaut, um Zugang zur Innenseite des Luftansaugkastens zu erlangen. Unter Verwendung der im Teilesatz enthaltenen Schablone, die Einbaulage der Aussparung für das Zündungsrückschlagventil bestimmen. Vor Verwendung der Lochkreissäge wird üblicherweise eine kleine Zentrierbohrung in der Mitte vorgesehen. Die Bohrung muss exakt im rechten Winkel zum Boden des Luftansaugkastens gebohrt werden und macht die allgemeine Anordnung wesentlich exakter. Die Verstärkungsstege am Boden des Luftansaugkastens können beim Bohren mit der Lochkreissäge Probleme machen. Hier langsam vorgehen und Schritt für Schritt mit der Lochkreissäge nach unten bohren. Bei Platzproblemen kann eine rechtwinklig arbeitende Druckluftbohrmaschine verwendet werden.

Nach Anfertigung der Bohrung mit dem Staubsauger sämtliche Kunststoffspäne aus dem Luftansaugkasten heraus saugen. Das Zündungsrückschlagventil in der Aussparung einsetzen und die Kanten entsprechend abfeilen, so dass das Zündungsrückschlagventil bündig mit dem Boden des Luftansaugkastens liegt.

Bevor das Ventil mit Epoxidharzkleber eingeklebt wird, sind beide Kanten der Aussparung und des Ventils mit etwas Spiritus zu reinigen, um sämtliche Öl- oder Benzinrückstände zu entfernen. Den vermischten Epoxidharzkleber reichlich am Ventil auftragen und nur geringfügig entlang der Kanten der Aussparung. Das Ventil im Kasten einbauen, etwas drehen, um sicher zu stellen, dass der Kleber an allen Oberflächen anliegt. Es ist wichtig, hier eine luftdichte Verbindung herzustellen. Das Ventil mit dem Scharnier parallel und nahe zum Heck des Fahrzeugs ausgerichtet einbauen. Den Epoxidharzkleber vor Anlassen des Motors mindestens 24 Stunden lang trocknen lassen. Nun sollte die K-Jetronic ausreichend vor Zündungsrückschlägen geschützt sein.

PROJEKT 31 • ERNEUERN DER KRAFTSTOFFPUMPE

Zeit: 3 Stunden

Werkzeug: Steckschlüsselsatz

Talent:

Zutreffende Baujahre: alle

Erforderliche Teile: Kraftstoffpumpe und neue Kraftstoffleitungen

Tipp: Vor Beginn der Arbeiten den Tank so weit wie möglich entleeren, bzw. leer fahren

Zweck des Projekts: Bessere Funktion der Kraftstoffeinspritzanlage, ruhiger laufende Pumpe, weniger Startprobleme

Ergänzende Arbeitsgänge: Kraftstoffleitungen erneuern

Einige der häufiger auftretenden Probleme an der Kraftstoffeinspritzanlage lassen sich auf eine defekte oder nicht arbeitende Kraftstoffpumpe zurück führen. Wenn die Pumpe beim Betrieb Geräusche von sich gibt oder laut arbeitet oder der im Motorraum ankommende Kraftstoffdruck unter der Toleranzgrenze liegt, die für eine ordnungsgemäße Funktion der Einspritzanlage erforderlich ist, so ist es wahrscheinlich Zeit, die Pumpe zu erneuern.

Die Kraftstoffpumpe des Porsche 911 ist nicht ein so einfach aufgebautes Bauteil, wie vom äußeren Erscheinungsbild her anzunehmen ist. Die Pumpe läuft nass im Kraftstoff, der als Kühlmittel und als Schmiermittel für die gesamte Baugruppe fungiert. Deshalb muss die Pumpe bei vollständigem Leerfahren des Tanks sofort abgeschaltet werden, da sie sonst im Innern Schaden nimmt. Wenige Dinge sind schlimmer als eine defekte oder fehlerhaft arbeitende Pumpe, die das Fahrzeug am Straßenrand liegen bleiben lässt.

Die üblichen Probleme mit der Kraftstoffpumpe können bisweilen im Voraus behoben werden. Eine laut arbeitende Pumpe, bzw. eine laute, Klickgeräusche erzeugende Pumpe, weist auf verschlissene Lager im Innern der Pumpe hin, so dass diese Pumpe erneuert werden sollte. Wenn die Pumpe nach dem Ausschalten der Zündung sogar noch weitere Geräusche erzeugt, so können die internen Rückschlagventile der Pumpe erste Anzeichen von Betriebsversagen von sich geben. Die Pumpe könnte festfressen oder der Druck in der Pumpe könnte abfallen. Wie dem auch sei, das Fahrzeug wird nicht mit seiner vollen Leistung fahren. Ein weiteres Symptom des Betriebsversagens ist eine festklemmende Pumpe, die erst dann wieder anspringt, nachdem die Zündung einige Male ein- und ausgeschaltet wurde. Dies ist ein klares Zeichen dafür, dass man ihre 9 Leben so gut wie verbraucht hat und dass die Pumpe sofort erneuert werden muss. Die elektrischen Anschlüsse an der Pumpe prüfen, bevor diese erneuert wird, um sicher zu gehen, dass es sich nicht um ein Problem mit der Elektrik handelt.

Vor dem Ausbauen und Erneuern der Kraftstoffpumpe versuchen, soviel Kraftstoff aus dem Tank heraus zu befördern, wie möglich. Unbedingt sofort die Zündung ausschalten, nachdem der Kraftstoff leergefahren wurde, da sonst die Kraftstoffpumpe durchbrennen könnte. Sofern unzweifelhaft klar ist, dass die Pumpe erneuert werden soll, macht das natürlich keinen Unterschied. Einfach das Fahrzeug durch die Gegend fahren, bis die Reserveleuchte der Kraftstoffstandanzeige aufleuchtet. Je niedriger der Kraftstoffstand im Tank, um so geringer wird der Druck auf den Schläuchen sein und um so wahrscheinlicher ist es, den Kraftstoffzufuhrschlauch vor dem Trennen erfolgreich abklemmen zu können. Diese Arbeiten müssen in einem sehr gut belüfteten Bereich durchgeführt werden, der keinerlei Zündquellen aufweisen darf, so zum Beispiel die Zündflamme in Gas- oder Wasserboilern, Elektrokabel oder heiße Lampen. Ebenfalls darf diese Arbeit nicht über einer Grube durchgeführt werden, da sich die schweren Kraftstoffdämpfe unten in der Grube absetzen können und dort ein zündfähiges Gemisch bilden. Ist zusätzliche Beleuchtung erforderlich, so sollte hierfür eine kühle Neonleuchte verwendet werden, die jedoch trotzdem weit weg von der Pumpe angeordnet werden muss. Beim Erneuern der Pumpe wird unweigerlich Kraftstoff austreten. Dieser darf nirgendwo in die Nähe der Lampe geraten. Ebenfalls bei diesen Arbeiten Handschuhe tragen, da Benzin und dessen Bestandteile als krebserregend bekannt sind und leicht über die Haut aufgenommen werden. Vor Beginn der Arbeiten an der Pumpe das Batteriemassekabel abklemmen. Nichts wäre schlimmer, als ein versehentliches Einschalten der Pumpe, während gerade daran gearbeitet wird. Ebenfalls ist es sinnvoll, einen Feuerlöscher bereit zu halten.

Eine weitere Möglichkeit zum Entleeren des Tanks besteht im Anschließen eines Schlauchs an der Kraftstoffleitung im Motorraum. Hierfür ist jedoch ein spezielles Anschlussstück erforderlich, das entweder an der Kraftstoffpumpe oder am Druckspeicher angebracht wird. Das Anschlussstück unten an der Kraftstoffpumpe bzw. am Druckspeicher anbauen und die Leitung in den Benzintank eines anderen Fahrzeugs legen. Dann die Zündung einschalten, um so mit der noch eingebauten Kraftstoffpumpe allen vorhandenen Kraftstoff direkt in den Tank des anderen Fahrzeugs zu befördern.

1 Die Kraftstoffpumpe befindet sich vorne am Unterboden des Fahrzeugs. Zugang zur Pumpe und den dahin führenden Leitungen wird durch Entfernen dieser Unterbodenabdeckung erreicht. Arbeiten an der Pumpe nur in einem gut belüfteten Bereich durchführen und vorher soviel Kraftstoff wie möglich aus dem Tank leer fahren oder ablassen. Handschuhe und Schutzbrille tragen, während an der Kraftstoffpumpe gearbeitet wird. Bei Arbeiten mit Benzin treten immer wieder unvorhergesehene Probleme auf und möglicherweise ist die Anlage noch an anderen Stellen undicht, als erwartet. Hier vorausschauend handeln und den ungünstigsten Fall als gegeben annehmen und sich auf diesen vorbereiten. Immer einen Feuerlöscher bereit halten.

Die Unterbodenabdeckung unter dem Fahrzeug schützt die Kraftstoffpumpe. Den Vorderwagen aufbocken (Siehe Projekt 1) und diese Unterbodenabdeckung entfernen. Die Pumpe ist dann frei zugänglich. An einigen der ganz zu Anfang gebauten Porsche 911 wurde an Stelle der elektrischen Pumpe eine mechanische Pumpe, ähnlich der am 356 und am 912 verwendeten, eingebaut. Diese Pumpe befand sich im Motorraum und wurde mechanisch über den Ventiltrieb angetrieben. Da diese Pumpe am Porsche 911 sehr selten ist, wird sie in diesem Projekt nicht behandelt.

Nachdem Zugang zu der Kraftstoffpumpe erlangt wurde, müssen die Leitungen zugeklemmt werden. Hierfür gibt es einige unterschiedliche Methoden, die einfachste besteht jedoch im Festklemmen über eine Gripzange, an einer Stelle, die mir dickem Isolierband umwickelt wurde, damit die Backen der Zange den Gummischlauch nicht beschädigen. Ebenfalls sicher stellen, dass die Leitung selbst sorgfältig untersucht wird, um jegliche Schäden oder Rissbildung daran feststellen zu können. Bei jeglichem Zweifel ob des Zustands der Schlauchleitung, ist diese zu erneuern, nachdem der Kraftstofftank vollständig entleert wurde. Ebenfalls ist es sinnvoll, mehr als eine Gripzange an der Leitung anzuklemmen, um so den Kraftstoffdurchfluss so weit wie möglich zu blockieren. Um es wieder zu betonen, je mehr der Tank entleert wird, um so geringer der Restkraftstoffdruck in der Leitung und um so wirksamer das Festklemmen mit den Gripzangen.

Nachdem die Leitungen ordnungsgemäß zugeklemmt sind, werden die Schläuche beiderseits der Pumpe gelöst und abgenommen. Die Schläuche sind mit einfachen, kleinen Schlauchschellen befestigt. Auch hier wiederum die Kraftstoffleitung auf Rissbildung und andere Alterungserscheinungen überprüfen. Nun die elektrischen Verbindungen an der Pumpe abklemmen. Letztendlich wird die große Schelle zur Befestigung der Pumpe am Unterboden gelöst. Die Pumpe lässt sich dann leicht seitwärts heraus ziehen.

Ein Einbau der neuen Pumpe erfolgt problemlos und im Prinzip in umgekehrter Reihenfolge des Ausbauens. Hier ist sicher zu stellen dass die Gummiisolierstücke die elektrischen Anschlüsse der Pumpe vollständig abdecken. Sind diese gerissen oder verschlissen, so müssen Sie erneuert werden. Schließlich sind die elektrischen Anschlüsse am Fahrzeugunterboden der Witterung voll ausgesetzt. Nachdem die Pumpe vollständig wieder eingebaut wurde und die Schläuche angeschlossen und festgeklemmt wurden, die Gripzangen langsam lösen und die Leitungen auf Undichtigkeiten prüfen. Insbesondere den Bereich prüfen, an dem die Gripzangen verwendet wurden, um sicher zu stellen, dass hierdurch keine weitere Beschädigung der Schlauchleitung erfolgte.

Das Fahrzeug vor Anbauen des Unterbodens einer Probefahrt unterziehen. Etwas Benzin im Tank auffüllen und wiederum auf Undichtigkeiten unter dem Tank achten. Erst nachdem fest steht, dass alle Schläuche dicht sind, sollte die Unterbodenabdeckung wieder angebaut werden.

PROJEKT 32 • FEHLERSUCHE UND ERNEUERUNG DER LAMBDASONDE

Zeit: 30 Minuten

Werkzeug: Schraubenschlüssel

Talent:

Zutreffende Baujahre: 1980-heute

Erforderliche Teile: Neue Lambdasonde

Tipp: Die am Motorblech ansitzende Manschette wird an neuen Originalteilen von Lambdasonden mitgeliefert

Zweck des Projekts: Exaktere Gemischbildung und bessere Motorleistung

Ergänzende Arbeitsgänge: Erneuern des Katalysators

Die Lambdasonde ist eines der wichtigsten Bauteile moderner Kraftstoffeinspritzanlagen. Ein exakt abgestimmtes Gemischbildungssystem mit Lambdasonde kann das Mischungsverhältnis von Luft zu Kraftstoff innerhalb enger Toleranzen von 0,02 % einhalten. Indem der Motor so nahe wie möglich mit diesem stöchiometrischen Gemisch gefahren wird (14,7 Teile Luft zu einem Teil Kraftstoff), kann der Motor die maximale Leistung bei einem Mindestmaß an Abgasemissionen erzeugen.

Die Lambdasonde befindet sich im Abgassystem des Motors und misst den Sauerstoffgehalt der Abgase. Der Sauerstoffgehalt im Abgas schwankt je nach Gemischzusammensetzung, wie in der Gemischbildungsanlage erzeugt. Die Lambdasonde erzeugt ein kleines Spannungssignal, das vom elektronischen Steuergerät der Gemischbildungsanlage interpretiert wird. Aufgrund dieser Signaleingabe nimmt das Steuergerät ständig gemäß dem von der Lambdasonde erzeugten Signal Anpassungen der Kraftstoffdosierung vor, um so das optimale Mischungsverhältnis von Luft zu Kraftstoff einzuhalten.

Das Betriebsversagen einer Lambdasonde ist an bestimmten Merkmalen klar erkennbar. Vorher muss jedoch eine Eingrenzung des Problems im Rahmen aller anderen Bauteile der Gemischbildungsanlage vorgenommen werden, um diese als Fehlerquellen auszuschließen. Einige der Symptome einer defekten Lambdasonde sind:

- Unregelmäßiger Leerlauf während des Warmfahrens

1 Die Lambdasonde befindet sich oben am Katalysator. Sie misst den Sauerstoffgehalt im Abgas, bevor dieses in den Katalysator der Auspuffanlage eintritt. Die Lambdasonde ist das Kernstück des so genannten geschlossenen Regelkreises der Gemischbildungsanlage, in dem die dem Motor zudosierte Kraftstoffmenge in Abhängigkeit des gemessenen Anreicherungsgrades des Gemischs verändert wird. Der Prüfanschluss, unmittelbar darunter befindlich, ermöglicht das Messen der Abgaswerte vor Eintreten der Abgase in den Katalysator. Der dargestellte Katalysator ist kein Porsche-Originalteil, sondern ein von unabhängigen Anbietern zu beschaffendes Nachrüstteil.

- Unregelmäßiger Leerlauf bei betriebswarmen Motor
- Motor nimmt kein Gas an und schlägt bei Zündaussetzern zurück
- Mangelhafte Motorleistung
- Zu hoher Kraftstoffverbrauch
- Fahrleistungen zu niedrig
- CO-Gehalt im Leerlauf ist zu hoch oder zu niedrig

Grundsätzlich lässt sich sagen, dass eine nicht funktionierende Lambdasonde das Fahrzeug nur mangelhaft laufen lassen wird. Außerdem werden dabei eine Menge schädlicher und stechend riechender Emissionen erzeugt. Wird die Lambdasonde abgeklemmt und am Rahmen an Masse geschlossen, so wird das Motorsteuergerät dies als ein Signal eines wesentlich zu mageren Gemischs interpretieren und versuchen, das Gemisch anzureichern. Beim anderen Extrem, wenn die Lambdasonde abgeklemmt wird und eine kleine Batterie mit 1,5 Volt Spannung in der Leitung angeschlossen wird, so wird das Motorsteuergerät dies als ein Signal eines wesentlich zu fetten Gemischs interpretieren und versuchen, das Gemisch abzumagern.

Selbstverständlich sprengt die Fehlersuche an der gesamten Gemischbildungsanlage den Rahmen dieses Projektes. Wird die Lambdasonde als Ursache einiger Probleme in der Gemischbildungsanlage in Verdacht gezogen, so sollte sie routinemäßig erneuert werden. Dies sollte im Regelfall jeweils nach 50.000 km Fahrleistung erfolgen. Die Lambdasonde befindet sich links am Fahrzeug, unmittelbar vor dem Katalysator. Durch Abbauen des linken Hinterrades wird der Zugang wesentlich erleichtert. Die Lambdasonde wird einfach abgeschraubt. Bei einem hohen Maß an Korrosion in diesem Bereich, kann es sinnvoll sein, diesen Bereich mit etwas Schmiermittel einzusprühen und über Nacht stehen zu lassen, bevor überhaupt versucht wird, die Lambdasonde heraus zu schrauben. Beim Einbau der neuen Lambdasonde sollte etwas Gleitmittel gegen Festfressen (Antiseize) an den Gewinden aufgetragen werden, damit diese nicht durch Kontaktkorrosion fest rosten. Ebenfalls muss die Gummimanschette am Kabel der Lambdasonde richtig angebaut werden. Bei jeder als Neuteil beschafften Lambdasonde ist diese Manschette bereits vormontiert.

GEMISCHBILDUNG

PROJEKT 33 • EINSTELLARBEITEN UND TUNING AM MOTRONIC–MOTORMANAGEMENTSYSTEM

Zeit: Keine Angabe

Werkzeug: Keine

Talent: -

Zutreffende Baujahre: alle

Erforderliche Teile: keine

Tipp: Das Motronicsystem sollte wartungsfrei arbeiten

Zweck des Projekts: Erhöhte Laufkultur des Motors

Ergänzende Arbeitsgänge: Einbau eines Hochleistungschips

Im Jahre 1984 ersetzte Porsche die seit 10 Jahren verwendete K-Jetronic durch eine neue Bauart der computergesteuerten Kraftstoffeinspritzung von Bosch. Dieses neue Einspritzsystem, genannt Motronic, stellte gegenüber der K-Jetronic in punkto Leistung und Abgasregelung einen enormen Fortschritt dar.

Die K-Jetronic sprüht konstant Kraftstoff in alle Saugrohre ein. Der Einspritzvorgang läuft also während aller 4 Takte ab. Die Dosierung an die Zylinder im Ansaugtakt erfolgt durch Öffnen des Einlassventils der Zylinder. So wird also bei geschlossenem Ventil weiterhin Kraftstoff hierauf gespritzt, da das Einspritzventil konstant öffnet. Dieser überschüssige Kraftstoff, der erst mit Öffnen des Einlassventils verbrannt wird, neigt dazu, mehrfache Fehlzündungen zu erzeugen – insbesondere wenn der Motor kalt ist. Selbst ordnungsgemäß eingestellte K-Jetronic-Anlagen sind für ihre Zündungsrückschläge bekannt, die Schäden an dem Luftansaugkasten aus Kunststoff erzeugen können (siehe Projekt 30).

Aufbau und Funktion

Die Motronic wurde im Jahre 1984 im Porsche 911 Carrera eingeführt. Bei dieser Anlage wird Kraftstoff nur in das Saugrohr gespritzt, wenn er auch vom Motor sofort mit Öffnen des Einlassventils angesaugt und mit der Ansaugluft vermischt werden kann. Auf diese Weise lässt sich die Kraftstoffdosierung exakter steuern und das stöchiometrische Mischungsverhältnis von Luft zu Kraftstoff von 14,7 kann besser eingehalten werden.

Die Motronic stellt also einen weiteren Fortschritt in der Kraftstoffeinspritzung dar, da hierüber nicht nur die Kraftstoffdosierung kontrolliert wird, sondern auch die Zündanlage. Durch gemeinsame Regelung, sowohl von Zündung als auch Gemischbildung, kann die Motorleistung auf bisher nie da gewesene Weise optimiert werden. Die Motronic steuert nicht nur die Kraftstoffzufuhr und dosiert die Kraftstoffmenge, sie entscheidet auch, wann der Zündfunke erfolgt, um das erzeugte Gemisch zu entzünden.

Das zentrale Motronic-Steuergerät regelt sowohl die Zündanlage als auch die Einspritzanlage. Der Rechner im Steuergerät erhält Eingaben von diversen Sensoren am Motor. Ein Motordrehzahlsensor zeigt an, wie hoch der Motor dreht. Ein Luftmassensensor misst die Luftmenge bzw. Luftdichte, die z. Z. vom Motor angesaugt wird, was auch ein Maß für die Last des Motors darstellt. Die Lambdasonde misst die Abgaswerte des aus dem Motor austretenden Abgases, um das Gemisch korrekt zu justieren. Sensoren der Zündanlage und Sensoren im Zylinderkopf erzeugen weitere Signale für den Prozessor.

Der Computer selbst ist in der Lage, sämtliche Eingaben von den Sensoren zu verarbeiten, um so den idealen Zündzeitpunkt und die ideale Kraftstoffzufuhr zu erzeugen. So wird eine Höchstleistung des Motors bei einem Mindestmaß von Abgaswerten bewirkt. Das Steuergerät ist mit einem Festwertspeicherchip (ROM – Read Only Memory) versehen, in dem das sogenannte Kennfeld gespeichert ist, das aufgrund langwieriger Testläufe auf Rollenprüfständen im Werk ermittelt wurde. Zu jedem Bruchteil einer Sekunde kann der Computer alle Eingaben vom Motor auslesen, mit dem Kennfeld des Festwertspeichers vergleichen und entscheiden, wie viel Kraftstoff zuzuteilen ist und wann die Zündung auslösen muss.

Ein derartiges System hat viele Vorteile. Die mechanisch komplexen Verfahren der Frühverstellung der Zündung mit Fliehkraftgewichten und Unterdruckdosen gehören der Vergangenheit an. Ebenfalls finden die verschleißintensiven Unterbrecherkontakte keine Verwendung mehr. Statt dessen wird der Motor zu jedem Zeitpunkt vollelektronisch in Bezug auf Zündung und Gemischbildung gesteuert. Binnen Millisekunden kann der Prozessor die Eingabedaten verarbeiten, Zugang zum Festwertspeicher erlangen und daraus die besten Einstellungen für den Motor ermitteln.

Die Speicherung aller Rechnerdaten auf einem Chip des Festwertspeichers ermöglicht ein Austauschen dieses Chips und somit des gesamten Motorkennfelds, um so unterschiedlichen Anforderungen zu genügen. Bestimmte Tuningfirmen stellen Chips für die Motronic des Porsche 911 her, die ein nicht ganz so konservatives Kennfeld haben, wie die werksseitig verwendeten Chips. Für diese Chips wird ein Leistungszuwachs von 10-15% versprochen. Einige dieser Chips können für den Straßeneinsatz illegal sein, halten jedoch offensichtlich was sie versprechen. Vor dem Einbau von Chips jedoch immer die Straßenzulassung überprüfen!

Einstellarbeiten an der Motronic

Da die Motronic vollständig in ihrem Rechner integriert ist, sind

1 Zum ordnungsgemäßen Einstellen des Leerlaufs an der Motronic muss die Nebenluftregelung im Leerlauf (Zusatzluftschieber) überbrückt werden. Die beiden weißen Pfeile im Foto weisen auf die beiden Anschlussbuchsen (B und C) des Diagnosesteckers hin, die miteinander verbunden werden müssen, um die Nebenluftregelung außer Kraft zu setzen. Der Diagnosestecker befindet sich links im Motorraum.

2 In diesem Bild zeigt der gelbe Pfeil auf die Nebenlufteinstellschraube, an der der Leerlauf für den Motor eingestellt wird. Der grüne Pfeil verweist auf die Einbaulage der Gemischeinstellschraube (CO-Schraube), die sich unter einem versiegelten Stopfen befindet. Dieser muss vor Einstellen des Gemischs erst entfernt werden. Die Einstellung des Gemischs muss zwingend mit einem CO-Messgerät (Abgastester) erfolgen.

keinerlei Einstellarbeiten erforderlich. Die Anlage funktioniert im Prinzip von selbst. Die einzigen wesentlichen Einstellarbeiten sind der CO-Wert und die Leerlaufdrehzahl. Der CO-Wert kann nur von qualifiziertem Fachpersonal mit Abgastester (CO-Messgerät) eingestellt werden. Die Einstellung erfolgt an einer kleinen Schraube unten links an der Ecke des Luftmassenmessers. Die Schraube ist normalerweise durch einen Stopfen versiegelt, der entfernt werden muss. Des Weiteren ist die Leerlaufdrehzahl einstellbar. Während der Prozessor der Motronic das System in allen Betriebszuständen selbsttätig regelt, muss jedoch als Ausgangswert die Grundleerlaufdrehzahl eingestellt werden. Links im Motorraum zwischen Zündspule und hinterer Reglerplatte befindet sich ein Diagnosestecker mit 3 kleinen Anschlussbuchsen. Zum Einstellen des Leerlaufs zuerst die Steuerung des Zusatzluftschiebers, der den Leerlauf automatisch stabilisiert, durch Überbrückung ausschalten. Hierzu ein Kabel zwischen Klemmen B und C des Diagnosesteckers anschließen. Dann mit einem kleinen Schraubenzieher die Nebenluftschraube am Drosselklappengehäuse einstellen, bis das Fahrzeug mit der erforderlichen Drehzahl läuft.

Fehlersuche

Im Allgemeinen ist die Motronic sehr zuverlässig. Probleme treten auf, wenn die Sensoren der Anlage nicht ordnungsgemäß funktionieren. Grundsätzlich lässt sich sagen, dass eine Fehlersuche und Fehlerbehebung an der Motronic nur von geübtem Fachpersonal durchgeführt werden sollte, da diese Anlage eine ganze Handvoll Spezialwerkzeuge und entsprechendes Fachwissen erfordert, das dem Laien nur schwer zugänglich ist. Die meisten Probleme mit der Motronic sind von elektrischer Natur und erfordern eine komplexe Überprüfung dieser elektrischen Vorrichtungen oder aber die weniger komplexe, aber kostenintensive Methode des versuchsweisen Austauschens von Bauteilen, bis das Problem behoben ist.

Bisweilen fällt das Relais für die Anlage aus. Bei dem Motronic-Relais handelt es sich eigentlich um zwei Relais in einem – eine Relaisschaltung für die Digitale Motorelektronik (DME) und die andere für die Kraftstoffpumpe. Arbeitet das System unberechenbar oder erhält die Kraftstoffpumpe keinen Strom, so ist dieses Relais versuchsweise zu erneuern. Das Relais befindet sich neben dem Steuergerät unterhalb des Fahrersitzes.

ABSCHNITT VIER

GETRIEBE UND ANTRIEB

Das Getriebe, die Antriebswellen sowie die Pedale und die Schalthebelbaugruppe werden zusammen in diesem einen Abschnitt behandelt, da diese Bauteile alle zusammen hängen. Der Antriebsstrang des Porsche 911 unterscheidet sich wesentlich von anderen Fahrzeugen, da er sich im Heck über der Hinterachse befindet und das Ausgleichsgetriebe innerhalb des Schaltgetriebes angeordnet ist. Während die Konstruktion des Heckmotorfahrzeugs die Verwendung dieser sogenannten Transaxle-Bauweise ermöglicht und so eine Gewichts- und Raumersparnis mit sich bringt, können beim Schalten jedoch Probleme auftreten. Die Projekte in diesem Abschnitt weisen auf die Problemzonen und Fehlerquellen hin, die an dem mit der Hinterachse als Einheit konstruierten Getriebe des Porsche 911 auftreten.

PROJEKT 36 • GENERALÜBERHOLUNG DES ERSTEN GANGS AM 901-GETRIEBE

Zeit: 5 Stunden

Werkzeug: Druckluftschrauber, 30-mm-Tiefbettnuss, Spezialwerkzeug zum Ausbauen der Synchronvorrichtung, Sprengringzangen

Talent:

Zutreffende Baujahre: 1965-1971

Erforderliche Teile: Synchronring, Klauenstücke für ersten Gang, Schiebestück für ersten Gang / Rückwärtsgang (sofern verschlissen), Dichtung für stirnseitigen Getriebegehäusedeckel

Tipp: Für die Durchführung dieser Arbeiten sind die richtigen Werkzeuge unbedingt erforderlich

Zweck des Projekts: Kein weiteres Krachen oder Schleifen der Gangräder beim Einlegen des ersten Gangs

Ergänzende Arbeitsgänge: Buchsen des Schaltmechanismus erneuern

Ein Erfahrungswert von Besitzern klassischer Porsche-Fahrzeuge besteht in Problemen mit verschlissenen Getrieben. Porsche-Getriebe sind nicht für ein ausgezeichnetes Schaltverhalten bekannt. Dieses führt im Zusammenspiel mit der Tatsache, dass zur Instandsetzung von Getrieben nicht sehr viele Informationen zur Verfügung stehen, dazu, dass Getriebe am Porsche oft nur mangelhaft instand gehalten werden. Zusätzlich wird der Sachverhalt dadurch erschwert, dass die inneren Bauteile des Getriebes und die für die Instandsetzung erforderlichen Spezialwerkzeuge am obersten Ende der Preisskala angesiedelt sind.

Es gibt jedoch einige Auswege aus dem Dilemma. Für Porsche 911/912 der Baujahre 1965-1971 gibt es eine relativ einfache Methode zur Instandsetzung des ersten Gangs am 901-Fünfganggetriebe. Das 901-Getriebe ist darin einzigartig, dass der erste Gang und der Rückwärtsgang sich an der Rückseite des Getriebes befinden, d. h. dem Abschnitt des Getriebes, der zur Vorderseite des Fahrzeugs weist. So wird der Zugang wesentlich erleichtert, ohne dass das Getriebe vollständig zerlegt werden muss. Dennoch ist es erforderlich, den Motor aus dem Fahrzeug auszubauen, um das Getriebe ausbauen zu können. Besteht jedoch einmal Zugang dazu, wird es recht einfach, das störende Rattergeräusch beim Einlegen des ersten Gangs zu beseitigen.

Bevor eine Diagnose gestellt wird, die die Gangeinheit des ersten Gangs als Ausschuss deklariert, sollten einige weitere Faktoren in Betracht gezogen werden, die das ungenaue Einlegen des ersten Gangs unter Schleif- und Rattergeräuschen begünstigen können. So müssen Motor- und Getriebeaufhängungen fest sein und dürfen keine Versprödung oder Rissbildung aufweisen (Projekt 25). Ebenfalls muss die Kupplung ordnungsgemäß eingestellt sein (Projekt 10) und die Buchsen des Schaltgestänges müssen in gutem Zustand sein, außerdem muss das Schaltgestänge selbst richtig eingestellt werden (Projekt 35). Sind an all diesen Fehlerquellen keine Probleme festzustellen, so ist es in der Tat sinnvoll, das Getriebe selbst näher zu begutachten.

Hierzu wird selbstverständlich zuerst der Motor ausgebaut, um dann das Getriebe aus dem Fahrzeug ausbauen zu können. Siehe Projekt 6 für weitere Informationen zu diesem speziellen Arbeitsgang.

1 Ansicht des Getriebes nach Abbauen des stirnseitigen Getriebedeckels. Die Schaltgabel des 1.Gangs (aus Messing) umfasst die Schiebemuffe für 1.Gang / Rückwärtsgang. Vor Betätigen des Schalthebels in dieser Situation muss eine Mutter mit Distanzstück an einem der Stehbolzen des Gehäuses (siehe Pfeil) angebracht werden. So wird die Zwischenplatte daran gehindert, sich vom Getriebegehäuse zu trennen.

2 Nach Abbauen der Schaltgabel und der Schiebemuffe muss die mittige Expansionsschraube der Baugruppe mit einem Druckluftschrauber entfernt werden. Das Abschrauben dieser Schraube ohne Druckluftunterstützung ist so gut wie unmöglich, da sich die Welle, an der die Schraube angeschraubt ist, frei dreht.

3 Durch Entfernen des Sprengrings werden der Druckblock, der Ankerblock und das Bremsband erkennbar. Hierbei ist zu beachten, dass im 1.Gang nur 1 Bremsband Verwendung findet, während alle anderen 2 aufweisen. Der Synchronring fasst die gesamte Baugruppe ein (siehe grüner Pfeil). Die Einheit muss exakt, wie hier dargestellt, wieder zusammengebaut werden. Der Druckblock (gelber Pfeil), das Bremsband (beiger Pfeil) und der Ankerblock (roter Pfeil) müssen in der richtigen Reihenfolge und an den entsprechenden Positionen eingebaut werden, damit der 1.Gang ordnungsgemäß funktioniert.

4 Das richtige Spezialwerkzeug zum Ausbauen der Synchronnabe ist hier dargestellt. Die Arbeit sollte nicht ohne dieses Spezialwerkzeug unternommen werden. Es kann gekauft oder gemietet werden, die entsprechende Zeitersparnis wird erheblich sein. Ohne dieses Werkzeug müssen die Klauenzähne der Synchronnabe abgeschnitten werden, eine sehr zeitaufwändige Arbeit, die das Risiko von Schäden am Gangrad des 1.Gang mit sich bringt. Dieses Werkzeug greift in eine Nut der Synchronnabe (Klauenzähne) ein, die dann das Herausschlagen des Zahnrades aus dem Werkzeug unter Verwendung eines großen Durchtreibers ermöglicht. Ein paar kräftige Hammerschläge werden auch die letzten Zweifler überzeugen, dass die Arbeiten nicht ohne dieses Werkzeug vollbracht werden können. Steht eine hydraulische Presse zur Verfügung, so macht dies die Arbeit noch einfacher.

5 Vergleich zwischen alter und neuer Synchronnabe. Hier wird begreiflich, warum das Getriebe nicht ordnungsgemäß funktionierte. Die normalerweise spitz zulaufenden Zähne sind völlig abgeschliffen und an den Kanten abgerundet. Dies erzeugt nicht nur zusätzliches Schleifen oder Rattern, es kann auch das Einlegen des 1.Gangs erschweren, nachdem die Zähne letztendlich synchron eingegriffen haben. Tritt an einem Getriebe ein Problem mit dem Einlegen des 1.Gangs auf, so ist ein derartiger Verschleiß der Synchronnaben die wahrscheinlichste Ursache.

Sind Motor und Getriebe einmal voneinander getrennt, so kann das Getriebe an einem handelsüblichen Motorständer angebracht werden. So kann das Getriebe in einer stabilen Lage gehalten werden und der Mechaniker nimmt eine bessere Arbeitshaltung ein.

Ein weiterer wichtiger Schritt vor Arbeiten am Getriebe besteht im Ablassen des gesamten Getriebeölvorrats. Wird dies vergessen, so wird man unweigerlich daran erinnert, wenn die Arbeiten zum Zerlegen des Getriebes begonnen werden und das Getriebeöl sich über den gesamten Werkstattboden ergießt.

Das Abbauen des stirnseitigen Getriebedeckels erfolgt einfach durch Abschrauben der Befestigungsmuttern. Beim Abnehmen des stirnseitigen Deckels Vorsicht walten lassen, weil das Rücklaufrad und die Lager an einer Welle angeordnet sind, die in den Deckel eingepresst ist und heraus fallen könnte. Eine der Muttern wieder an einem der Stehbolzen mit Distanzstück zwischen Mutter und Zwischenplatte anordnen. So wird verhindert, dass die Zwischenplatte (die ca. 4 cm starke Platte, die zwischen Gehäuse und stirnseitigem Deckel eingeschlossen ist) vom Gehäuse getrennt wird. Sonst könnte diese Platte bei Arbeiten an den Gangrädern des Getriebes vom Gehäuse getrennt werden.

Nachdem einmal die Rückseite des Getriebes frei liegt, wird die aus Messing gefertigte Schaltgabel und die Schiebemuffe für 1.Gang/Rückwärtsgang entfernt. Diese Schaltgabel ist an der Schaltstange für 1.Gang / Rückwärtsgang angeschraubt. Die somit freigelegte Synchronnabenbaugruppe des 1.Gangs erfordert zum Ausbauen den Einsatz eines Druckluftschraubers. Die Expansionsschraube muss wirklich mit einem Druckluftschrauber entfernt werden, da es keine praktikable Möglichkeit gibt, die getriebeseitige Welle am Mitdrehen zu hindern, d.h. am Gewinde der Mutter gegen zu halten. Hierzu eine Tiefbettstecknuss für Druckluftschrauber der Schlüsselweite 30 mm verwenden.

Die Arbeiten zum Zerlegen der Synchronnabe beginnen mit dem Ausbauen des großen Sprengrings zur Sicherung des Synchronrings. Den Sprengring mit einer entsprechend dimensionierten Sprengringzange von der Baugruppe demontieren. Bei diesen Arbeiten sollte unbedingt eine Schutzbrille getragen werden. Die Bauteile der Synchronnabe vorsichtig entfernen und hierbei die ursprüngliche Einbaulage beachten, damit die Teile wieder ordnungsgemäß montiert werden können.

Zu diesem Zeitpunkt sollten die Klauenstücke oder die Synchronnabe untersucht werden. Bei starkem Verschleiß der Zähne muss die Nabe erneuert werden. Wenn beim Einlegen der Gänge des Getriebes Schleifgeräusche auftraten, so ist die Synchronnabe wahrscheinlich bis zur Unkenntlichkeit verschlissen. Mit zunehmendem Verschleiß des Synchronrings können sich die innen liegenden Verzahnungen des Getriebes berühren, auch wenn sie nicht mit der selben Drehzahl drehen. Hierdurch wird das furchterregende Schleifen beziehungsweise Krachen der Gänge beim Schalten erzeugt. Tatsächlich erzeugt nicht das Schleifen der Gangräder das Geräusch, sondern das Schleifen der Synchronnabe und der Schiebemuffe aneinander.

Zum Entfernen der Synchronnabe vom Gangrad des 1.Gangs muss das Spezialwerkzeug zum Abbauen der Synchronnabe verwendet werden. Ohne dieses Spezialwerkzeug wird dieser Arbeitsgang nicht erfolgreich durchführbar sein – es sei denn, man wagt das Abschneiden

1 Der ab Werk erhältliche Teilesatz zur Nachrüstung auf verkürzte Schaltwege enthält alle dargestellten Teile zum Einbau am Porsche 911. Durch die Nachrüstung werden im Wesentlichen alle Teile des Schalthebelmechanismus erneuert, außer dem Gehäuse und einigen Befestigungsmitteln. Weist die ursprüngliche Schalthebelbaugruppe Verschleiß auf und muss diese erneuert werden, so könnte dieser Nachrüstsatz alle Teile enthalten, die hierfür erforderlich sind.

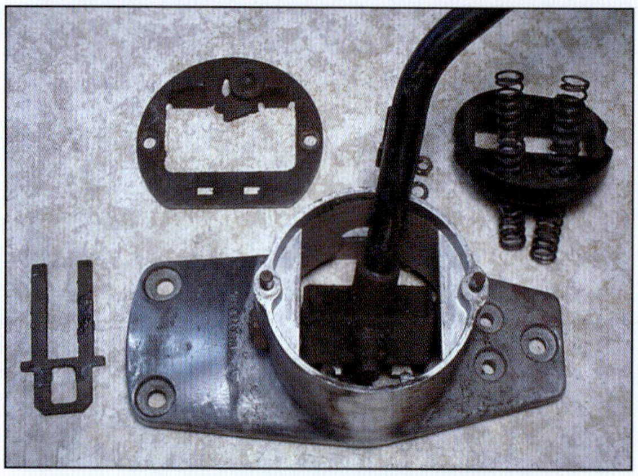

2 Dieses Foto zeigt die ursprüngliche Schalthebelbaugruppe im zerlegten Zustand. Beim Entfernen der Sicherungsklaue der Trägerplatte Vorsicht walten lassen, da diese unter starker Federspannung sitzt und die Federn mit Lösen der Sicherungsklaue heraus fliegen werden. Vor dem Entfernen der zweiten Schraube die gesamte Baugruppe mit einem dicken Handtuch vollkommen eindecken. Das Handtuch wird die Federn und die Platte auffangen, während diese heraus fliegen.

3 Die Schaltgabel des Nachrüstsatzes ist versetzt konstruiert, um so den kürzeren Schaltweg zu ermöglichen. Die Gabel mit der Bohrung zur Oberseite des Schalthebels angeordnet einbauen und die Sicherungsnase des Schalthebelgriffs an der rechten Seite des Schalthebels anordnen. Die Rückseite des Schalthebels ist mit einer einzelnen großen Befestigungsbohrung an ihrem Sockel versehen.

4 Beim Einbau der neuen Trägerplatte 2 kleine Schraubenzieher verwenden, um die Federn in Einbaulage zu halten, während die Muttern zum Festziehen angeordnet werden. Diese Arbeit ist etwas knifflig und erfordert bisweilen mehrere Anläufe. Hierbei unbedingt Schutzbrille tragen, da die Federn unter hohem Druck stehen.

stehenden Mängel im Schaltverhalten noch klarer in Erscheinung. Die Hebelübersetzung am Schalthebel ist bei der Nachrüstung wesentlich kürzer, so dass das Gespür für die Position in der Schaltkulisse nur noch weiter verloren geht. Man kann dies mit dem Gefühl eines Gaspedals vergleichen, das nur einen Pedalweg von 3 cm hat im Vergleich zu einem Gaspedal von 7-8 cm Pedalweg. Im ersteren Fall lässt sich die Gaszugabe an den Motor wesentlich ungenauer kontrollieren. Gleichfalls ist nach der Nachrüstung für eine kürzere Schaltübersetzung nicht mehr so genau zu erspüren, wo sich die Schaltstange gerade befindet. Deshalb sollten die grundlegenden Probleme im Schaltverhalten des Getriebes (Synchroneinrichtungen und Schaltgestängebuchsen) in Angriff genommen werden, bevor dieser Nachrüstsatz eingebaut wird.

PROJEKT 38 • GENERALÜBERHOLUNG DER PEDALERIE

Zeit: 4 Stunden

Werkzeug: Schraubstock an der Werkbank, Hammer und Bohrmaschine

Talent:

Zutreffende Baujahre: alle

Erforderliche Teile: Bronzebuchsensatz, neue Pedalgummis, schwarze Farbe, weißes Lithiumfett

Tipp: Der eingepresste Zapfen muss unter Umständen mit einer hydraulischen Presse entfernt werden.

Zweck des Projekts: Kein Quietschen oder Festklemmen der Pedale mehr.

Ergänzende Arbeitsgänge: Kupplungsseil erneuern und Hauptbremszylinder prüfen bzw. erneuern.

1 Bei ausgebauten Bodenbrettern werden die Einzelteile der Pedalbaugruppe erkennbar. Die ab Werk verwendeten Kunststoffbuchsen sind wahrscheinlich schon vollkommen verschlissen. Bevor die Pedalbaugruppe ausgebaut, entfernt und zerlegt wird, sicher stellen, dass die Buchsen nicht bereits vom Vorbesitzer durch Bronzebuchsen ersetzt wurden.

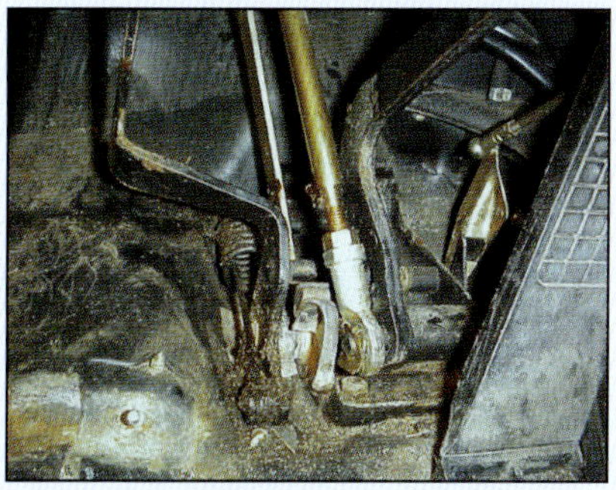

2 Das Bild zeigt die Pedalbaugruppe in ihre Einzelteile zerlegt. Im Teilesatz zur Umrüstung auf Bronzebuchsen sind 7 neue Buchsen enthalten, die an den Einzelteilen zur Pedalbaugruppe angebaut werden müssen. Diese von den Pfeilen im Bild dargestellten Pedalbuchsen sollten sich leicht in die Pedalbaugruppe hinein schieben lassen, so dass kein hoher Kraftaufwand zum Eintreiben der Buchsen erforderlich ist.

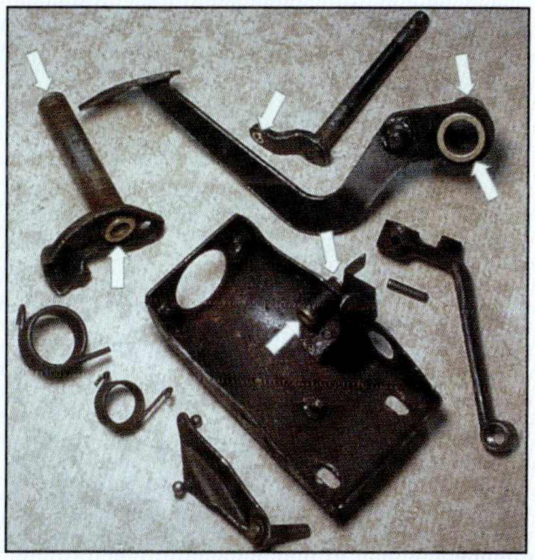

3 Beginnend im Baujahr 1977 wurde die Kupplungsrückstellfeder an die Außenseite der Pedalbaugruppe verlegt. Diese schwere Zugfeder ist nur sehr schwierig einzubauen und erfordert meist die Kraft zweier Personen, um eingehängt zu werden. Eine Person muss die Feder ziehen und dehnen, während die andere die Feder an ihren Haken führt.

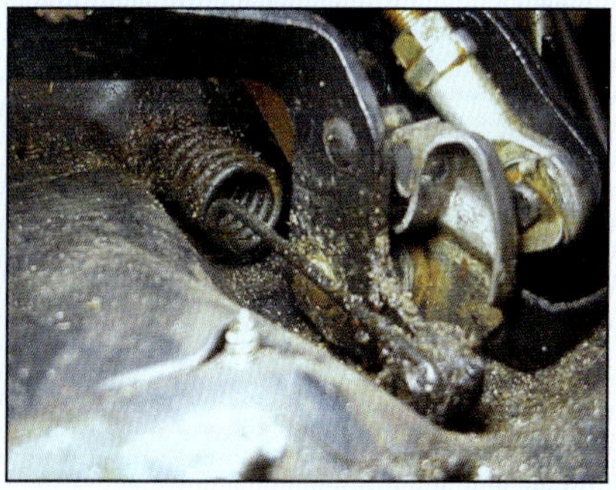

An Porsche 911 älteren Baudatums wird die Pedalerie oft festklemmen oder schwergängig sein. Dies tritt im Regelfall durch Regenwasser auf, das in den Fahrgastraum eintritt und an der Pedalerie Rost verursacht oder aber durch einen Hauptbremszylinder der, undicht geworden ist und somit stark korrosive Bremsflüssigkeit auf die Buchsen geträufelt hat. Die ursprünglichen Pedaleriebaugruppen wurden mit Kunststoffbuchsen eingebaut, die im Laufe der Jahre erhöhtem Verschleiß unterliegen. Eine Generalüberholung der gesamten Baugruppe unter Verwendung von Bronzebuchsen ist leicht durchzuführen und kann möglicherweise auch einige der Probleme bei der Kupplungsbetätigung und der Gangschaltung beheben. Diese Buchsen funktionieren besser als die werksseitig verwendeten Kunststoffbuchsen und halten außerdem länger. Durch Erneuern der Buchsen werden die Pedale außerdem nicht mehr quietschen oder gar in der durchgetretenen Stellung festklemmen. Neben dem Bronzebuchsensatz werden neue Pedalgummibeläge, sowie schwarze Farbe und Lithiumfett benötigt, um die gesamte Baugruppe instand zu setzen und zu schmieren.

Das Ausbauen der Pedalbaugruppe gestaltet sich recht einfach, erfordert jedoch umsichtiges Arbeiten, wenn es zum ersten Mal unternommen wird. Zuerst wird die Teppichverkleidung und die hölzerne Bodenblechverkleidung entfernt. Dann den Kupplungsseilzug aushängen (siehe Projekt 8 für weitere Informationen). Nun die Baugruppe vom Fahrzeug abschrauben. Die Pedalerie und der Hauptbremszylinder sind an Fahrzeugen früheren Baudatums zusammengeschraubt, so dass der Hauptbremszylinder abgebaut werden muss, um die Pedalerie zu entfernen. Hierzu die beiden Muttern zur Befestigung des Hauptbremszylinders an der Pedalbaugruppe lösen. Die beiden Muttern werden von unterhalb des Fahrzeugs erreicht, nach Entfernen der Unterbodenabdeckung der Zahnstangenlenkung. Zum Entfernen der Pedalbaugruppe vom Fahrzeug muss unter Umständen das Gaspedal ebenfalls getrennt werden. Hier bietet es sich vorher an, den gesamten Bereich gründlich mit dem Staubsauger zu saugen. Die Arbeit gestaltet sich so wesentlich einfacher und der dort vorhandene Dreck wird nicht in den gesamten Innenraum des Fahrzeugs verteilt, nachdem die Pedalbaugruppe abgebaut wurde. Ebenfalls müssen der Kupplungsseilzug und der Gaszug ausgehängt werden. Siehe Projekt 8 für weitere Einzelheiten. Ist die Pedalbaugruppe einmal vom Fahrzeug abgebaut, so wird die Arbeit auf der Werkbank fortgesetzt. Ein Spannstift am Ende des Kupplungspedals hält die wesentlichen Teile der Pedalerie zusammen. Der erste Schritt zum Entfernen des Spannstifts besteht im Ansetzen einer Schraube an einer Seite, die vorsichtig mit einem Hammer eingetrie-

4 Vor dem Zerlegen ist es sinnvoll, die Pedalbaugruppe sorgfältig zu untersuchen - nicht zuletzt, um Klarheit darüber zu haben, wie alles zusammen gebaut wird. Einbaulage und Ausrichtung der Pedalfedern erscheinen im eingebauten Zustand selbstverständlich, nachdem jedoch alles in Einzelteile zerlegt wurde, kann es schwer sein, zu erkennen, welches Teil wo hingehört. Diese Fotos sollen den Einbau der Federn an der Pedalbaugruppe erleichtern. Alternativ können natürlich eigene Fotos vor dem Zerlegen angefertigt werden.

ben wird. Hierbei sicher stellen, dass der Sockel des Kupplungspedals fest in einem Schraubstock eingespannt ist, damit keine Bauteile der Pedalgruppe verbeult, beschädigt oder verbogen werden können. Die Verwendung eines Hammers ohne Schraube als Zwischenstück wird den Spannstift nur leicht bewegen, ihn jedoch nicht entfernen können.

Ebenfalls kann der Zapfen ausgebohrt werden. Da er innen hohl ausgeführt ist, sollte es recht einfach sein, einen Bohrer zentriert anzusetzen. Beim Ausbohren jeweils schrittweise größere Bohrerdurchmesser verwenden, bis der Innendurchmesser des Zapfens wesentlich größer geworden ist. Jetzt sollte es einfacher sein, den Zapfen auszupressen. Hierzu kann entweder mit einem Durchtreiber und einem Hammer vorgegangen werden, oder aber die Baugruppe wird in einem Schraubstock angeordnet, mit einer Schraube oder anderem Distanzstück hinter dem Spannstift. Den Schraubstock spannen, bis der Spannstift heraus gepresst ist. Versagen alle diese Versuche, so kann in der Fachwerkstatt der Spannstift mit einer hydraulischen Presse sehr rasch entfernt werden.

Ist der Spannstift einmal entfernt, so sollte sich der Rest der Pedalbaugruppe recht leicht zerlegen lassen. Die Mutter zur Befestigung des inneren Rohrstücks an der Pedalbaugruppe lösen und dieses innere Rohrstück heraus ziehen. Damit zerfällt die Pedalbaugruppe in ihre Einzelteile. Mit einem Schraubenzieher alle alten Kunststoffbuchsen entfernen. Es wäre sinnvoll, alle Bauteile der Pedalbaugruppe nun sandstrahlen zu lassen und dann zu lackieren. So wird einem weiteren Rostfraß an dieser immer der Bodenfeuchtigkeit ausgesetzten Stelle entgegen gewirkt.

Sind die Teile einmal gereinigt, so werden die neuen Buchsen an der Pedalbaugruppe angesetzt. Siehe die Bilder in diesen Abschnitt für die exakte Einbaulage jeder Buchse. Alle Buchsen sind mit einem dünnen Film weißen Lithiumfetts einzubauen. Die Buchsen selbst erfordern nicht sehr viel Kraftaufwand, um aufgepresst zu werden.

Sind die Buchsen einmal eingebaut, so wird die Pedalbaugruppe sorgfältig wieder zusammen gebaut, um dann die Bremspedalfeder und die Kupplungspedalfeder einzuhängen. Diese beiden Federn sind unbedingt auf guten Zustand zu überprüfen, sie dürfen nicht beschädigt oder korrodiert sein. Ein Brechen dieser Federn hätte schwerwiegende Folgen. Daher ist es sinnvoll, bei der Montage der Pedalbaugruppe diese Federn vorsichtshalber zu erneuern.

Während die Pedalbaugruppe ausgebaut und zerlegt ist, lässt sich der Bremspedalschalter besonders gut testen und einstellen. An Porsche 911 früheren Baudatums wird dieser Schalter über das Bremspedal betätigt und schließt den Stromkreis zu den Bremsleuchten. Sicher stellen, dass der Schalter funktioniert und den Betätigungspunkt so einstellen, dass die Bremsleuchten bei erster Betätigung des Bremspedals aufleuchten. Dies bietet ebenfalls eine gute Gelegenheit, die Pedalgummibeläge zu erneuern. Sie sind einfach auf den Metallpedalen aufgestülpt und lassen sich von Hand oder mit einem Schraubenzieher entfernen. Die neuen Pedalgummis werden einfach von Hand wieder montiert.

Der Einbau am Fahrzeug erfolgt in umgekehrter Reihenfolge der Arbeitsschritte der Demontage. Der Kupplungsseilzug, der Gaszug und die Befestigung des Hauptbremszylinders müssen ordnungsgemäß angebaut werden. Hierbei dürfen Gaszug und Kupplungsseil nicht miteinander verdrillt werden. Erfolgt dies doch, so wird mit Durchtreten des Kupplungspedals die Motordrehzahl erhöht.

Vor Wiedereinbau der Pedalbaugruppe das vordere Bodenblech des Fahrzeugs überprüfen. Solange freier Zugang besteht, ist hier eine dauerhafte Korrosionsschutzvorsorge sinnvoll.

PROJEKT 39 • ERNEUERN DER GLEICHLAUFGELENKE

Zeit: 4 Stunden

Werkzeug: Spezialwerkzeug zum Ausbauen der Gleichlaufgelenkschraube, Sicherungsringzange

Talent:

Zutreffende Baujahre: Alle

Erforderliche Teile: Gleichlaufgelenke bzw. komplette Achsbaugruppen, Schmierfett für Gleichlaufgelenke, Dichtungen, Gleichlaufgelenkmanschetten

Tipp: Es ist meist billiger, die Gelenkwellen komplett auszutauschen, als jedes Gelenk einzeln instand zu setzen

Zweck des Projekts: Erhöhte Laufruhe im Antriebsstrang

Ergänzende Arbeitsgänge: Radlager an der Hinterachse erneuern

Die Gleichlaufgelenke der Antriebswellen sind eines der wartungsintensivsten Teile im Antriebsstrang des Porsche 911. Sie dienen der Kraftübertragung vom Getriebe an die Räder. Die in einem speziellen Schmierfett laufenden Lager dieser Gleichlaufgelenke unterliegen im Laufe der Jahre einer hohen Belastung und verschleißen nach ca. 150.000 km. Ein Klackergeräusch, das insbesondere bei Kurvenfahrt mit niedrigen Geschwindigkeiten zu hören ist, ist ein eindeutiges Zeichen dafür, dass die Gleichlaufgelenke erneuert werden müssen.

In einigen Fällen wird der beschleunigte Verschleiß der Gleichlaufgelenke durch einen simplen Schaden an den Gummimanschetten der Gleichlaufgelenke verursacht. Diese dienen der Abdichtung der Gelenke gegen die Witterungseinflüsse. Die erforderlichen Arbeitsgänge zum Wechseln der Manschette unterscheiden sich nur geringfügig von denen zum Erneuern des gesamten Gelenks. Es ist davon auszugehen, dass ein Gleichlaufgelenk, das auch nur kürzere Zeit mit einer defekten bzw. eingerissenen Manschette betrieben wurde, irreparablen Schaden genommen hat. Somit ist es vorzuziehen, jeweils das gesamte Gleichlaufgelenk mit Manschette zu erneuern. Grundsätzlich sollten auch intakte Manschetten bei jeder Erneuerung der Gleichlaufgelenke mit ausgewechselt werden.

Wird die Erneuerung sowohl der inneren als auch der äußeren Gleichlaufgelenke in Angriff genommen, so ist es wirtschaftlicher, die gesamte Gelenkwelle auszutauschen. Der gesamte Arbeitsablauf wird so wesentlich vereinfacht und die Kosten für einzelne Ersatzteile der Gleichlaufgelenke und Manschetten im Vergleich zu den Kosten der gesamten Gelenkwelle sind ungefähr gleich.

Die Erneuerung der gesamten Gelenkwelle ist ebenfalls sinnvoll, wenn die Gleichlaufgelenke an den Porsche 911 Carrera mit Baustand von 1984-1989 verschlissen sind. Hier sind die getriebeseitigen Gleichlaufgelenke mit der Steckachse integriert und nicht separat erhältlich. Die Carrera-Gelenkwelle wird mit den beiden Gleichlaufgelenken und der Steckachse als komplettes Austauschteil geliefert.

Zuerst wird der Wagen angehoben und auf Unterstellböcken abgestützt (siehe Projekt 1). Die Räder müssen nicht unbedingt abgebaut werden. Dies erleichtert jedoch den Zugang zu den Gelenkwellen. Dann die Schrauben der Gleichlaufgelenke von innen lösen. Hierzu muss das richtige Werkzeug vorhanden sein. An einigen Porsche 911 früheren Baudatums sind Torxeinsätze erforderlich oder aber 12-Punkt-Vielzahnschlüssel. An anderen Gelenkwellen werden einfache Inbusschlüssel verwendet. Welches Werkzeug auch immer verwendet werden muss, es muss sich vollständig in die Aufnahme der Schraube einsetzen lassen. Dies erfordert meist eine äußerst gründliche Reinigung der Aufnahmen im Schraubenkopf. Rutscht das Werkzeug ab, so sind die Schrauben zerstört (ausgeleiert) und lassen sich nur noch durch Abschleifen entfernen, was eine sehr knifflige Aufgabe darstellt. An einigen Fahrzeugen der früheren Baujahre wurden die Inbusschrauben durch normale Schrauben ersetzt. Beim Einbau müssen die Schrauben mit einem Drehmomentschlüssel wieder angezogen werden. Hierfür ist ohnehin ein Steckschlüsseleinsatz erforderlich.

Um Zugang zu den Schrauben der Gleichlaufgelenke zu erlangen, das Rad des Fahrzeugs drehen, bis der Steckschlüsseleinsatz exakt an der jeweiligen Schraube eingesetzt werden kann. Dann die Handbremse ziehen und am Getriebe den 1. Gang einlegen. So können die Schrauben gelöst werden, ohne dass die Gelenkwelle durchdreht.

1 Auf dem Bild ist ein kompletter Gelenkwellensatz für Porsche 911 Carrera der späteren Baujahre (1985 -1989) dargestellt, ein Gleichlaufgelenk für den 911 SC und eine Gleichlaufgelenkmanschette für einen Porsche 911 der früheren Baujahre. An den Fahrzeugen späteren Baudatums ist das äußere Gleichlaufgelenk nicht mehr separat erhältlich, sondern muss zusammen mit der gesamten Gelenkwelle ausgetauscht werden. Dies liegt in der Konstruktion des Gelenks begründet, das an der Steckachse integriert ist und von dieser nicht getrennt werden kann. Sind die Manschetten beschädigt und undicht, so müssen sie umgehend erneuert werden, da sonst eindringende Verunreinigung und Fremdmaterial einen raschen Verschleiß der Gelenke bewirken wird.

ERNEUERN DER GLEICHLAUFGELENKE

2 Die vier Gleichlaufgelenke sind an der Hinterachse des Fahrzeugs angeordnet und verbinden sowohl die Getriebeflansche als auch die Steckachsen der Längslenker antriebsseitig miteinander. Die Gleichlaufgelenke sollten paarweise erneuert werden, d.h. entweder beide getriebeseitigen Gelenke oder beide radseitigen Gelenke. Zeigt eines der Gelenke Anzeichen von Verschleiß und Abnutzung, so werden die anderen 3 Gelenke meist kurz vor diesen Stadium stehen.

Hierbei ist zu beachten, dass das Fahrzeug unbedingt sicher auf Unterstellböcken stehen muss und die nicht gebremsten Vorderräder mit Unterlegkeilen gegen Wegrollen in beiden Richtungen gesichert sind. Bei wackeliger Abstützung des Fahrzeugs könnte der Kraftaufwand zum Lösen der Gelenkschrauben ausreichen, um das Fahrzeug von den Unterstellböcken herunter fallen zu lassen. Da man sich beim Lösen der Schrauben meist unter dem Fahrzeug befinden wird, ist hier doppelte und dreifache Vorsicht geboten. Nach Entfernen aller Schrauben, die von diesem Winkel aus zugänglich sind, die Handbremse lösen, den Gang rausnehmen und das Rad drehen, bis Zugang zu den weiteren Schrauben erlangt wird. Wiederum Handbremse anziehen, Gang einlegen und wie vorhergehend beschrieben das Fahrzeug gegen Wegrollen sichern. Bei geplantem Ausbau der Gelenkwelle sind die Schrauben sowohl radseitig als auch getriebeseitig zu entfernen. Dies kann in einem Arbeitsgang erfolgen.

Sind die Schrauben der Gleichlaufgelenke einmal entfernt, so wird nun das Gelenk bzw. die Gelenkwelle vom Getriebe oder der Steckachse getrennt. An den Fahrzeugen früheren Baudatums werden die Gleichlaufgelenke mit Spannstiften zum Flansch ausgerichtet. Mit einem kleinen Schraubenzieher in die Abdichtung zwischen Gleichlaufgelenk und Getriebe hinein stechen. Bei gelöster Handbremse und Getriebe im Leerlauf das Rad drehen und dabei vorsichtig mit dem Schraubenzieher das Gelenk vom Getriebe abhebeln. An Fahrzeugen späteren Baudatums kommt kein Spannstift zur Anwendung, d.h. das Gelenk und der Flansch sollten sich einfach voneinander lösen lassen. Hierbei unbedingt Schutzbrille tragen, da eine über dem Gesicht zerfallende Achse äußerst unangenehm wäre...

Wird die gesamte Gelenkwelle erneuert oder aber werden die Manschetten an beiden Gelenken erneuert, so ist einfach die Welle auszubauen, um dann die Arbeiten an der Werkbank fortzuführen. Wird nur eine Manschette oder ein Gleichlaufgelenk erneuert, so werden die Arbeiten unter dem Fahrzeug fortgesetzt. Die Gleichlaufgelenke sind mit einem großen Sprengring an den Achsen befestigt. Nach Entfernung dieses Sprengrings sollten die Gelenke sich einfach abziehen lassen. Fallen bei diesen Arbeiten die großen Stahlkugeln aus den Gelenken heraus, so ist dies ein klares Anzeichen für fortgeschrittenen Verschleiß. Derartig verschlissene Gelenkwellen müssen erneuert werden. Bei Wiederverwendung der Gelenke unbedingt sicher stellen, dass diese zwischenzeitlich in einem verschließbaren Kunststoffbeutel aufbewahrt werden und keinerlei Verunreinigungen oder Schmierfett ausgesetzt sind. Selbst ein oder zwei Sandkörner, die versehentlich in die Gelenke gelangen, können den Verschleiß erheblich beschleunigen.

Nach Ausbauen der Gelenke gestaltet sich das Austauschen der Manschetten recht einfach. Einfach die Einwegschellen zur Befestigung der Manschette an der Welle durchtrennen und die Manschette abziehen. Die neuen Manschetten werden in umgekehrter Reihenfolge eingebaut. Beim Einbau der neuen Gleichlaufgelenke müssen diese mit reichlich Spezialschmierfett gefüllt werden, bevor der Einbau am Fahrzeug erfolgt. In der Manschette ist ebenfalls reichlich Schmierfett aufzutragen. Beim Auftragen des Schmierfetts das Gelenk nach innen und außen bewegen, um das Schmierfett so gut zu verteilen. Dann die neue Manschette an der Gelenkwelle anordnen und das Gleichlaufgelenk an der Achse anbauen. Den Sicherungsring so wieder anbringen, dass das Gelenk an der Achse befestigt ist.

Jetzt das Gleichlaufgelenk wieder in die Steckachse oder an den Getriebeflansch anbauen. Hierbei darf die neue Dichtung des Gleichlaufgelenks nicht vergessen werden. In die Vertiefungen des Flansches etwas mehr Schmierfett auftragen, bevor die Anlageflächen zusammen gefügt werden. Dann die Befestigungsschrauben einsetzen und festziehen. Mit einem Drehmomentschlüssel die Schrauben am Porsche 911, Baujahr 1969-1989, auf 83 Nm anziehen, bzw. an Fahrzeugen Baujahr 1965-1968 auf 47 Nm. Es kann erforderlich sein, das Fahrzeug wieder auf den Rädern abzustellen, um diesen Drehmomentwert zu erreichen, ohne die Räder mitzudrehen.

Nachdem die gesamte Baugruppe wieder montiert wurde, das Fahrzeug einer Probefahrt unterziehen und auf Geräuschentwicklung von der Hinterachse überprüfen. Alles sollte lautlos und gleichmäßig laufen und an den Manschetten darf kein Schmierfett austreten.

ABSCHNITT FÜNF
ABGASANLAGE

Wie an den meisten luftgekühlten Fahrzeugen besteht auch am Porsche 911 ein enges Zusammenwirken der Heizungs-und der Abgasanlage. Die Heizungsanlage und Heißluft-Scheibenheizung am Porsche 911 erfolgt durch Erwärmung von Luft in einem Wärmetauscher, der die heißen Abgasrohre umgibt. Diese Wärmeübertragung von Abgas an Metall an Luft hat keinen besonders hohen Wirkungsgrad und die Aufwärmung des Fahrgastraumes erfolgt nicht so schnell wie an Fahrzeugen mit Wasserkühlung üblich. Auf Grund der Motorkonstruktion steht jedoch keine andere Möglichkeit zur Beheizung des Innenraums zur Verfügung. Trotz der augenfälligen Nachteile dieser Konstruktion kann viel unternommen werden, um eine bestmögliche Funktion zu garantieren.

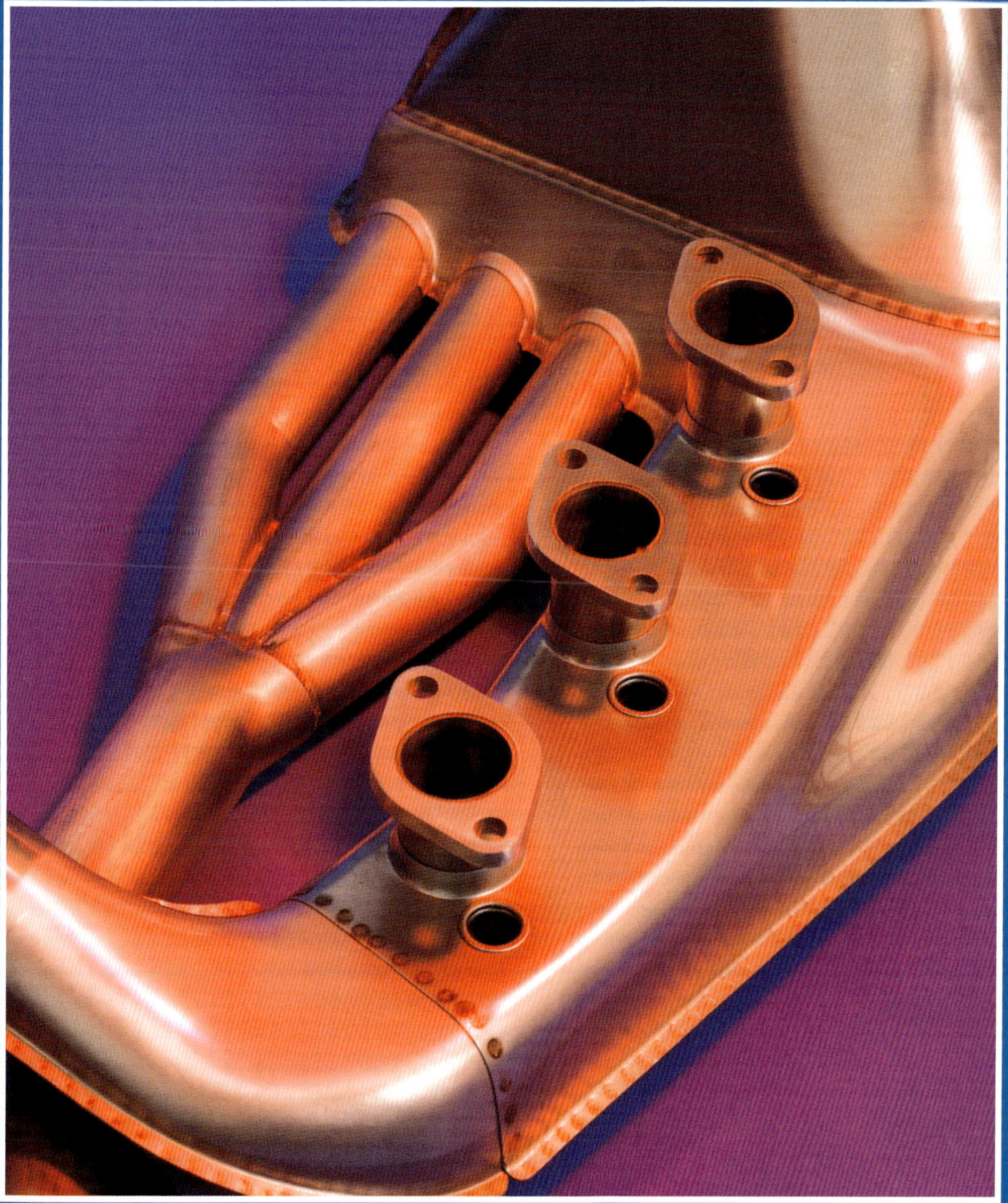

ABSCHNITT SECHS
BREMSANLAGE

Selbstredend ist die Bremsanlage eine der wichtigsten Funktionsbaugruppen am Porsche 911. Egal wie schnell der Motor das Fahrzeug auch bewegen kann, es wird immer abgebremst werden müssen und zwar bisweilen recht abrupt. Deshalb sollte es oberstes Gebot sein, die Bremsanlage stets in bestem Zustand zu halten. Die serienmäßige Bremsanlage des Porsche 911 ist wirklich äußerst effektiv, wenn sie ordnungsgemäß gewartet wird. Die Projekte in diesem Abschnitt erläutern Einzelheiten zur Fehlersuche, Instandsetzung und Wartung der wichtigen Bauteile der Bremsanlage.

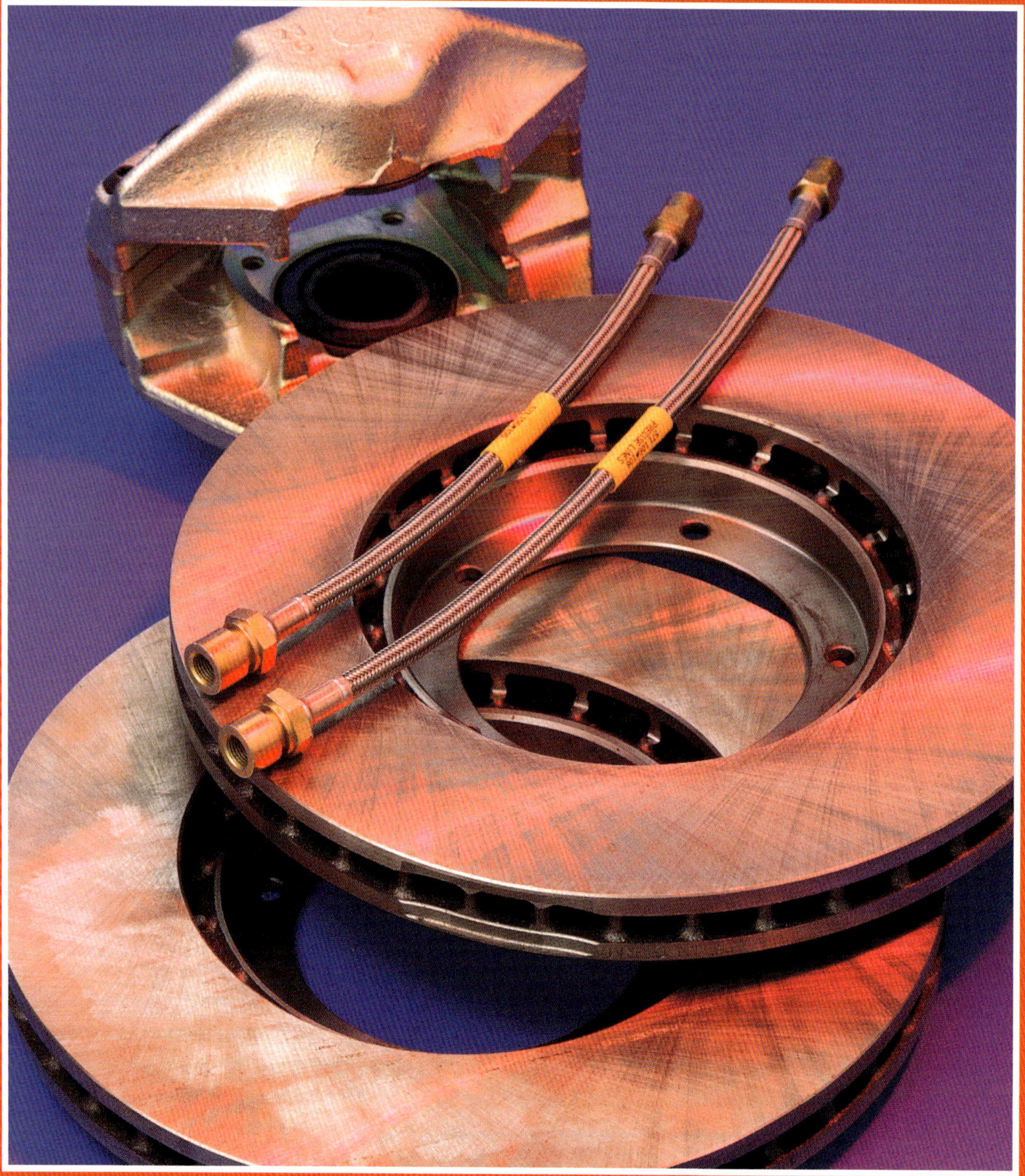

PROJEKT 43 • WECHSELN DER BREMSBELÄGE

Zeit: 2 Stunden

Werkzeug: Schraubenzieher, Bremsenreiniger, Holzklotz

Talent:

Zutreffende Baujahre: alle

Erforderliche Teile: Bremsbeläge, Kleinteilesatz

Tipp: Beim Austauschen der Bremsbeläge ebenfalls die Bremsscheiben auf ausreichende Stärke überprüfen

Zweck des Projekts: bessere Bremswirkung

Ergänzende Arbeitsgänge: Generalüberholung der Bremssättel, Austauschen der Bremsscheiben, Einbau neuer Bremsschläuche

Die Bremsbeläge lassen sich sehr leicht austauschen. Sie sollten ca. alle 7500 km überprüft werden und müssen erneuert werden, sobald der Reibbelag seine Verschleißgrenze von 2 mm Stärke erreicht. Die regelmäßige Inspektion der Bremsbeläge lohnt sich, denn wenn gewartet wird, bis die groben Schleifgeräusche der völlig abgewetzten Bremsbeläge an der Bremsscheibe auf einen Mangel hinweisen, ist es bereits zu spät, weil nun auch die teuren Bremsscheiben in Mitleidenschaft gezogen wurden. Neue Bremsbeläge sind mit einem Reibbelag von ca. 15 mm Stärke versehen.

Tritt einmal die Situation auf, dass die Metallplatte des Bremsbelages direkten Kontakt mit der Bremsscheibe hat, so müssen die Beläge umgehend erneuert werden. Bei einem derartigen Verschleiß ist keine ausreichende Bremswirkung mehr zu erwarten und die Bremsscheiben werden durch Riefenbildung beschädigt. Meist sind diese Riefen dann tiefer als die Verschleißgrenze der Bremsscheibe zulässt, so dass dieses wesentlich teurere Bauteil ebenfalls erneuert werden muß. Aus diesen Gründen sind die Porsche 911 späteren Baudatums mit einer Bremsbelagsverschleißanzeige ausgestattet.

Die Bremsbeläge müssen immer paarweise ersetzt werden. Das heißt alle Bremsbeläge der Vorderachse bzw. alle Bremsbeläge der Hinterachse. Die gleiche Regel trifft auf die Bremsscheiben zu, die bei jeder Erneuerung der Bremsbeläge überprüft werden müssen.

Die Konfiguration der Vorderrad- und Hinterradbremsen unterscheidet sich etwas, die Vorgehensweise zur Erneuerung ist jedoch jeweils ähnlich. Zuerst den Wagen aufbocken und das betreffende Rad entfernen. Hierdurch wird der Bremssattel freigelegt, der die Beläge gegen die Scheibe drückt. Vor Beginn der Arbeiten muss die Handbremse gelöst werden.

Die Beläge werden mit zwei Stiften im Bremssattel festgehalten. Zwei kleine Befestigungsklammern sichern die Stifte im Bremssattel. Zuerst die Klammern entfernen und dann die Stifte mit einem entsprechend dimensionierten Durchtreiber und einem Hammer heraus schlagen. Nach Entfernen der Stifte fällt die Querfeder, die dem Halten der Beläge in Einbaulage dient, heraus.

Nun können die Beläge mit einem Schraubenzieher heraus gehebelt werden. Hierzu bieten sich die kleinen Bohrungen an den Belägen an, die normalerweise als Fassung für den Stift dienen. Die Beläge werden sich schwer entfernen lassen, solange der Kolben des Bremssattels weiter gegen die Bremsscheibe drückt. Deshalb vor dem Herausziehen der Bremsbeläge versuchen, durch Hin- und Herbewegen der Beläge den Kolben etwas hinein zu drücken.

Sind die Beläge einmal ausgebaut, so ist die Innenseite des Bremssattels zu überprüfen. Diesen Bereich mit etwas Druckluft und Bremsenreiniger reinigen. Sicher stellen, dass die Staubmanschetten und die Klemmringe im Innern des Bremssattels nicht eingerissen oder beschädigt sind. Sind sie es doch, so muss der Bremssattel generalüberholt werden.

Zu diesem Zeitpunkt sollten die Bremsscheiben sorgfältig geprüft werden. Mit einer Bügelmessschraube die Stärke der Scheibe an mehreren Stellen messen. Ist die Verschleißgrenze überschritten worden, so muss sie erneuert werden – zusammen mit der Bremsscheibe auf der gegenüber liegenden Seite. Siehe Projekt 44 für weitere Informationen.

Der Einbau der neuen Bremsbeläge erfolgt problemlos. Mit einem kleinen Holzstück wird der Kolben des Bremssattels zurück in den Bremssattel gedrückt. Dies ist erforderlich, weil die neuen Beläge wesentlich stärker sind, als die soeben ausgebauten und der Kolben natürlich momentan auf die abgenutzten Beläge eingestellt ist. Den Kolben mit dem Holzstück zurück drücken und hierbei nicht zuviel Kraft aufwenden. Ein Schraubenzieher ist hierfür nicht geeignet, da damit versehentlich die Staubmanschetten und Dichtungen im Innern des Bremssattels beschädigt werden könnten. Beide Kolben sowohl innen als außen zurück in den Bremssattel drücken.

Hierbei ist zu beachten, dass durch Zurückdrücken der Kolben der Bremsflüssigkeitsstand im Behälter des Hauptbremszylinders ansteigen wird. Deshalb muss der Füllstand geprüft werden. Wurde vorher Bremsflüssigkeit nachgefüllt, so muss diese mit Sicherheit entfernt werden. Hierzu eine mit Alkohol gereinigte, große Spritze oder ähnliches Hilfsmittel verwenden. Die Bremsflüssigkeit darf nicht durch Öl – auch nicht in geringsten Mengen – verunreinigt werden. Eine leicht verölte Spritze würde z.B. ausreichen, um die Bremsflüssigkeit zu kontaminieren. Die Mineralölrückstände würden sich dann in der Bremsflüssigkeit lösen und die Gummiteile der Bremsanlage angreifen, was letztendlich zum Totalausfall der Anlage, zumindest aber zu teuren und unnötigen Reparaturen führen kann. Dann den Deckel des Bremsflüs-

1 Hier sind einige der Teile dargestellt, die zur Generalüberholung der Hinterradbremsen erforderlich sind. Links ein Paar Bremsbacken der Feststellbremsanlage (Handbremse). Diese müssen meist nicht erneuert werden, es sei denn, es wurde über längere Strecken bei angezogener Handbremse gefahren. Zum Erneuern dieser Bremsbacken muss die Bremsscheibe entfernt werden (siehe Projekt 48). Die hier dargestellten Bremsbeläge sind ein kompletter Satz Bremsbeläge der Hinterradbremsanlage mit zugehörigen Kleinteilen zur Befestigung. Der Satz enthält zwei neue Haltefedern sowie vier Stifte, die zur Arretierung der Beläge im Bremssattel verwendet werden.

2 Zum Entfernen der alten Beläge die kleinen Federstecker der Stifte heraus ziehen und die Stifte mit einem entsprechend dimensionierten Durchtreiber heraus treiben. Sie sollten sich ohne großen Kraftaufwand heraus drücken lassen, da sie unter keiner Belastung stehen. Lassen sich die Stifte nur schwer entfernen, so ist leicht mit dem Hammer gegen die Beläge zu klopfen, um deren Lage zu korrigieren und den Druck von den Stiften weg zu nehmen.

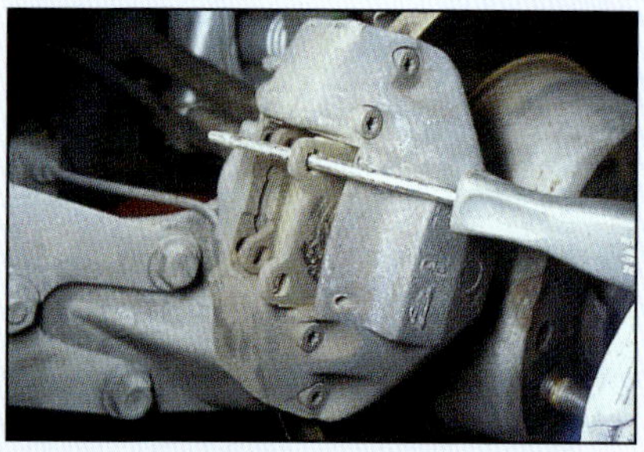

3 Das Herausziehen der Beläge kann wie im Bild dargestellt mit einem Schraubenzieher erfolgen. Die Beläge sind im Bremssattel lose eingesetzt, jedoch recht passgenau und werden oft von allerlei Staub und Verunreinigung eingeklemmt gehalten. Die Beläge vor und zurück drücken, um sie heraus hebeln zu können.

sigkeitsbehälters wieder fest anschrauben, damit keine Bremsflüssigkeit auf den Lack gerät. Bremsflüssigkeit ist stark korrosiv.

Ist der Kolben einmal ganz zurück gedrückt, so sollten sich die Beläge in den Bremssattel einsetzen lassen. Erneut überprüfen, dass die Innenseite der Bremssättel sauber ist. Gegebenenfalls kann mit einem kleinen Hammer nachgeholfen werden – hierbei jedoch nicht zuviel Kraft aufwenden. Sind die Beläge einmal in Einbaulage, so werden die Stifte und die Federstecker eingesetzt. Beim Einbau neuer Beläge sollten unbedingt auch neue Kleinteile zum Einsatz kommen. Die Federstecker müssen in die kleinen Bohrungen der Spannstifte eingesetzt werden.

Die Rückseite der Bremsbeläge wird mit etwas Antiquietschmasse eingesprüht. Diese klebstoffartige Masse hält die Beläge an den Kolben fest und verhindert Geräusche erzeugende Vibrationen. Ebenfalls können Antiquietschbeläge verwendet werden, die wie Abziehbilder an der Rückseite der Bremsbelagträgerplatte angeklebt werden.

Nach Abschluss der Arbeiten an beiden Seiten das Bremspedal mehrmals betätigen, damit die Beläge an den Kolben richtig anliegen. Ebenfalls muss der Bremsflüssigkeitsstand im Behälter des Hauptbremszylinders korrigiert werden. Es beginnt dann die Einfahrzeit der Bremsbeläge, die zwischen 200 und 300 Kilometern dauern kann. Während dieser Einfahrzeit kann die Leistung der neuen Bremsbeläge geringfügig gemindert sein. Während der Einfahrzeit sind abrupte Bremsmanöver oder Vollbremsungen zu vermeiden.

4 Vor Beginn mit den Arbeiten zum Einbau der Beläge im Bremssattel mit einem Holzgriff oder Kunststoffgriff die Kolben der Bremssattel zurück drücken. Hier ist kein Schraubenzieher oder anderes Metallwerkzeug zu verwenden, da damit die Dichtungen der Kolben beschädigt werden könnten. Hierbei den Bremsflüssigkeitsstand im Behälter im Auge behalten. Wurde Bremsflüssigkeit nachgefüllt, so wird sie mit Zurückdrücken der Kolben überlaufen.

5 Die kleinen Federstecker zur Befestigung der Stifte dürfen nicht vergessen werden. Vor jeglicher Belastung des Fahrzeuges mit hohen Geschwindigkeiten muss die gesamte Bremsanlage einer gründlichen und vorsichtigen Probefahrt unterzogen werden. Die Bremsbeläge erfordern eine Einfahrzeit von mehreren hundert Kilometern, während der nur vorsichtig gebremst werden sollte.

PROJEKT 44 • ERNEUERN DER BREMSSCHEIBEN

Zeit: 3 Stunden

Werkzeug: Schlagschraubendreher (sofern erforderlich), Bügelmessschraube

Talent:

Zutreffende Baujahre: alle

Erforderliche Teile: Bremsscheiben, neue Beläge, Kleinteile-Satz für Bremsscheibenbefestigung, neue Bremsbacken für Handbremse (sofern erforderlich)

Tipp: Handbremse einstellen während Zugang besteht

Zweck des Projekts: bessere und sicherere Bremswirkung

Ergänzende Arbeitsgänge: Bremsbeläge erneuern, Feststellbremsbacken erneuern, Bremsschläuche wechseln, neue Radlager montieren.

Die Bremsscheiben sind ein sehr wichtiger Bestandteil der Bremsanlage. Die Bremsbeläge reiben an den Bremsscheiben, und durch die so erzeugte Reibungskraft entsteht die Bremswirkung zur Verzögerung des Fahrzeuges. Verschleißen die Bremsscheiben auf eine zu dünne Stärke oder entstehen Riefen auf ihrer Oberfläche, so nimmt die durch sie erzeugte Bremswirkung ab.

Beim Erneuern der Bremsbeläge immer die Stärke der Bremsscheiben messen. Liegt die Stärke unter der Verschleißgrenze für das betreffende Fahrzeug, so müssen die Bremsscheiben gegen Neuteile ausgetauscht werden. Auf Riefenbildung an der Bremsscheibe prüfen und sicher stellen, dass Messungen der Bremsscheibe an unterschiedlichen Stellen gemacht werden. So wird eine genaue Messung sicher gestellt. Bei Riefenbildung an der Bremsscheibe muss diese zumindest abgebaut und auf einer speziellen Drehbank abgedreht werden. Denn Bremsscheiben mit Riefen verringern die Bremswirkung, werden schneller heiß und mindern die Bremsleistung insgesamt.

Die Messungen mit der Bügelmessschraube sollten von der Mitte der Bremsscheibe aus durchgeführt werden. Die nachstehende Tabelle verwenden, um festzustellen, ob die Bremsscheiben erneuert werden müssen. Ist einmal festgestellt, dass die Bremsscheiben erneuert werden müssen, so ist die weitere Vorgehensweise relativ einfach. Die Vorgehensweise für die vorderen und hinteren Bremsscheiben ist ähnlich, für Zwecke dieses Projektes wird nur der Austausch der Hinterradbremsscheiben behandelt. Dieser ist etwas komplizierter, weil hier die auf die Hinterachse wirkende Handbremse integriert ist.

Zuerst das Fahrzeug aufbocken und das betreffende Rad entfernen. Dann, wie vorhergehend in Projekt 43 beschrieben, die Bremsbeläge aus dem Bremssattel entfernen. Der flexible Bremsschlauch ist am Längslenker des Fahrzeuges mit einer großen Sicherungsklammer befestigt, die sowohl zur Sicherung des Bremsschlauches, als auch der Bremsleitung dient, die an dem hinteren Bremssattel geführt wird. Diese Klammer entfernen, so dass der Bremssattel ohne Verbiegen der Metallbremsleitung abgebaut werden kann.

Nun den Bremssattel vom Längslenker, an dem er befestigt ist, abschrauben. Der Bremssattel wird von zwei 19-mm-Schrauben in Einbaulage befestigt. Nach Ausbauen dieser Schrauben sollte sich der Bremssattel frei von der Bremsscheibe weg bewegen lassen. Bei der Handhabung des Bremssattels mit angeschlossener Bremsleitung Vorsicht walten lassen. Die Bremsleitung kann zwar etwas gebogen werden, eine zu starke Verbiegung kann jedoch ein Brechen der Bremsleitung nach sich ziehen. Die einfachste Methode ist das Zurechtbiegen eines Schweißdrahtes oder Kleiderhakens aus Draht, um den Bremssattel daran anzuhängen und aus dem Wege zu schwenken. In jedem Fall ist darauf zu achten, dass die Bremsleitung keinerlei Zug und Verbiegung ausgesetzt wird. Insbesondere darf der Bremssattel nicht am Bremsschlauch hängen, da hierdurch sowohl der Schlauch als auch die Leitung mit Sicherheit beschädigt werden, ohne dass diese Beschädigung von außen sichtbar sein muss.

Typ und Baujahr	Stärke neu	Verschleißgrenze
Porsche 911 (1965-1968) Bremsscheibe vorne	12,7 mm	11,0 mm
Porsche 911 (1969-1977) Bremsscheibe vorne	12,7 mm	11,0 mm
Porsche 911 Turbo (1976-1977)	20,0 mm	18,0 mm
Porsche 911 (1978-1983) Bremsscheibe vorne	20,0 mm	18,5 mm
Porsche 911 Carrera (1984-1989) Bremsscheibe vorne	24,0 mm	22,0 mm
Porsche 911T/912 (1965-1969) Bremsscheibe hinten	10,5 mm	9,0 mm
Porsche 911 (1970-1977) Bremsscheibe hinten	20,0 mm	18,0 mm
Porsche 911 Turbo (1976-1977) Bremsscheibe vorne	20,0 mm	18,0 mm
Porsche 911 (1978-1983) Bremsscheibe hinten	20,0 mm	18,0 mm
Porsche 911 Carrera (1984-1989) Bremsscheibe hinten	24,0 mm	22,0 mm

PROJEKT 47 • EINSTELLEN DER HANDBREMSE

Zeit: 1 Stunde

Werkzeug: Langer Schraubenzieher, Taschenlampe

Talent:

Zutreffende Baujahre: alle

Erforderliche Teile: Keine

Tipp: Durch ordnungsgemäße Einstellung der Handbremse wird ein Schleifen der Bremse an der Hinterachse vermieden

Zweck des Projekts: bessere Funktion der Handbremse

Ergänzende Arbeitsgänge: Kupplungsseilzug einstellen, Bremsbeläge erneuern

1 Nach Abbauen der Bremsscheibe wird der Mechanismus zum Einstellen der Handbremse erkennbar. Mit Drehen des Zahnrades werden die Handbremsbacken nach außen gedrückt, d.h. gegen die Innenseite des als Trommel ausgeführten Abschnitts der Bremsscheibe. Die Bremsbacken sind dann ordnungsgemäß eingestellt, wenn sie unmittelbar vor dem Greifen an der Innenseite der Bremsscheibe anliegen. An Hand dieses Fotos kann das Zahnrad identifiziert werden, wenn durch die Zugangsbohrung in der Bremsscheibe gesehen wird.

2 Nach Zurückschlagen der Teppichverkleidung werden die Inspektionsöffnungen des Ausgleichshebels (siehe Pfeile) erkennbar. Der Ausgleichshebel muss, wie im Bild dargestellt, gleichmäßig ausgerichtet sein, anderenfalls wird die Handbremse nicht ordnungsgemäß funktionieren. Ist der Ausgleichshebel versetzt angeordnet, so müssen die Handbremsseile an ihrem Befestigungspunkt der Bremsbaugruppe des Hinterrades eingestellt werden.

Zum Einstellen der Handbremse zuerst das Heck des Fahrzeugs aufbocken, das Fahrzeug gegen Wegrollen sichern und die beiden Hinterräder abbauen. So wird Zugang zu den hinteren Bremssätteln erlangt. Der Handbremshebel muss gelöst sein. Mit einem Schraubenzieher die Bremsbeläge etwas zurück drücken, bis die Bremsscheibe frei auf Ihrer Achse drehen kann. Den Füllstand des Bremsflüssigkeitsbehälters prüfen, da ein Zurückdrücken der Bremsbeläge ein Überlaufen des Behälters verursachen kann.

Lässt sich die Bremsscheibe einmal leicht bewegen, so sind die beiden Muttern zur Befestigung des Handbremsseils an der Innenseite des Bremsmechanismus zu lösen. Bei jeglicher Spannung an diesen Seilzügen wird es schwierig sein, die Handbremse einzustellen. Die Einstellung der Handbremsbacken wird durch Drehen eines kleinen Zahnrads mit einem Schraubenzieher erreicht. Dieses Zahnrad kann nur über eine kleine Zugangsbohrung in der Bremsscheibe erreicht werden.

An den Bremsscheiben befindet sich ein großes Loch in der Scheibe. Die Bremsscheibe drehen, bis das kleine Einstellzahnrad durch das Loch erkennbar wird. Hierfür kann eine Taschenlampe erforderlich sein. Das Zahnrad drehen, bis die Bremsbacken der Handbremse fest sind und die Bremsscheibe sich somit nicht länger drehen lässt. Ist ein großer Stellweg des Zahnrads erforderlich und die Bremsscheibe immer noch nicht verdrehsicher gesperrt, so liegt dies wahrscheinlich daran, dass das Zahnrad in der falschen Richtung gedreht wird. Dieses Verfahren für die gegenüber liegende Seite des Fahrzeugs wiederholen.

Nachdem die Zahnräder so eingestellt wurden, dass die Bremsbacken gerade an der Innenseite der Bremsscheibe gegendrücken, sind die Enden der Feststellbremsseile fest zu ziehen. Nun vom Innenraum des Fahrzeugs aus die Teppichverkleidung zur Abdeckung der hinteren Partie des Handbremshebels und der Heizungshebelbaugruppe zurück schlagen. In dem Gehäuse dieser Baugruppe befinden sich 2 Zugangsöffnungen, durch die ein kleiner Hebel erkennbar wird, der an beiden Feststellbremsseilen befestigt ist. Mit Ziehen des Handbremshebels sollte sich dieser Ausgleichshebel bewegen. Ist der Handbremshebel angezogen, so muss dieser Ausgleichshebel parallel zur Achse des Fahrzeugs stehen. Anderenfalls wird eine Seite der Handbremse besser bremsen als die andere. Ist die Lage des Ausgleichshebels verzerrt, so muss das Handbremsseil an dem Punkt eingestellt werden, an dem es an der Rückseite der Bremsbaugruppe festgeschraubt ist. Die Längen der beiden Seilzüge mit den beiden Einstellmuttern einstellen, bis der Ausgleichsbügel parallel zu den Achsen des Fahrzeugs liegt. Nach korrekter Einstellung des Ausgleichshebels die beiden Muttern an den Seilzügen nahe der hinteren Bremsbaugruppe gegeneinander kontern. Dann das Einstellzahnrad der Handbremse mit einem Schraubenzieher durch die Zugangsöffnung in der Bremsscheibe ca. 4 bis 5 Zähne zurück setzen, d. h. lösen. Dann erneut die ordnungsgemäße Ausrichtung der Handbremse prüfen. Die Bremsscheiben sollten sich frei drehen lassen, während sich der Handbremsgriff in der vollständig gelösten, unteren Stellung befindet. Die Bremsscheiben sollten vollständig am Drehen gehindert werden, nachdem die Handbremse mindestens um 4 Klicks angezogen wurde. Den Füllstand des Hauptbremszylinders erneut prüfen und ebenfalls einige Male auf das Bremspedal treten, um sicher zu stellen, dass die Kolben wiederum gegen die Bremsbeläge anliegen.

PROJEKT 48 • ERNEUERN DER HANDBREMSBACKEN

Zeit: 3 Stunden

Werkzeug: 19-mm-Steckschlüssel, Gummihammer

Talent:

Zutreffende Baujahre: alle

Erforderliche Teile: Neue Handbremsbacken

Tipp: Bei Arbeiten an den federbelasteten Mechanismen Schutzbrille tragen

Zweck des Projekts: bessere Funktion der Handbremse

Ergänzende Arbeitsgänge: Bremsbeläge und Bremsscheiben erneuern

1 Die Einstellerbaugruppe mit einem großen Schraubenzieher entfernen. Die Baugruppe wird nach außen von ihrer Einbaulage zwischen beiden Handbremsbacken heraus gehebelt. Die Handbremsbacken hängen dann nur noch lose an ihren Federn.

2 Mit einer Zange die Handbremsfeder von den Bremsbacken aushängen. Bei dieser Feder Vorsicht walten lassen, da sie unter hoher Spannung steht. Ebenfalls den kleinen Federhalter (siehe Pfeil) zur Befestigung der Bremsbacken am hinteren Längslenker lösen. Mit einer Gripzange und einer Langbeckzange die Feder verdrehen und von der Baugruppe entriegeln. Beim Einbau der neuen Bremsbacke Vorsicht walten lassen, da die Federn sehr leicht heraus schnappen und weg fliegen.

Bei mangelhafter Funktion der Handbremse ist es unter Umständen Zeit, die Handbremsbacken zu erneuern. Vorher ist jedoch sicher zu stellen, dass die Handbremsseile und der Handbremshebelgriff ordnungsgemäß eingestellt sind (Projekt 47).

Eine Sichtprüfung der Handbremsbacken kann nach Abbauen der hinteren Bremsscheiben erfolgen. Siehe hierzu Projekt 44. Die Bremsbacken auf Verschleiß sichtprüfen. Die Bremsbacken sollten noch etwas Bremsbelag an ihrer Oberseite aufweisen und es sollten keine tiefen Riefen darin vorhanden sein. Zum Vergleich, zwecks Beurteilung, ob die Bremsbacken erneuert werden müssen, können diese mit den in Projekt 43 dargestellten verglichen werden.

Nach Abbauen der Bremsscheibe von der Bremsbaugruppe den kleinen Handbremseinsteller entfernen, indem dieser zwischen der oberen und unteren Handbremsbacke heraus gehebelt wird. Der Handbremshebelgriff muss für diesen Vorgang ganz nach unten gelöst sein. Bei diesem Demontagevorgang Vorsicht walten lassen, da der Einsteller federbelastet ist und die Federn heraus fliegen können, wenn der Einsteller heraus gehebelt wird.

Nach Entfernen des Einstellers mit einer spitzen Zange die lange Feder entfernen, die die oberen und unteren Bremsbacken zusammen hält und sich nahe der Einbaulage des Einstellers befindet. Hierbei ebenfalls die Feder mit Respekt behandeln, da sie unerwartet weg fliegen kann. Während des gesamten Arbeitsgangs Augenschutz tragen.

Nun die Unterlegscheibe und den konischen Federhaltemechanismus oben an der Baugruppe entfernen. Die Feder hinein drücken und dann die spezielle Federscheibe drehen, so dass diese aus dem Halter heraus geschoben werden kann. Die Teile nicht verlieren, insbesondere wenn sie heraus fliegen sollten.

An der Vorderseite der hinteren Bremsbaugruppe fortfahren und die lange Feder von den beiden Bremsbacken entfernen. Hierzu wie der die spitze Zange verwenden und Vorsicht walten lassen, damit die Finger nicht eingeklemmt werden.

Nach Entfernen aller Federn von der Handbremsbaugruppe sollten sich die obere und untere Bremsbacke einfach von der Baugruppe abheben lassen. Die neue Backe wird in umgekehrter Reihenfolge der Demontage eingebaut. Zur Montage zuerst die lange Feder an der Vorderseite der Bremsbaugruppe einhängen, dann die obere konische Feder und dann die Feder am hinteren Teil. Nach Abschluss dieser Arbeiten die Baugruppe durch mehrmalige Betätigung des Handbremshebels testen. Sorgfältig überprüfen, dass die Federn ordnungsgemäß eingebaut sind und nicht aus den Löchern in den Bremsbacken heraus bewegt werden können. Bei diesen Arbeiten ist es grundsätzlich sinnvoll, immer jeweils nur eine Seite instand zu setzen und die Bremsanlage an der anderen Seite vollständig intakt zu lassen, um so ein klares Bild von der korrekten Einbaulage aller Teile zu behalten.

Die Bremsscheibe wieder anbauen und den Handbremsmechanismus erneut prüfen und einstellen (Projekt 47), bevor der Bremssattel und die Bremsbeläge angebaut werden.

BREMSANLAGE

PROJEKT 49 • ERNEUERN DES HAUPTBREMSZYLINDERS

Zeit: 4 Stunden

Werkzeug: Drehmomentschlüssel

Talent:

Zutreffende Baujahre: alle

Erforderliche Teile: Neuer Hauptbremszylinder, neue Bremsflüssigkeit

Tipp: Bremsflüssigkeit grundsätzlich von allen lackierten Flächen fernhalten

Zweck des Projekts: Bessere Bremsleistung, keine Undichtigkeiten mehr am Hauptbremszylinder

Ergänzende Arbeitsgänge: Einbau neuer Bremsscheiben, Generalüberholung der Pedalbaugruppe

Ohne Zweifel ist die Bremsanlage eines der wichtigsten Systeme am Fahrzeug. Das Herzstück der Bremsanlage bildet der Hauptbremszylinder, in dem der Hydraulikdruck der gesamten Anlage aufgebaut wird. Im Laufe der Jahre unterliegt der Hauptbremszylinder einem Verschleiß und wird undicht. Die Undichtigkeit kann innen oder außen auftreten und führt zwangsläufig zu einer Schwächung der Bremsanlage. Bei Problemen an der Bremsanlage sollte also der Hauptbremszylinder in Verdacht gezogen werden und unter Umständen erneuert werden.

An den Fahrzeugen früherer Baujahre ohne Bremskraftunterstützung ist der Hauptbremszylinder unterhalb des Fahrzeugs angeordnet und wird durch eine große Schutzwanne am Unterboden verdeckt. Diese Wanne muss entfernt werden, um Zugang zum Hauptbremszylinder zu erlangen. Der Hauptbremszylinder ist an der Pedalbaugruppe festgeschraubt und die Bodengruppe des Fahrzeugs ist dazwischen eingeschlossen. Nach Aufbocken des Vorderwagens besteht im Regelfall ein guter Zugang zum Hauptbremszylinder. Siehe Projekt 38 für weitere Einzelheiten. An Fahrzeugen mit Bremskraftunterstützung befindet sich der Hauptbremszylinder im vorderen Gepäckraum.

Vor Entfernen des Hauptbremszylinders muss sicher gestellt werden, dass der Bremskraftverstärker ordnungsgemäß funktioniert. Dieser wird mit dem Ansaugunterdruck des Motors betrieben. Zum Überprüfen des Bremskraftverstärkers bei abgestelltem Motor das Bremspedal mehrmals durchdrücken. So wird der Restunterdruck im Bremskraftverstärker abgebaut. Jetzt das Bremspedal nur leicht gedrückt halten und den Motor dabei anlassen. Bei ordnungsgemäßer Funktion des Unterdruck-Bremskraftverstärkers wird das Bremspedal unter dem Fuß etwas nachgeben. Das heißt, es wird durch die Unterdruckleistung des anspringenden Motors nach unten gezogen. Erfolgt dieses selbsttätige Zurückziehen des Bremspedals nicht, so ist der Bremskraftverstärker wahrscheinlich defekt oder, was wahrscheinlicher ist, es besteht eine Undichtigkeit am Unterdruckschlauch, der vom Ansaugkrümmer des Motors zum Bremskraftverstärker geführt wird.

Zum Ausbauen des Hauptbremszylinders an Fahrzeugen mit Bremskraftunterstützung muss zuerst die Betätigungsstange und Befestigungsmutter vom Fahrzeuginnenraum aus demontiert werden. Hierzu die Bodenblechabdeckung entfernen und den kleinen Stift zur Befestigung der Betätigungsstange am Hauptbremszylinder lösen. Siehe Projekt 38 für weitere Einzelheiten. Zusätzlich wird der Hauptbremszylinder mit einer kleinen Mutter an der Bodengruppe befestigt. Diese Mutter lösen, bevor die Arbeit im vorderen Gepäckraum fortgesetzt wird.

Im vorderen Gepäckraum des Fahrzeugs müssen nun einige Teile ausgebaut werden. Zuerst die Teppichverkleidung und die vordere Abdeckung des Lüftungsgebläses abbauen. Während dieser Arbeiten alle Muttern, Schrauben und Werkzeuge gut festhalten, da sie sonst in den Tiefen des vorderen Gepäckraums verschwinden und sich nur schwer wieder hervorholen lassen. Die Frischluftschläuche, die im Weg liegen, entfernen. Nun die Unterdruckleitungen vom Bremskraftverstärker und den Überlaufschlauch vom Bremsflüssigkeitsbehälter lösen.

Ungeachtet dessen, ob das Fahrzeug mit oder ohne Bremskraftunterstützung ausgeführt ist, ist das Abbauen der Bremsleitungen

Drehmomentwerte für die Befestigung von Bauteilen der Bremsanlage

Bauteile	Schlüsselweite	Gewinde	Drehmoment
Hauptbremszylinder an Bremskraftverstärker	13 mm	M8	25 Nm
Konsole Bremskraftverstärker an Bodenblech	13 mm	M8	25 Nm
Verstärkungsstrebe an Konsole	17 mm	M10	46 Nm
Bremsleitungen an Hauptbremszylinder	11 mm	M10 x 1	14 Nm
Entlüfternippel an Vorderradbremssätteln	9 mm		3 Nm
Entlüfternippel an Hinterradbremssätteln	7 mm		3 Nm

sehr wichtig. Wie beim Einbau der neuen Bremsschläuche ist es sehr wichtig, die Rohranschlussstücke der Leitungen nicht am Gewinde zu beschädigen. Deshalb bei diesen Arbeiten immer einen 11-mm-Bremsleitungsschlüssel verwenden. Siehe Projekt 45 für weitere Einzelheiten. Ebenfalls ist es sinnvoll, den Bereich mit etwas Rostlöser einzusprühen, da die Leitungen oft stark korrodiert sind. Dies trifft insbesondere für Fahrzeuge früheren Baudatums zu, an denen der Hauptbremszylinder der Witterung unter dem Fahrzeug ausgesetzt ist.

Vor Ausbauen des Hauptbremszylinders muss soviel Bremsflüssigkeit wie möglich aus dem Bremsflüssigkeitsbehälter abgesaugt werden. Hierzu eine klinisch reine Absaugspritze verwenden. Die im Behälter verbleibende Flüssigkeit darf nicht verunreinigt werden, insbesondere nicht durch auch kleinste Mineralölrückstände. Dann die Verbindungsschläuche zwischen Hauptbremszylinder und Behälter demontieren. Hierbei keine Bremsflüssigkeit auslaufen lassen. An Fahrzeugen ohne Bremskraftverstärker wird der Hauptbremszylinder mit 2 Muttern an der Pedalbaugruppe festgehalten. An Fahrzeugen mit Bremskraftunterstützung wird der Hauptbremszylinder vom Unterdruck-Bremskraftverstärker über 4 Muttern festgehalten, mit denen dieser am Boden des vorderen Gepäckraums befestigt ist.

Nach Abbauen des Hauptbremszylinders kann dieser auf der Werkbank weiter bearbeitet werden. Den Hauptbremszylinder vom Bremskraftverstärker abschrauben und die beiden Baugruppen voneinander trennen. Fehlen am neuen Hauptbremszylinder irgend welche kleinen Schläuche oder Rohranschlussstücke, so sind diese vom alten Hauptbremszylinder umzubauen. Den neuen Hauptbremszylinder am Bremskraftverstärker befestigen. Die Muttern zur Befestigung am Bremskraftverstärker dürfen nicht fester als 25 Nm angezogen werden. Werden diese Schraubverbindungen zu stark angezogen, so kann der Bremskraftverstärker bleibenden Schaden nehmen. Hier handelt es sich um ein sehr teures Bauteil. Der kleine O-Ring muss am Hauptbremszylinder angebaut werden, bevor dieser am Bremskraftverstärker montiert wird.

Beim Wiedereinbau des Hauptbremszylinders am Fahrzeug müssen ebenfalls die korrekten Anzugsdrehmomentwerte angewendet werden. Siehe hierzu die Drehmomenttabelle auf Seite 138.

Mit Wiedereinbau des Hauptbremszylinders muss die Bremsanlage entlüftet werden. Es kann sinnvoll sein, den Hauptbremszylinder vor dem Einbau auf der Werkbank zu entlüften. Für weitere Informationen zur Entlüftung der Bremsanlage siehe Projekt 46. Nach der Entlüftung der Bremsen alle Anbauteile in der Umgebung des Hauptbremszylinders, die vorher abgebaut wurden, wieder einbauen und alles richtig fest ziehen. Die Teppichverkleidungen und die Bodenblechpartie im Fahrzeuginnenraum wieder anbringen.

Bevor das Fahrzeug bewegt wird, muss die Wirkung der Bremsanlage geprüft werden. Grundsätzlich vorher einige Male das Bremspedal betätigen, bevor losgefahren wird. Bei dieser ersten Probefahrt nicht in der Nähe anderer Fahrzeuge fahren, sondern eine verlassene Strecke benutzen und auf den Einsatz der mechanisch wirkenden Handbremse für den Notfall vorbereitet sein. Nach Einbau des neuen Hauptbremszylinders kann es erforderlich sein, die Bremsanlage erneut zu entlüften. Leuchtet die Bremswarnleuchte auf dem Armaturenbrett auf, so kann dies bedeuten, dass der Schalter am Hauptbremszylinder von Hand zurück gesetzt werden muss, sofern es sich um ein Fahrzeug ohne Bremskraftunterstützung handelt. Handelt es sich um ein Fahrzeug mit Bremskraftunterstützung, so muss das Batterie-Massekabel kurz entfernt werden, um den Schalter zurück zu setzen.

1 An Fahrzeugen mit Bremskraftunterstützung befinden sich der Anschluss des Hauptbremszylinders und die Befestigungsmutter unmittelbar oberhalb des Pedals. Den Betätigungshebel durch Entfernen des kleinen Zapfens, der diesen mit der Pedalbaugruppe verbindet, demontieren (siehe weißer Pfeil). Dieses Foto zeigt ebenfalls die Befestigungsschraube des Hauptbremszylinders (grüner Pfeil).

2 Dieses Foto bietet einen sehr guten Blick auf den Hauptbremszylinder am Porsche 911 mit Bremskraftverstärker. Die beiden Hauptbremsleitungen treten vorne am Hauptbremszylinder in diagonaler Richtung aus. Die Bremsflüssigkeit wird vom Behälter oben dem Hauptbremszylinder zugeführt. Dies erfolgt über den Gewebeschlauch oben rechts im Bild. Wichtig: Ist dieser Schlauch porös, spröde oder undicht, so muss er vor Entlüften der Bremsanlage erneuert werden. Sonst wird mit jedem Pumpen des Bremspedals Luft in die Anlage hinein gesaugt. Die beiden elektrischen Schalter an der Seite des Hauptbremszylinders dienen der Erkennung eines Druckabfalls und somit eines Ausfalls des betreffenden Bremskreises.

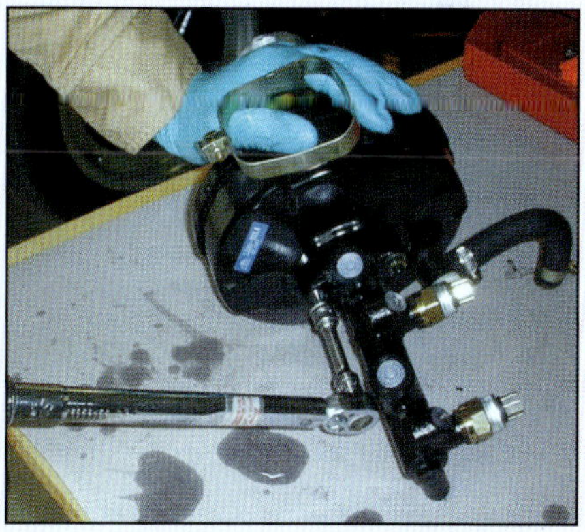

3 Beim Befestigen des Hauptbremszylinders am Bremskraftverstärker müssen die richtigen Drehmomentwerte angewendet werden. Durch zu starkes Anziehen der Muttern kann der Unterdruck-Bremskraftverstärker innen beschädigt werden. Nach Befestigung des Hauptbremszylinders kann dieser auf der Werkbank vorentlüftet werden. Hierzu wird der Hauptbremszylinder mit Bremsflüssigkeit gefüllt und mit einer Holzstange an Stelle der Druckstange des Pedals mehrmals betätigt.

BREMSANLAGE

PROJEKT 50 • GENERALÜBERHOLUNG DER BREMSSÄTTEL

Zeit: 6 Stunden

Werkzeug: Bremsleitungsschlüssel

Talent: 3

Zutreffende Baujahre: alle

Erforderliche Teile: Teilesatz zur Generalüberholung von Bremssätteln, Bremsflüssigkeit, Silikonmontagepaste

Tipp: Die Bremssättel über Nacht in Teilereiniger einweichen lassen

Zweck des Projekts: Bessere Wirkung der Bremsanlage, kein Festklemmen der Bremssättel mehr

Ergänzende Arbeitsgänge: Bremsschläuche erneuern, Bremsbeläge und Bremsscheiben erneuern

Zieht das Fahrzeug beim Bremsen schief, so besteht eine recht hohe Wahrscheinlichkeit, dass dies an einem klemmenden Bremssattel liegt, der generalüberholt werden muss. Dieser Vorgang der Generalüberholung ist tatsächlich wesentlich einfacher als landläufig angenommen. Hierzu muss einfach der Bremssattel abgebaut, zerlegt, gereinigt und dann mit allen Neuteilen, insbesondere Dichtungen, wieder eingebaut werden. Der schwierigste Teil der Arbeit besteht meist darin, den Bremssattel vom Fahrzeug abzubauen.

Zuerst wird das Fahrzeug aufgebockt und der Bremssattel abgebaut (siehe Projekt 44 für weitere Einzelheiten zum Abbauen des Bremssattels von der Bremsscheibe. Siehe Projekt 45 für weitere Einzelheiten zum Demontieren der Bremsleitung vom Bremssattel).

Ist der Bremssattel einmal frei und vom Fahrzeug abgebaut, so wird die Arbeit auf der Werkbank fortgesetzt. Die beiden Hälften des Bremssattels müssen nicht zerlegt werden, wenn hier keine Undichtigkeit bestand. Soll der Bremssattel jedoch vollkommen gereinigt werden, so sollte er hierzu zerlegt sein. Nicht selten führt jedoch das Zerlegen erst zu einer Undichtigkeit, die vorher nicht bestand. Dieser Umstand muss in die Gesamtbeurteilung mit einbezogen werden. Außerdem enthalten die meisten Teilesätze zur Generalüberholung der Bremssättel nicht jene O-Ringe, die zur Abdichtung der beiden Hälften aneinander erforderlich sind.

Dann die Kolben aus den Bremssätteln entfernen. Ein Drahtring zur Befestigung der Staubdichtmanschetten muss unter Umständen vorher entfernt werden. Mit einem kleinen Schraubenzieher die Staubmanschetten am Umfang des Kolbens ablösen. In der Mitte des Bremssattels einen kleinen Holzklotz anordnen, um ein Herausfallen des Kolbens aus dem Bremssattel zu verhindern. Dann mit einer Schraubzwinge einen der Kolben festklemmen. Nun Druckluft durch die Entlüfternippelbohrung des Bremssattels blasen, um den anderen Kolben aus seiner Kammer heraus zu drücken. Hierbei muss vorsichtig vorgegangen werden, da die Druckluft eine ausreichende Kraft erzeugen kann, um den Bremskolben geschossartig heraus fliegen zu lassen. Diese Arbeit sollte also immer so durchgeführt werden, dass der Bremskolben vom Mechaniker weg fliegt und auch in mehreren Metern Umkreis keine gefährlichen Gegenstände oder gar Personen treffen kann. Langsam vorgehen und den Druck nur schrittweise steigern, bis der Kolben am Holzklotz anliegt. Der Kolben darf nicht ganz aus seiner Kammer heraus bewegt werden. Nachdem der Kolben weit genug heraus gedrückt wurde, dass er festgehalten werden kann, die Schraubzwinge lösen und an der anderen Seite ansetzen, so dass der bereits heraus gedrückte Kolben sich nicht weiter hinaus bewegen kann. Nun erneut Druckluft über die Entlüfterbohrung zuführen, bis der andere Kolben ebenso weit heraus gedrückt wird. Wie gesagt, bei der Arbeit mit Druckluft Vorsicht walten lassen, sie hat wesentlich mehr Durchschlagskraft als es erscheint und kann ein plötzliches Herausfliegen der Kolben aus dem Bremssattel bewirken.

Die Seitenflächen der Kolben mit einem Lappen schützen und die Kolben vorsichtig aus dem Bremssattel entfernen. Hierzu am besten die bloße Hand verwenden, jedoch keinerlei Metallwerkzeuge direkt an den Seitenflächen der Kolben ansetzen, da sonst deren Oberfläche zerkratzt werden würde.

Sind die Bremskolben festgefressen, was nach längerer Standzeit auf Grund der Feuchtigkeitsaufnahme der Bremsflüssigkeit leicht erfolgen kann, so sind radikalere Methoden zum Entfernen der Bremskolben erforderlich. Hierzu zuerst die Bremssättel in ihre beiden Hälften zerlegen. Dann die Gehäusehälfte des Bremssattels auf einen Holzklotz schlagen, bis der innere Kolben heraus zu fallen beginnt. Wenn der Kolben zuerst heraus bewegt wird und dann festklemmt, so muss er wieder ganz hinein gedrückt werden, um dann einen erneuten Versuch zu unternehmen. Letztendlich sollte sich der Kolben aus der Gehäusehälfte des Bremssattels entfernen lassen.

Eine weitere Methode besteht in der Verwendung der Bremsanlage des Fahrzeugs, um die Kolben zu entfernen. Den Bremssattel wieder am Fahrzeug anschließen und über einen Helfer das Bremspedal pumpen lassen, um die innen liegenden Kolben heraus zu drücken. Hierbei müssen alle Kolben gleichzeitig herausfallen, da nach Herausfallen nur eines Kolbens der andere nicht mehr unter Druck gesetzt werden kann.

Sind die Kolben einmal vom Bremssattel demontiert, so sind sowohl die Innenseite und die Außenseite des Bremssattels mit Bremsenreiniger oder einem anderen geeigneten Lösungsmittel zu säubern. Alle Kanäle müssen mit Druckluft durchgeblasen werden, und es wäre sinnvoll, die gesamte Baugruppe über Nacht in Teilereiniger einzu-

1 Eine Generalüberholung der Bremssättel ist wesentlich einfacher als landläufig angenommen wird. Der Bremssattel muss einfach zerlegt, gereinigt und mit neuen Dichtungen und Staubmanschetten an den Kolben wieder eingebaut werden. Professionell generalüberholte Bremssättel werden oft gesandstrahlt und eloxiert. Eine Generalüberholung der Bremssättel kann eine Menge mysteriöser Probleme mit der Bremsanlage beheben, die bis dahin aufgetreten seien mögen.

2 Der innere Kolbendichtring muss erneuert werden. Dieser Dichtring verhindert ein Austreten von Bremsflüssigkeit am Bremskolben vorbei. Die gesamte Innenfläche des Bremskolbenzylinders auf Verunreinigung, Fremdmaterial und Korrosion überprüfen und säubern. Die Innenfläche der Bremskolbenaufnahme darf hierbei nicht zerkratzt werden. Anderenfalls treten Probleme bei der Montage auf und der Bremssattel wird undicht.

weichen. Sind der Kolben oder die Innenseite des Bremssattels stark verrostet oder ausgefressen, so sollte der Bremssattel erneuert werden. Etwas Oberflächenrost ist in Ordnung, dieser sollte mit einem rauen Tuch oder einem Kunststoffschleifkissen wegpoliert werden. Die gesamte Innenfläche des Bremssattels und die Außenfläche des Kolbens müssen gründlich gereinigt werden, so dass sie perfekt sauber sind.

Nachdem Bremssattel und Kolben gereinigt wurden und trocken sind, sind der Bremssattel und die Kolben mit Silikonmontageschmiermittel zu bestreichen. In Ermangelung dieses speziellen Mittels muss die gesamte Baugruppe mit sauberer Bremsflüssigkeit benetzt werden. Die Staubmanschette am Bremskolben darf jedoch keinem Schmiermittel und auch keiner Bremsflüssigkeit ausgesetzt werden.

Den neuen Kolbendichtring an der Innenseite der Bremskolbennut einsetzen. Dieser sollte gleichmäßig in der Nut passen und nur leicht hervorstehen. Den Dichtring mit etwas Bremsflüssigkeit anfeuchten. Nun den Kolben in den Bremssattel einsetzen. Er sollte leicht hinein rutschen und erst bei Anliegen des Kolbendichtrings erhöhten Widerstand zeigen. Hierbei sicher stellen, dass der Kolben nicht verkantet wird. An der nach außen sichtbaren Stirnfläche des Kolbens befindet sich am Umfang ein Absatz. Dieser Absatz ist in einem Winkel von 20 Grad zu den Bremsbelägen auszurichten (siehe schematische Darstellung). Dieser Winkel dient einer Vermeidung von Quietschgeräuschen der Bremsbeläge, während diese gegen die Bremsscheibe gedrückt werden.

Nachdem dieser Kolbenwinkel korrekt eingestellt ist, wird der Kolben in die Gehäusehälfte des Bremssattels hinein geschoben. Nach Hineinschieben des Kolbens erneut diesen Winkel überprüfen. Ist er nicht korrekt, so muss der Kolben erneut heraus bewegt und ausgerichtet werden.

Nach Einbau beider Kolben, die Staubmanschette am Umfang der Kolben ansetzen und den Befestigungsring anbringen. Am Bremssattel der Hinterachse sollten die Kolben ca. 3 mm vom Gehäuse hervorstehen, um die Staubmanschette sich setzen zu lassen.

Nach Einbau der Staubmanschetten die Bremssättel wieder am Fahrzeug anbauen. Die Bremsbeläge einbauen (Projekt 43) und die Bremsanlage entlüften (Projekt 46). Vor einem Bewegen des Fahrzeugs mehrmals die Bremse betätigen und vor Unternehmen einer Probefahrt die Funktion der Bremsanlage unbedingt überprüfen.

3 In dieser schematischen Darstellung ist die ordnungsgemäße Ausrichtung der Bremskolben im Bremssattel dargestellt. Der Absatz am Bremskolben muss um 20 Grad versetzt angeordnet werden, bevor der Bremssattel wieder am Fahrzeug angebaut wird. Auf diese Weise werden Quietschgeräusche der Bremsbeläge vermieden.

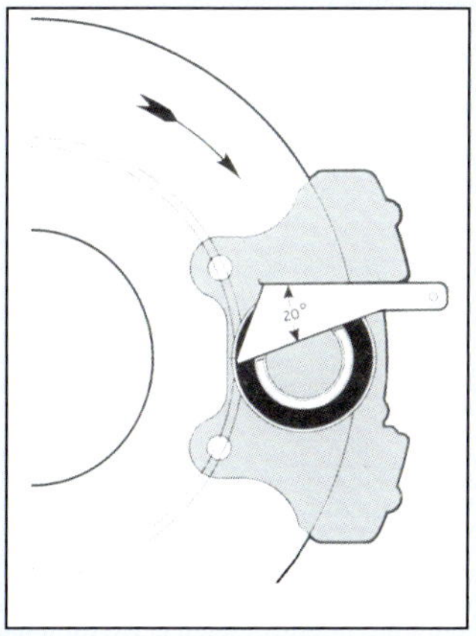

ABSCHNITT SIEBEN

FAHRWERK

Die Ausführung des Fahrwerks am Porsche 911 hängt insbesondere von dem Einsatzbereich des Fahrzeugs ab. Glücklicherweise lässt sich das Fahrwerk leicht modifizieren und entsprechend den eigenen Vorstellungen anpassen. Ob der Porsche 911 nun für den Rallyeeinsatz verwendet werden soll oder als Alltagsfahrzeug, die Projekte in diesem Abschnitt werden Verbesserungen und Wartungsarbeiten in Einzelheiten darlegen, die erforderlich sind, um den Porsche 911 an das eigene Fahrprofil anzupassen.

PROJEKT 51 • EINBAU EINER DOMSTREBE

Zeit: 4 Stunden

Werkzeug: Steckschlüsselsatz, 22-mm-Schlüssel, Gelenkgriff

Talent:

Zutreffende Baujahre: alle

Erforderliche Teile: Domstreben-Teilesatz

Tipp: Die hintere äußere Mutter an den Federdomen nicht lösen, da dies einen kompletten Verlust der Radeinstellung zur Folge hätte

Zweck des Projekts: Besseres Handling, insbesondere in scharfen Kurven

Ergänzende Arbeitsgänge: Neue Stoßdämpfer einbauen, Radeinstellung an der Vorderachse vornehmen

Der Porsche 911 ist für sein agiles und hervorragendes Handling bekannt. Die Konstruktion des Heckmotorantriebs bewirkt jedoch in diesem Bereich eine kritische Schwachstelle. Anders als Porsche 914 mit Mittelmotor ist am Porsche 911 keine Spritzwand am Vorderwagen angeschweißt. So stehen also die Federdome einzeln ohne Abstützung in Querrichtung. Bei starker Kurvenfahrt verbiegen sie sich oft und geben nach, was das Handling des Fahrzeugs äußerst nachteilig beeinflusst.

Generell lässt sich sagen, je steifer die Bodengruppe ausgeführt ist, um so besser das Handling des Fahrzeugs. Eine Domstrebe dient dazu, den Abstand zwischen den Federdomen bei starker Kurvenfahrt konstant zu halten. Eine die Oberseite beider Federdome miteinander verbindende Stange stellt sicher, dass bei den Verwindungen der Bodengruppe die Federdome nicht mit verbogen werden.

Domstreben sind von verschiedenen Herstellern erhältlich, die Konstruktion ist jedoch grundsätzlich gleich. Die Verbindungsstange wird einfach oben an der Federbeinbefestigung angeschraubt.

Der Einbau einer Domstrebe ist eigentlich sehr einfach und kann binnen eines Nachmittags abgeschlossen werden. Zum Einbau einer Domstrebe muss etwas von der Karosserieversiegelung entfernt werden, die oben an den Federdomen aufgetragen ist. Hierbei Schutzbrille tragen.

Die Domstrebe wird oben an den Federdomen angeschraubt und erfordert keine erneute Radeinstellung am Fahrzeug. An einigen Ausführungen einer Domstrebe kann jedoch etwas mehr negativer Sturz eingestellt werden, wenn die Radeinstellung dies erfordert. Die Bodengruppe vieler Porsche 911 ist mit einer breiten Streuung der Radeinstellwerte gefertigt worden und der Einbau der Domstrebe wird das Einstellen einer exakteren Vorderachsgeometrie ermöglichen. Ebenfalls wird die Domstrebe ein Absacken der Karosserie verhindern, die oft an älteren Porsche 911 auftritt.

Wie bei allen Änderungen an der Federung des Porsche 911 kann das Fahrverhalten durch den Einbau der Domstrebe signifikant verändert werden. Die gesamte Radaufhängung und Federung muss insgesamt aufeinander abgestimmt werden, um das korrekte Gefühl für das Handling des Fahrzeugs zu erlangen. So wird von führenden Herstellern von Domstreben empfohlen, folgende Änderung vorzunehmen, um die Vorteile der geringeren Sturzabweichung zu nutzen:

1. Den Vorderachsstabilisator auf eine straffere Stellung einstellen. Dies erfolgt durch Kürzen des Stabilisatorhebelarms (sofern verstellbar) oder durch Einbau eines dickeren Stabilisators.

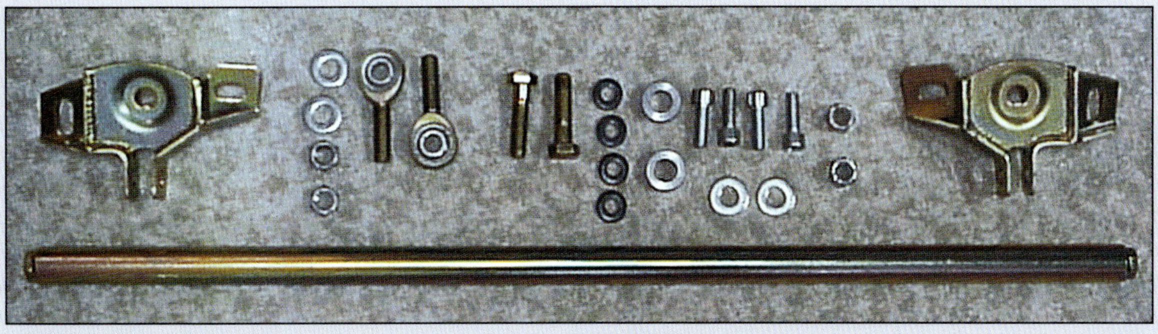

1 Der Teilesatz für die Domstrebe sollte alle Teile enthalten, die für den Einbau erforderlich sind. Der im Bild dargestellte Teilesatz ist ein qualitativ hochwertiges Beispiel für die Vielzahl von Domstreben, die erhältlich sind. Für den Porsche 911 sind unbedingt speziell angefertigte Befestigungsbleche für die Oberseite der Federbeindome, wie links und rechts im Bild dargestellt, erforderlich.

FAHRWERK

PROJEKT 55 • ERNEUERN DER SPURSTANGEN

Zeit: 2 Stunden

Werkzeug: Schraubenschlüsselsatz, Trenngabel zum Entfernen von Spurstangen

Talent:

Zutreffende Baujahre: alle

Erforderliche Teile: Spurstangenköpfe, Splinte

Tipp: Die Länge jeder Spurstange messen, bevor diese ausgebaut wird

Zweck des Projekts: Straffere Lenkung und Vorderradaufhängung

Ergänzende Arbeitsgänge: Nachrüstung des Turbo-Spurstangensatzes

Die Vorderradaufhängung und Lenkung des Porsche 911 müssen straff und ohne Spiel gehalten werden. Nach einigen Jahren verschleißen die beweglichen Teile der Anlage und weisen dann ein exponentiell zunehmendes Spiel auf. Lässt sich das Lenkrad einige Grad in jeder Richtung drehen, ohne einen Einfluss auf die Spur des Fahrzeuges zu haben, so weist dies darauf hin, dass eine oder mehrere Bauteile der Radaufhängung ihre Verschleißgrenze erreicht haben.

Die am häufigsten zu erneuernden Teile sind die Spurstangenköpfe. Diese Gelenke befinden sich jeweils am Ende jeder Spurstange und legen die Winkellage jedes Vorderrades beim Lenkeinschlag fest. Ist der Spurstangenkopf verschlissen, so ist eine präzise Lenkung nicht mehr möglich. Es wird Radflattern an den Vorderrädern auftreten, außerdem möglicherweise einseitiger Reifenverschleiß und ein Verlust der korrekten Radeinstellung. Verschleiß der Spurstangen kann Vibrationen im Lenkrad hervorrufen.

Das Austauschen der Spurstangenköpfe ist recht einfach, sofern die richtigen Werkzeuge vorhanden sind. Jeder Spurstangenkopf ist am Achsschenkel mit einer Konuspassung befestigt. Somit wird der Spurstangenkopf über die Befestigungsmutter sicher in den Achsschenkel hinein gepresst und kann nicht ohne Spezialwerkzeug entfernt werden. Als Spezialwerkzeug eignet sich am besten eine angewinkelte Trenngabel, die speziell für diesen Arbeitsgang konstruiert ist. Nicht mit einem großen Hammer oben gegen den Spurstangenkopf schlagen, da dies nur den gesamten Achsschenkel verbiegen wird.

1 Das Ausbauen des Spurstangenkopfes ist ohne die Verwendung der Trenngabel so gut wie unmöglich. Diese Trenngabel erzeugt einen Druck am Spurstangenkopf und trennt diesen vom Achsschenkel. Wiederholtes Aufschlagen mit dem Hammer an der Trenngabel ist erforderlich, um den Spurstangenkopf zu lösen, da dieser mit einem Kegelsitz im Achsschenkel verkeilt ist.

2 Der Einbau der neuen Spurstange ist der einfachste Teil des Arbeitsgangs. Der Spurstangenkopf wird einfach am Achsschenkel angesetzt und die obere Mutter wird fest gezogen. Der Sicherungssplint muss unbedingt eingebaut werden. Er ist auf dem Foto nicht dargestellt.

Den kleinen Splint aus der Kronenmutter heraus ziehen und die Mutter mit einem Steckschlüssel entfernen. Die Trenngabel zwischen Achsschenkel und Spurstangenkopf einsetzen und dann wiederholt mit einem großen Hammer gegenschlagen. Die Keilform der Trenngabel wird den Konus des Spurstangenkopfzapfens aus dem Achsschenkel heraus drücken. Die Trenngabel muss gegebenenfalls wiederholt kräftig beaufschlagt werden, bevor der Spurstangenkopf heraus springt.

Vor Entfernen des Spurstangenkopfes von der Spurstange muss die Einbaulage der beiden Teile zueinander gemessen und markiert werden. Die Länge der gesamten Spurstange muss exakt gleich bleiben, anderenfalls wird die Einstellung der Vorspur und somit sie gesamte Vorderachsgeometrie grob verzerrt. Hierzu ist es sinnvoll, den Spurstangenkopf am Gewinde zu markieren, wie weit er an der Spurstange aufgeschraubt war und dann einen neuen Spurstangenkopf in exakt dieselbe Einbaulage zu schrauben.

Ist der Spurstangenkopf einmal vom Achsschenkel getrennt, so sollte er sich einfach von der Spurstange abschrauben lassen. Hierbei ist zu beachten, dass die serienmäßigen Spurstangen mit zwei Einstellmöglichkeiten versehen sind, eine an der Seite des Spurstangenkopfes und eine am Befestigungspunkt der Spurstange in der Zahnstangenlenkung. Beim Abschrauben des Spurstangenkopfes deshalb mit einem Schraubenschlüssel die Spurstange verdrehsicher festhalten, anderenfalls wird versehentlich die Länge der Spurstange durch Heraus- oder Hineindrehen aus der Zahnstangenlenkung geändert.

Der neue Spurstangenkopf wird durch Festziehen der neuen Kronenmutter oben am Gewinde des Sicherungszapfens befestigt. Die Bohrung für den Splint zu den Zacken der Kronenmutter ausrichten. Den Splint einsetzen und die Enden herum biegen, so dass dieser nicht heraus fallen kann. Nach dem Einbau der neuen Spurstangenköpfe die Radeinstellung im Rahmen einer Achsvermessung prüfen lassen, da bei auch noch so genauer Wahrung der Länge der Spurstangenköpfe Abweichungen bestehen können. Außerdem hatte das in den verschlissenen Spurstangenköpfen vorliegende Spiel einen Einfluss auf die vorher vorhandene und als Vergleichswert dienende Radeinstellung. Beim Erneuern der Spurstangenköpfe ist es ebenfalls sinnvoll, den Turbo-Spurstangensatz einzubauen (siehe Projekt 56). Durch Verwendung dieses Teilesatzes wird der gesamte Lenkungsmechanismus wesentlich straffer, ein Zurückschlagen der Lenkung wird auf ein Mindestmaß reduziert und der Teilesatz enthält außerdem zwei nagelneue Spurstangen.

PROJEKT 56 • EINBAU DES TURBO-SPURSTANGENSATZES

Zeit: 4 Stunden

Werkzeug: Trenngabel zum Ausbau von Spurstangenköpfen, Steckschlüsselsatz

Talent:

Zutreffende Baujahre: alle

Erforderliche Teile: Turbo-Spurstangensatz

Tipp: Den Teilesatz dann einbauen, wenn ein Erneuern der Spurstangenköpfe ohnehin ansteht.

Zweck des Projekts: Straffere Lenkung des Fahrzeugs

Ergänzende Arbeitsgänge: Tieferlegung der Vorderachse, Erneuern der Spurstangenköpfe

1 Der komplette Turbo-Spurstangensatz enthält alle Bauteile für diese Umbaumaßnahmen. Der Teilesatz enthält neue Spurstangenköpfe, Distanzscheiben, Spurstangen und neue Staubmanschetten für die gesamte Baugruppe. Wenn ohnehin die Erneuerung der Spurstangenköpfe geplant war, so ist es sinnvoll, gleich den gesamten Teilesatz einzubauen.

2 Nach Ausbauen der alten Spurstange muss diese mit der neuen verglichen und auf die entsprechende Länge eingestellt werden. Sind die Spurstangen nicht gleich lang, so wird die Radeinstellung schwerwiegend beeinträchtigt. Der Abstand zwischen Spurstangenkopf und Befestigungsflansch an der Zahnstangenlenkung ist gleich. Ungeachtet der Präzision der eigens durchgeführten Messungen muss das Fahrzeug nach Einbau der Spurstangen einer Achsvermessung unterzogen werden. Dies dient dann auch der Kompensierung von Verschleiß des alten Spurstangenkopfes, der nun nicht mehr vorhanden ist. Bei der Messung muss die zusätzliche Distanzscheibe in Betracht gezogen werden. Sie ist im Bild nicht dargestellt.

An Porsche 911 Baujahr 1969 bis 1989 ist der Umbau auf die so genannten Turbo-Spurstangen eine besonders beliebte Nachrüstung. Die am regulären Porsche 911 verwendeten Spurstangen sind bauartbedingt flexibel und werden mit zunehmendem Gebrauch locker. Die für den Porsche 911 Turbo verwendeten Spurstangen sind jedoch anders konstruiert und geben so eine wesentlich straffere Rückkopplung über das Lenkrad und halten außerdem wesentlich länger als die regulären Spurstangen.

Zum Einbau der Turbo-Spurstangen das Fahrzeug vorne aufbocken und die beiden Vorderräder entfernen. Hierzu die Vorgehensweise im Projekt 1 befolgen. Dann die Spurstangenköpfe von ihrem Anschluss am Achsschenkel trennen. Siehe Projekt 55 für weitere Einzelheiten. Die Spurstangenköpfe nicht von den Spurstangen entfernen, außerdem dürfen die Spurstangenköpfe oder die Spurstange selber nicht gedreht werden. Bei dieser Arbeit sind am besten erst die Arbeitsgänge an einer Seite des Fahrzeuges abzuschließen, bevor an der anderen Seite fortgefahren wird.

Sind die Spurstangenköpfe einmal getrennt, so werden die Federhalter zur Befestigung und Sicherung jedes Spurstangenkopfes (an der Gummimanschette) an der Spurstange sowie an der Zahnstangenlenkung gelöst. Zwecks Zugang zu diesen Federhaltern die Unterbodenschutzwanne entfernen, die die Zahnstangenlenkung vor Verunreinigung und Steinschlag schützt. Diese Wanne wird mit 4 Schrauben festgehalten. Ist die Wanne einmal abgebaut, so sollte die Zahnstangenlenkung klar erkennbar sein, ebenfalls die Gummimanschette und die Federhalter, die diese mit der Zahnstangenlenkung außen verbinden.

Mit einem kleinen Schraubenzieher vorsichtig den Federhalter von der Manschette abhebeln. Hierbei darf der innere Federhalter nicht beschädigt werden, da er beim Einbau der neuen Manschette mit dem Teilesatz wieder verwendet werden muss. Der Federhalter kann innen am Gehäuse der Zahnstangenlenkung hängen bleiben, er muss nicht vollständig ausgebaut werden.

Nun die alte Spurstange von der Zahnstangenlenkung abschrauben. Dieser Arbeitsgang ist etwas schwierig. Die alte Spurstange kann in der Zahnstangenlenkung sehr fest sitzen und einen recht hohen Kraftaufwand erfordern, um ausgebaut zu werden. Jedoch kann die Spurstange selbst angewinkelt werden, um eine entsprechende Hebelwirkung zu erlangen. Hierzu die Spurstange einfach ganz nach unten biegen und gegen den Uhrzeigersinn verdrehen. Unter Umständen muss ein langer Schraubenzieher oder eine Stange in das mit Bohrungen versehene Ende eingesteckt werden, um eine zusätzliche Hebelwirkung zu erlangen. Mit ausreichendem Kraftaufwand sollte sich die Spurstange jedoch aus der Zahnstangenlenkung lösen lassen.

Ist die alte Spurstange einmal abgebaut, so muss die alte Gummimanschette entfernt werden. Dann wird die frei liegende Metallstange der Zahnstangenlenkung erkennbar. Während dieser Arbeiten darf keine Verunreinigung oder Fremdmaterial an die Zahnstangenlenkung geraten. Die neuen Spurstangen erfordern die Verwendung einer großen Distanzscheibe, die zwischen Zahnstangenlenkung und Spurstange eingesetzt wird. Diese Distanzscheibe beim Einbau der

3 Ein Vergleich der neuen und alten Spurstangen nebeneinander zeigt den Unterschied in der Ausführung der Lenkmanschette und dem Flansch an der Stirnseite der Zahnstangenlenkung. Zum Ausbauen der alten Spurstange diese einfach aus der Zahnstangenlenkung heraus schrauben.

4 Wenn die Spurstange beim Einschrauben in die Zahnstangenlenkung unten am Gewinde anschlägt, bevor sie am Flansch anliegt, so muss die Distanzscheibe zwischen Spurstange und Zahnstangenlenkung verwendet werden. Die gesamte Baugruppe vorher probeweise montieren und die Distanzscheiben nur dann nicht verwenden, wenn die Spurstange so sicher in das Ende der Zahnstange eingeschraubt werden kann.

neuen Spurstangen nicht vergessen, da sonst kein ordnungsgemäßer Sitz an der Zahnstangenlenkung erlangt wird.

Vor abschließendem Einbau der neuen Spurstange die neue und die alte Spurstange auf der Werkbank nebeneinander legen und die neue Spurstange so einstellen, dass die Länge von Spurstangenkopf bis Anlagefläche an der Zahnstangenlenkung exakt gleich ist. Die Längen beider Spurstangen müssen gleich eingestellt werden, so dass die Änderung der Radeinstellung am Fahrzeug auf ein Mindestmaß reduziert wird. Die Achsvermessung und Radeinstellung muss ohnehin vorgenommen werden. Um jedoch den Reifenverschleiß während der Fahrt zur Fachwerkstatt auf ein Mindestmaß zu begrenzen, muss beim Einbau der Spurstangen die Radeinstellung so nahe wie möglich an den vorhandenen Werten orientiert werden. Bei der Berechnung der Länge der beiden Spurstangen darf die Stärke der Distanzscheibe nicht außer Acht gelassen werden. Die letztendliche Position des Spurstangenkopfes an der neuen Spurstange markieren und diese dann abbauen.

5 Die Federringe zur Befestigung der Manschette am inneren Ende der Zahnstangenlenkung nicht vergessen. Die Manschette schützt die Zahnstangenlenkung vor Verunreinigung und Steinschlag, der sonst die Verzahnung der Zahnstange verstopfen und verschleißen lassen würde. Beim Einbau der Manschette darf keine Verunreinigung in die Zahnstangenlenkung gelangen.

Vor Einschrauben der Spurstange in die Zahnstangenlenkung einige Tropfen Loctite-Sicherungsmasse an dem Gewinde auftragen. Nach Einsetzen der Spurstange in die Zahnstangenlenkung die Spurstange mit einer großen Gripzange fest ziehen. Zum Festziehen der Spurstange ist auch ein Porsche-Spezialschlüssel erhältlich, bei vorsichtiger Vorgehensweise kann die Spurstange jedoch auch mit der herkömmlichen Gripzange fest gezogen werden. Hierbei einen Lappen dazwischen legen, um die neue Spurstange nicht an der Oberfläche zu beschädigen.

Nun wird die Lenkmanschette an der Zahnstangenlenkung befestigt, die vorher über die Spurstange hätte gestülpt werden sollen. Anderenfalls müsste der Spurstangenkopf an der Achsschenkelseite der Spurstange entfernt werden, um die Lenkmanschette nach Einbau der Spurstange überzustülpen. Hierbei würde natürlich die vorgegebene Länge der Spurstange wieder verstellt werden. Das ordnungsgemäße Anordnen der Lenkmanschette an der Zahnstangenlenkung und an der Spurstange kann sich als der schwierigste Teil der Arbeit erweisen. Die Manschette mit Zangen und Schraubenziehern an jeder Seite entsprechend dehnen. Hierzu können mehrere Versuche erforderlich sein, die Montage ist jedoch möglich. Befindet sich die Lenkmanschette einmal in Einbaulage, so ist die innere Feder über die Manschette wieder einzubauen, um diese am Gehäuse der Zahnstangenlenkung zu befestigen.

Nach Einbau der Manschette den Spurstangenkopf wieder anbringen. Die Länge der Spurstange entspricht dem Maß der ausgebauten Spurstange. Die Position des Spurstangenkopfes so einstellen, dass sie zu der Markierung ausgerichtet ist, die vorher angefertigt wurde, als die neue Spurstange mit der ursprünglich am Fahrzeug vorhandenen verglichen wurde.

Zum Abschluss der Arbeit den neuen Spurstangenkopf in den Achsschenkel einbauen (siehe Projekt 55). Dieselbe Vorgehensweise für die gegenüber liegende Seite befolgen. Die Schutzwanne am Unterboden wieder anbringen, außerdem die Räder und das Fahrzeug auf den Boden ablassen. Das Fahrzeug sollte dann direkt einer Achsvermessung unterzogen werden und die Fahrt zur Werkstatt sollte auf ein Mindestmaß begrenzt werden. Trotz der angebrachten Markierung ist es sehr leicht, die Vorderachsgeometrie an der Vorspur mit Erneuern der Spurstangen zu verstellen. Ist irgend eine weitere Maßnahme an der Vorderradaufhängung geplant, die einen Einfluss auf die Radeinstellung haben könnte, so wäre es sinnvoll, diese jetzt durchzuführen, da sonst das Fahrzeug erneut zur Achsvermessung gebracht werden müsste.

PROJEKT 57 • RADEINSTELLUNG AM PORSCHE 911

Zeit: 2 Stunden

Werkzeug: Achsvermessungsprüfstand

Talent:

Zutreffende Baujahre: alle

Erforderliche Teile: Keine

Tipp: Diese Arbeit ist der Fachwerkstatt zu überlassen

Zweck des Projekts: Besseres Handling und bessere Spurtreue der Vorderachsgeometrie

Ergänzende Arbeitsgänge: Stoßdämpfer, Radlager, Spurstangenköpfe, Traggelenke erneuern, Fahrzeug tiefer legen, Umrüstung auf Turbo-Spurstangen

Der Porsche 911 ist für sein gutes Handling und das ausgezeichnete Fahrwerk weltbekannt. Die konstruktiven Eigenschaften des Wagens können natürlich nur zum Tragen kommen, wenn die Vorderachsgeometrie und die Ausrichtung von Vorder- und Hinterachse sowie die Hinterachsgeometrie ordnungsgemäß eingestellt sind. Diese Einstellungen fallen alle unter den Begriff Radeinstellung. Fünf unterschiedliche Winkel bzw. Maße müssen für eine ordnungsgemäße Radeinstellung eingehalten werden. Es handelt sich um den Sturz am Vorderrad, den Nachlauf am Vorderrad, die Spur am Vorderrad sowie den Sturz am Hinterrad und die Spur am Hinterrad. Alle diese Werte können entweder auf die werksseitig vorgegebenen Angaben eingestellt werden oder etwas abgeändert werden, um eine bessere Leistung des Fahrzeuges im Motorsporteinsatz zu erlangen. Eine falsche Radeinstellung wird in jedem Fall erheblichen einseitigen Reifenverschleiß zur Folge haben und die Beherrschbarkeit des Fahrzeugs gravierend beeinträchtigen. Eine fehlerhafte Radeinstellung lässt sich am ehesten daran erkennen, dass das Fahrzeug auf ebener gerader Strecke zu einer Seite weg zieht.

Obwohl der „Hobbyschrauber" die Grundeinstellung der Vorspur an der Vorderachse vornehmen könnte, sollte diese Einstellung sowie die Einstellung aller anderen Radeinstellgrößen einer Fachwerkstatt überlassen werden, die über einen entsprechenden Achsvermessungsprüfstand verfügt. Die korrekten Winkel und Einstellungen für das Fahrzeug können ohne Verwendung eines derartigen Prüfstands nicht eingestellt werden.

Der Sturz bedeutet die Neigung des Rades in Grad Abweichung von der Mittellinie des Rades von der senkrechten Ebene des Fahrzeugs. Ist das Rad oben nach innen geneigt, so spricht man von negativem Sturz. Ist das Rad oben nach außen geneigt, so handelt es sich um einen positiven Sturz. Am Porsche 911 sollte der Sturz am Vorderrad immer soweit wie möglich nahe Null eingestellt werden, mit einer

1 Sturz Null

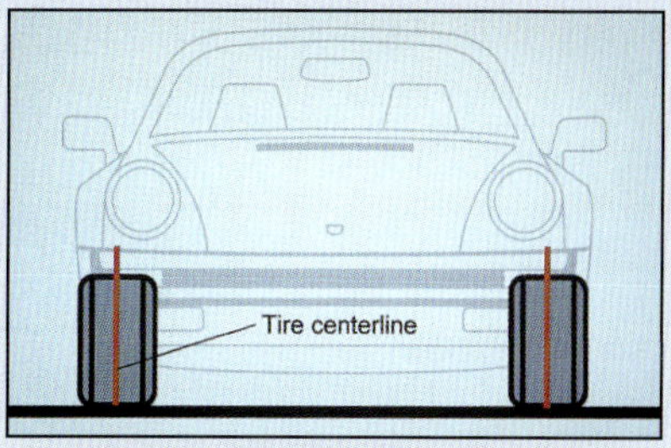

Bei Einstellen des Fahrzeuges mit Sturz Null stehen die Räder exakt im rechten Winkel zum Boden. Die Reifen haben eine gleichmäßige Kontaktfläche mit der Fahrbahnoberfläche und ein Mindestmaß an Verschleiß und Reibung beim Einlenken. Das Gewicht des Fahrzeugs ist gleichmäßig auf das Reifenprofil verteilt, die Rückkopplung durch das Lenkrad kann jedoch etwas schwerfällig erscheinen. Im Bild sind die Reifengrößen kleiner als maßstabsgetreu dargestellt und die Sturzwinkel sind der Veranschaulichung halber übertrieben.

2 Negativer Sturz

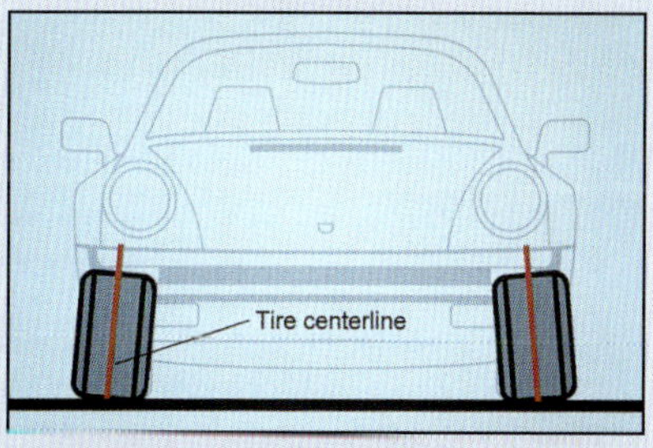

Der untere Teil der Reifen ist nach außen geneigt bzw. die Reifen sind oben nach innen geneigt, wodurch der Reifen an der Innenkante einem erhöhten Verschleiß unterliegt. Der Porsche 911 hat eine Einzelradaufhängung an der Vorderachse, wodurch beim Überfahren von Bodenunebenheiten ein leichter negativer Sturz entsteht. Mit Einfedern der Federung und Bewegung des Rades nach oben wird das Rad leicht nach innen geneigt und eine Änderung der Gesamtspur, d.h. des Abstands zwischen linkem und rechtem Rad wird so vermieden. Obwohl hierdurch der Sturzwinkel des Rades kurzzeitig geändert wird, verhindert es ein Radieren des Reifens und somit erhöhten Verschleiß beim Überfahren jeder einzelnen Bodenunebenheit.

3 Positiver Sturz

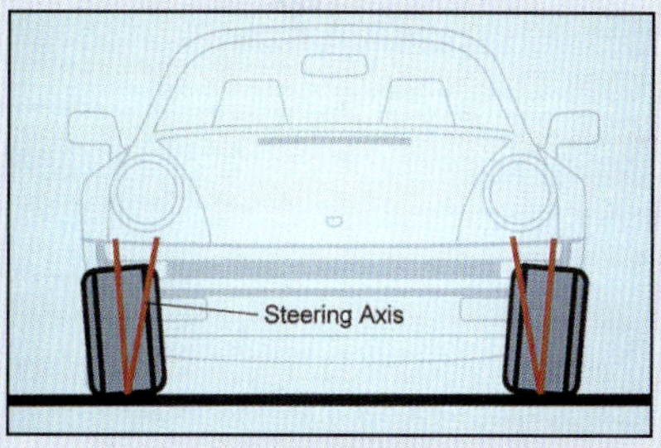

Durch positiven Sturz unterliegen die äußeren Reifenprofilkanten einem höheren Verschleiß als die inneren. Mit werksseitig vorgegebener Einstellung sollte der Porsche 911 einen leichten positiven Radsturz aufweisen, von ca. 1/16 Grad. Hierdurch soll die Radaufhängung beim Überfahren von Fahrbahnunebenheiten eine erhöhte Stabilität erhalten bzw. bei Kurvenfahrt an den üblicherweise in der Mitte erhöhten Fahrbahnoberflächen der meisten zweispurigen Straßen.

4 Positiver Nachlauf

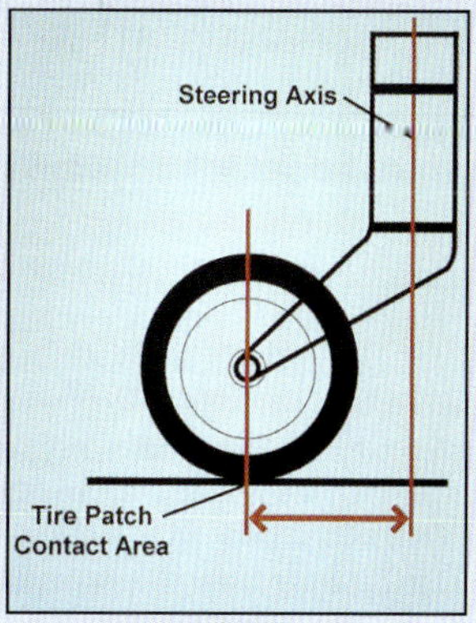

Das Konzept des positiven Nachlaufs lässt sich am besten am Rad eines Einkaufswagens veranschaulichen. Die Lenkachse jedes Rades liegt vor der Reifenaufstandsfläche. Die Last des Einkaufswagens wirkt auf eine Stelle vor den Rädern mit Vorwärtsbewegung des Einkaufswagens und die Räder drehen sich an ihrer Drehachse, um so der Richtung des Einkaufswagens zu folgen. Hierdurch wird eine systemimmanente Stabilität erzeugt, die einen Geradeauslauf der Räder erzwingt, sofern sie nicht durch erhöhten Kraftaufwand in eine andere Richtung gelenkt werden.

3 Hier ist ein Teilesatz mit U-förmigen Laschen und ein Teilesatz mit Halterungen an der inneren Spritzwand dargestellt. Der Teilesatz für U-förmige Laschen enthält alle erforderlichen Schrauben und Muttern zur Befestigung der Laschen an den Querlenkern des Porsche 911. Die Halterung der Spritzwand besteht aus dickem Stahlblech mit drei darin an der Rückseite eingefassten Muttern.

4 Links im Bild ein serienmäßiger Querlenker des Porsche 911 mit bereits ab Werk eingebauter Aufnahme für die Verbindungsstange des Stabilisators. Sind die Querlenker am vorhandenen Fahrzeug ohne diese Aufnahme ausgestattet, so muss ein entsprechender Teilesatz mit U-förmigem Laschen an den Querlenkern, wie rechts dargestellt, eingebaut werden. Hierzu zuerst den Stabilisator im Fahrzeug einbauen, so dass die Einbaulage über die U-förmigen Laschen überprüft werden kann. Sie müssen beiderseits des Fahrzeugs an exakt der selben Stelle liegen.

ne aufbocken und das linke und rechte Vorderrad entfernen. Die meisten Porsche 911 ohne Stabilisator waren nicht mit diesen U-förmigen Laschen ausgerüstet. Vor Bestellen des Teilesatzes sollten jedoch die Querlenker überprüft werden, da einige Fahrzeuge, aus welchen Gründen auch immer, mit Querlenkern das Werk verlassen haben, an denen diese Laschen angebracht sind. Ein Loch im Querlenker exakt im rechten Winkel zur Oberfläche des Querlenkers bohren. Dieses Loch muss 130,2 mm vom Mittelpunkt des Traggelenks, d.h. direkt unterhalb der Verbindungsstangen des Stabilisators gebohrt werden. Vor dem Bohren die Einbaulage des Stabilisators prüfen. Dieser Abstand muss an beiden Seiten des Fahrzeugs gleich sein. Den Teilesatz für U-förmige Laschen am Querlenker mit den Befestigungsmitteln im Teilesatz anbauen. Es wäre sinnvoll, diese Laschen anschweißen zu lassen, anstatt eine Schraubverbindung zu verwenden. Diese Arbeit muss von einem Fachmann durchgeführt werden.

Der nächste Schritt besteht im Bohren der Öffnungen, durch die der Stabilisator durch die Bodengruppe geführt wird. In der Bodengruppe sollte sich bereits eine Vertiefung dort befinden, wo das Stabilisatorlager angeordnet werden muss. So sollten sich keine großen Probleme bei der Anordnung dieser Stabilisatorlager ergeben.

Erst zwei der insgesamt drei kleinen Bohrungen zur Befestigung des Adapters bohren. Sind diese beiden Bohrungen einmal vorhanden, so wird die Adapterplatte angeschraubt, um sie dann als Führung zum Bohren des verbleibenden, dritten Lochs zu verwenden. Zur Vereinfachung des Bohrvorgangs die Adapterplatte an der Außenseite des Radkastens anbauen. Um die beiden Schrauben an der Platte anzuschrauben muss innen in den vorderen Gepäckraum gelangt werden. Ist die Adapterplatte einmal an der Außenfläche des Radkastens angeschraubt, kann sie nun als Führung für den Bohrer dienen, um die große mittige Öffnung und die verbleibende Befestigungsbohrung zu bohren. Dies erfolgt für die obere Befestigungsbohrung mit dem üblichen, vorher verwendeten Bohrer, außerdem mit der Lochkreissäge von 25 mm Durchmesser für die mittige Bohrung. An der gegenüber liegenden Seite ebenso vorgehen.

Sind alle Öffnungen bzw. Löcher einmal gebohrt, kann der Stabilisator am Fahrzeug angeschraubt werden. Vorher das Blech entsprechend entgraten. Außerdem an den frei liegenden Metallflächen Rostschutzmittel auftragen. An den Befestigungspunkten nahe des Radkastens sind neue Buchsen zu verwenden. Dies gilt auch für die Buchsen der beiden Verbindungsstangen links und rechts. Die Adapterplatten von der Unterseite des Kotflügels abbauen und innen am Fahrzeug ansetzen. Die Adapterplatten mit etwas Klebeband vorübergehend in Einbaulage halten. Dann den Stabilisator in die Bodengruppe einsetzen. Die Buchsen an der Stange anordnen und dann die äußeren Befestigungsplatten beiderseits des Fahrzeugs am Stabilisator anbauen. Nun die Verschraubung vom Querlenker an die Verbindungsstange des Stabilisators vornehmen und hierzu die Verbindungsstangen an den U-förmigen Laschen der Querlenker festschrauben. Es muss überprüft werden, ob die Verbindungsstange den Bremsschlauch und das Federbein entlang des Federwegs berührt. Dies muss vor Anbauen des Rades erfolgen.

Soll das Fahrzeug im Motorsport eingesetzt werden, so wäre es sinnvoll, einen Satz einstellbarer Verbindungsstangen zu verwenden. Diese ermöglichen eine erhöhte Abgleichmöglichkeit an der Vorderachse und außerdem eine Einstellung des Stabilisators für den Fall, dass die Rennstrecke jeweils eine Neigung nur in einer Richtung hin aufweist.

Bei der ersten Probefahrt wird ein erheblicher Unterschied im Handling des Fahrzeugs erkennbar sein, insbesondere bei zügiger Kurvenfahrt. Unweigerlich stellt sich die Frage, warum der Stabilisator nicht bereits ab Werk serienmäßig geliefert wurde.

PROJEKT 59 • ERNEUERN DER STABILISATORBUCHSEN UND STABILISATORHALTERUNGEN

Zeit: 3 Stunden

Werkzeug: Keine Angabe

Talent:

Zutreffende Baujahre: 1965-1973 mit Stabilisator ab Werk, alle Fahrzeuge Baujahr ab 1974

Erforderliche Teile: Kompletter Satz von Stabilisatorbuchsen

Tipp: Versuchen, den Vorderachsstabilisator ohne Abnehmen des Querlenkers auszubauen. An einigen Fahrzeugen ab Baujahr 1974 kann dies funktionieren

Zweck des Projekts: Straffere Federung

Ergänzende Arbeitsgänge: Neue Halterung des Hinterachsstabilisators anschweißen, vordere Drehstabfedern erneuern

1 Die Buchsen des Vorderachsstabilisators sind an den Querlenkern befestigt und der Stabilisator selbst ist mit einer Halterung an den Befestigungspunkten hinten an der Unterbodenschutzwanne montiert. Die Stabilisatorbuchsen am Querlenker werden in die oben am Querlenker angeschweißte Metallhalterung eingesetzt. Der Pfeil verweist auf die Schraube zur Befestigung des Querlenkers am Querträger. Hier handelt es sich um eine der Schrauben, die ausgebaut werden müssen, um ausreichende Zugänglichkeit zu erreichen, und so den Stabilisator von der Buchse am Querlenker trennen zu können.

Mit zunehmendem Alter schlagen am Porsche 911 die Buchsen, insbesondere die Stabilisatorbuchsen aus. An Fahrzeugen Baujahr 1974 und aufwärts wurden die Vorderachsstabilisatoren an der Radaufhängung befestigt und unterhalb der Karosserie des Fahrzeugs geführt. Hier ist ein Erneuern der hinteren Buchsen ein relativ einfacher Vorgang, das Erneuern der vorderen Buchsen erfordert jedoch einen erhöhten Arbeitsaufwand.

Zuerst ist zu prüfen, ob die Buchsen überhaupt erneuert werden müssen. Die Buchsen auf Rissbildung prüfen und außerdem sicher stellen, dass der innere Durchmesser fest am Stabilisator anliegt. Liegt kein Verschleiß vor, so ist einfach etwas Lithiumfett im Innern der Buchse aufzutragen. Sind die Buchsen ausgeschlagen, so müssen sie erneuert werden.

Die Arbeit zum Erneuern der Buchsen am Vorderachsstabilisator durch Anheben und Aufbocken des Fahrzeugs beginnen, um dann die Unterbodenschutzwanne zu entfernen, die unter anderem auch die Zahnstangenlenkung abdeckt. Die beiden hinteren Halterungen zur Befestigung der mittleren Buchsen des Vorderachsstabilisators (Baujahr 1974 und später) sollten mit Entfernen der Unterbodenschutzwanne abgebaut sein. Die Blechnaht am Fahrzeug als Aufsetzpunkt für den Wagenheber verwenden, weil uneingeschränkter Zugang zum Querlenker und zum Querträger erforderlich sein wird.

Nun die Schrauben zur Verankerung der Vorderseite des Querlenkers an der Bodengruppe entfernen (siehe Projekt 61 für weitere Einzelheiten). Ist der Querlenker vorne einmal abgelöst, so kann die Einstellschraube der Drehstabfeder gelöst und entfernt werden. Den Einstellhebel wie in Projekt 61 angegeben ebenfalls ausbauen. Nun die große Schraube zur Befestigung des Querträgers an der Bodengruppe lösen und entfernen. Der Querträger darf nicht als Stütze für den Unterstellbock oder Wagenheber dienen. Würde die Schraube in diesem Zustand entfernt, so würde das Fahrzeug instabil werden.

Ist die Schraube einmal lose, so sollte es möglich sein, den Querlenker aus dem Querträger herauszuziehen. Den Querlenker am Traggelenk unterhalb des Stoßdämpfers hängen lassen. Es sollte nun ein ausreichender Freiraum bestehen, um den Querlenker so zu bewegen, dass der Stabilisator aus der Buchse heraus geschoben werden kann. Das andere Ende des Stabilisators ebenfalls heraus schieben, sobald eine Seite frei liegt.

Die neuen Ersatzbuchsen sind in der Mitte geteilt, so dass sie sich leicht auf den Stabilisator und in die am Querlenker angeschweißte Halterung schieben lassen sollten. Die alten Buchsen entfernen und die neuen einsetzen, hierbei die Buchsen mit etwas weißem Lithiumfett an der Innenseite versehen. Den Stabilisator im Querlenker an einer Seite einsetzen und dann in den Querlenker an der anderen Seite. Den Querlenker und den Hebel der Drehstabfeder gemäß Anweisungen im Projekt 61 wieder abbauen. Die Unterbodenschutzwanne unten am Fahrzeug wieder anschrauben. Der Einbau am Vorderachsstabilisator ist hiermit beendet.

2 Der Hinterachsstabilisator ist an der Bodengruppe des Fahrzeugs mit einer großen Bügelhalterung befestigt, die sehr oft reißt. Die Verbindungsstangen (siehe Pfeil) des Stabilisators enthalten zwei Gummibuchsen, die die beiden Befestigungsschrauben einfassen. Zum Ersetzen dieser Buchsen müssen einfach die Schrauben entfernt und die neuen Buchsen gegen die alten ausgetauscht werden.

An Fahrzeugen früheren Baudatums, die vor 1974 hergestellt wurden, wird der Stabilisator mitten durch die Karosserie geführt und nicht darunter. Zum Austauschen der Buchsen muss einfach der Stabilisator mit den Verbindungsstangen entfernt werden. Den Stabilisator abbauen und die neuen Buchsen der Verbindungsstangen durch Einpressen im Schraubstock einsetzen. Die mittig angeordneten Buchsen des Stabilisators selbst sollten zwischen Befestigungshalterung des Stabilisators und innerem Kotflügelblech eingequetscht werden (siehe Projekt 58 für zusätzliche Informationen in Bezug auf die Stabilisatoren früherer Baujahre).

Die Arbeiten am Hinterachsstabilisator sind wesentlich einfacher. Beginnend im Jahre 1978 wurden alle 6 der hinteren Buchsen mit Schrauben befestigt, die sich leicht entfernen lassen. Zum Erneuern der Buchsen einfach die Halterungen zur Befestigung abschrauben. Die kleinen hinteren Verbindungsstangen sind ebenfalls mit Schrauben befestigt und können durch Entfernen derselben einfach gelöst werden.

An Fahrzeugen früheren Baudatums kamen keine Schrauben zur Anwendung. Statt dessen wurden die Verbindungsstangen auf große Kugeln beiderseits des Fahrzeugs gedrückt. Das Abziehen dieser Verbindungsstangen erfordert bisweilen einen erhöhten Kraftaufwand. Hierzu eine Gripzange oder verstellbare Wasserpumpenzange an den Verbindungsstangen ansetzen, um mehr Hebelwirkung zu erlangen. Die älteren, ausgeschlagenen Buchsen ausbauen und durch neue ersetzen. Wiederum an der Innenseite der Buchsen an der Anlagefläche zum Stabilisator etwas Schmierfett auftragen. Die Halterung des Hinterachsstabilisators an Fahrzeugen späteren Baudatums ist für häufige Rissbildung und Bruch bekannt. Ein nervenaufreibendes Klappergeräusch an der Hinterradaufhängung sollte als erstes zu einer Überprüfung dieser Halterung veranlassen. Den Hinterachsstabilisator schütteln und prüfen, ob die Halterung lose ist. Eine ab Werk erhältliche, verbesserte Halterung für den Hinterachsstabilisator kann einfach an den ursprünglichen Befestigungspunkt am Fahrwerk angeschweißt werden und sollte wesentlich stabiler sein als die ursprünglich verwendete Halterung.

PROJEKT 60 • ERNEUERN DER STOSS-DÄMPFER

Zeit: 3 Stunden

Werkzeug: Hebelpresse für Spannstift (nur Stoßdämpfer Marke Bilstein), Inbussteckschlüsselsatz

Talent:

Zutreffende Baujahre: alle

Erforderliche Teile: Stoßdämpfer für Vorder- und Hinterachse

Tipp: Die Vorderradstoßdämpfer den am Fahrzeug vorhanden Federbeinen anpassen

Zweck des Projekts: Besseres Handling und bessere Fahrwerkseigenschaften

Ergänzende Arbeitsgänge: Einbau einer Domstrebe, Erneuern der Traggelenke und Spurstangenköpfe

Das Erneuern der Stoßdämpfer an Vorder- und Hinterachse des Porsche 911 ist eine der einfachsten Arbeiten der Fahrwerksinstandsetzung. Es ist im Regelfall sinnvoll, die Stoßdämpfer sowohl der Vorder- als auch der Hinterachse gleichzeitig zu erneuern, da alle Stoßdämpfer im Laufe der Zeit ein annähernd gleiches Maß an Verschleiß erfahren. Ein ungleicher Verschleiß an Vorderachs- und Hinterachsstoßdämpfern ist unwahrscheinlich. Grundsätzlich sind die Stoßdämpfer jedoch immer achsweise zu erneuern, d.h. beiderseits der Vorderachse bzw. Hinterachse.

Im Rahmen einer vorbeugenden Wartung sollten die Stoßdämpfer ca. alle 75.000 Kilometer erneuert werden oder wann immer Anzeichen von Verschleiß oder nachlassender Dämpfungswirkung erkennbar sind. Mit Herunterdrücken an einer Ecke des Fahrzeugs sollte die Karosserie zurückfedern, ohne danach noch einmal eine Auf- und Ab-Bewegung durchzuführen. Bewegt sich die Karosserie nach Herunterdrücken des Fahrzeugs an der Stoßstangenecke mehrmals auf und ab, so sind wahrscheinlich neue Stoßdämpfer erforderlich. Unterschiedliche Fahrgewohnheiten und Straßenverhältnisse können natürlich auch einen wesentlichen Einfluss auf die Lebensdauer der Stoßdämpfer haben. Fahrzeuge, die im Motorsport eingesetzt oder aber oft auf kurvenreichen Straßen bewegt werden, erfordern ein kürzeres Intervall zum Wechseln der Stoßdämpfer als im normalen Gebrauch stehende Straßenfahrzeuge.

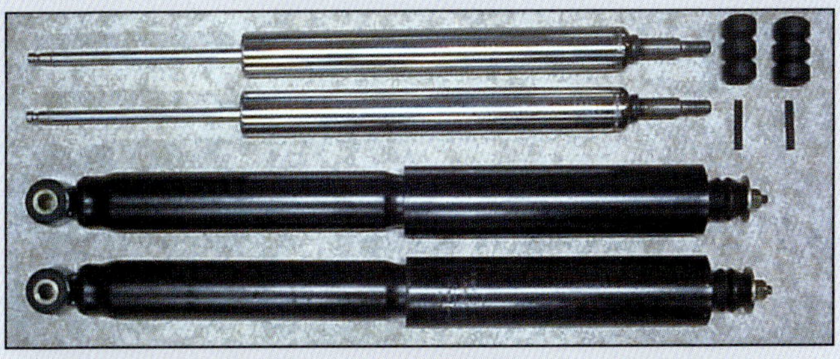

1 Oben sind die Bilstein-Vorderachsstoßdämpfer erkennbar, die an einigen Porsche 911 serienmäßig ab Werk eingebaut wurden. Die Federbeine der Vorderradaufhängung müssen überprüft werden, um die einzubauenden Ersatzteile der Ausführung des Federbeines anpassen zu können. Die unteren beiden Stoßdämpfer (schwarz) sind Hinterachsstoßdämpfer von Boge und wurden ebenfalls ab Werk am Porsche 911 eingebaut. Anders als bei den Vorderachsstoßdämpfern gibt es bei Hinterachsstoßdämpfern keine herstellerspezifischen Unterschiede.

2 Der Vorderachsstoßdämpfer lässt sich nach Entfernen der oberen Befestigungsmutter weg ziehen. Zu diesem Zeitpunkt kann der Staubschutz abgebaut werden. An Bilstein-Stoßdämpfereinsätzen sicher stellen, dass der Spannstift unten im Federbein entfernt wird. An allen anderen Bauarten von Stoßdämpfern (Koni, Boge usw.) sollte sich der Stoßdämpfer einfach aus dem Federbein heraus heben lassen. Im Bild sind Bilstein-Federbeine dargestellt, die sich einfach an der grünen Farbgebung erkennen lassen. Koni-Einsätze sind im Regelfall rot, während Boge-Einsätze üblicherweise schwarz eingesetzt sind. Gelbe Einsätze können sowohl von Bilstein als auch von Koni sein. Alle Federbeine sollten von ihren Herstellern entsprechend gekennzeichnet sein.

3 Der Spannstift zur Befestigung des Bilstein-Stoßdämpfers muss richtig eingesetzt werden. Anderenfalls wird er unter normalen Betriebsbedingungen durchbrechen. Der Spannstift muss mit dem Schlitz von der Mitte des Stoßdämpfers weg weisend eingebaut werden. Erfolgt dies nicht, so wird der Stoßdämpfer den Spannstift durchbiegen und im Laufe der Zeit wird das spröde Metall des Spannstiftes nachgeben und durchbrechen.

Vor Beschaffen entsprechender Ersatzteile muss die Ausführung des Vorderradfederbeins am betreffenden Fahrzeug festgestellt werden. Beim Federbein handelt es sich um jenen Teil der Vorderradaufhängung, die am Traggelenk geführt wird und oben im Federbeindom befestigt wird. An ihr sind die Steckachse, Radnabe, der Bremssattel, der Achsschenkel und die Räder befestigt. Bestimmte Bauarten von Stoßdämpfereinsätzen für das Federbein werden nur an bestimmten Typen von Vorderachsfederbeinen des Porsche 911 passen. Ist der betreffende Porsche 911 mit Federbeinen der Fa. Bilstein versehen, so müssen diese durch neue Bilstein-Stoßdämpfer ersetzt werden. Ist das Fahrzeug mit Koni-Federbeinen versehen, dann müssen Koni-Federbeineinsätze verwendet werden. Die Verwendung eines anderen Federbeins ist nicht möglich, da es im Innern der Federbeinaufnahme des betreffenden Porsche 911 nicht passen wird.

4 Die Hinterachsstoßdämpfer lassen sich wesentlich einfacher erneuern als jene an der Vorderachse. Den hinteren Längslenker abstützen und dann die hintere Stoßdämpferaufnahme ganz vorne im Motorraum abschrauben (siehe Pfeil). Hierbei muss ein Mitdrehen des hervorstehenden Gewindes oben am Stoßdämpfer verhindert werden. Hierzu Inbusschlüssel oben in das Gewinde einsetzen.

5 Unten ist der Stoßdämpfer einfach am hinteren Längslenker angeschraubt. Bei vom Wagenheber abgestütztem Längslenker diese Schraube heraus schrauben und den Stoßdämpfer vom Zapfen abziehen. Der Einbau des neuen Stoßdämpfers erfolgt durch einfaches Einsetzen und Festschrauben.

Die Farbgebung des Federbeins ist die einfachste und grundsätzlichste Methode zur Feststellung der ihrer Herkunft. Grüne Federbeine sind nahezu immer Bilstein-Federbeine und rote Federbeine nahezu immer von Koni, während schwarze Federbeine Stoßdämpfer der Firma Boge markieren, gelbe Federbeine können sowohl von Bilstein wie von Koni stammen. Eine zweifelsfreie Methode zur Überprüfung auf ein Bilstein-Federbein ist die Suche nach dem Spannstift, der unten im Stoßdämpfer von Bilstein eingesetzt ist (siehe Bild 3). Die Stoßdämpfereinsätze von Bilstein werden im Vergleich zur üblichen Einbauweise kopfüber an der Unterseite eingebaut. Die Teleskopverlängerung des Stoßdämpfers muss deshalb unten im Federbein festgehalten werden. Dies erfolgt über den Spannstift, der den Einsatz im Federbein festhält. Ist dieser Spannstift unten im Federbein eingesetzt, so handelt es sich um ein Bilstein-Federbein.

Bei Bestellung neuer Vorderachsstoßdämpfer sicher stellen, dass Ersatzteile bestellt werden, die auf den vorhandenen Federbeintyp passen. Besteht der Wunsch, auf Stoßdämpfer eines anderen Herstellers umzusatteln und sind am Fahrzeug entweder Koni- oder Bilstein-Stoßdämpfer vorhanden, so müssen die Einsätze des Federbeins ebenfalls gewechselt werden. Hier handelt es sich nicht um eine wirklich einfache Arbeit. Die Federbeineinsätze von Boge dienen der Aufnahme von Stoßdämpfereinsätzen einer Vielzahl von Herstellern. Bei Bestellung von Stoßdämpfern für die Hinterachse ist die Firmenwahl unerheblich. Alle Hinterachsstoßdämpfer passen an allen Porsche 911.

Vor Beginn der Arbeiten den Vorderwagen aufbocken und die Räder an beiden Seiten abbauen. Dies bietet eine gute Gelegenheit, außerdem die Spurstangenköpfe, die Bremsscheiben und die Bremsbeläge zu überprüfen.

Zum Ausbau der Vorderradstoßdämpfer zuerst die große Mutter zur Befestigung des Einsatzes oben im Fahrzeug entfernen. Handelt es sich um Bilstein-Federbeine, so ist angeraten, vor Entfernen der großen Mutter den kleinen Spannstift unten am Federbein auszubauen. So wird der Stoßdämpfer in Einbaulage gehalten, während mit Hammer oder Bohrer der Spannstift entfernt wird. Nach Öffnen des vorderen Gepäckraums wird die große Mutter in der Mitte des Federbeindoms erkennbar. Für Ansichten dieser Mutter siehe Projekt 51 – Einbau einer Domstrebe. Nach Entfernen der Mutter von der Oberseite des Federbeines sollte sich das gesamte Federbein unterhalb des Kotflügels heraus ziehen lassen. Der Stoßdämpfer muss herunter gedrückt werden, um ausreichend Freiraum hierfür zu erhalten.

Nachdem das Federbein am Kotflügel vorbei geführt wurde, ist der Staubschutz von der Oberseite des Stoßdämpfers zu entfernen. Der Einsatz sollte sich nun aus dem Federbein heraus ziehen lassen. Den O-Ring oben am Einsatz auf Beschädigung prüfen und falls erforderlich erneuern. Das gesamte Federbein darf auf keinen Fall am Bremsschlauch, der die einzige noch bestehende Verbindung zum Fahrzeug herstellt, hängen. Hierdurch wird der Bremsschlauch mit Sicherheit beschädigt, ohne dass ein Schaden erkennbar sein muss. Eine Belastung der Bremsschläuche auf Zug ist grundsätzlich nicht zulässig.

Der Einbau der neuen Stoßdämpfer gestaltet sich sehr einfach. Die neuen Einsätze einfach in das Federbein einsetzen und wieder an den Federbeindomen mit der großen Mutter befestigen. Für Stoßdämpfer von Boge, Koni und anderen Herstellern einfach den Stoßdämpfer in das Federbein einsetzen und wieder anbringen. Handelt es sich um Bilstein-Stoßdämpfer, so wird der Spannstift im unteren Teil des Federbeins wieder eingesetzt. Der Spannstift muss unbedingt korrekt eingebaut werden. Er muss mit der Nut von der Mitte des Stoßdämpfers weg weisend eingebaut werden. Ist der Stoßdämpfer falsch herum eingebaut oder in einem Winkel, der dazwischen liegt, so wird die Vibration des Stoßdämpfers ein Brechen des Spannstifts nach wiederholter Auf- und Ab-Bewegung verursachen. Der richtige Einbau des Spannstifts ist in den Bildern in diesem Projekt klar erkennbar.

Der Einbau der Hinterradstoßdämpfer ist wesentlich einfacher. Sie werden einfach wieder festgeschraubt. Auch ergeben sich keine herstellerspezifischen Unterschiede. Zum Einbau der neuen Hinterachsstoßdämpfer das Heck des Fahrzeugs aufbocken. Die Vorderräder hierbei gegen Wegrollen sichern. Die Hinterräder müssen nicht abgebaut werden.

Zum Abbauen des hinteren Stoßdämpfers einen Wagenheber unter dem hinteren Längslenker anordnen und die Last von der Feder weg nehmen. Die Stoßdämpfer stützen das Gewicht des Längslenkers ab, wenn das Fahrzeug vom Boden abgehoben ist und sich am unteren Ende des Federwegs befindet. Deshalb muss die Spannung vor Abbauen des Stoßdämpfers vom Stoßdämpfer weg genommen werden. Ganz vorne im Motorraum befindet sich die Befestigung der Hinterachsstoßdämpfer. Die große Mutter entfernen, während das obere Gewinde des Stoßdämpfers am Drehen gehindert wird. Hierzu wird meist ein Inbusschlüssel oben in das Gewinde eingesetzt. Unter dem Fahrzeug einfach die große Schraube zur Befestigung des Hinterachsstoßdämpfer am Längslenker entfernen.

Den neuen Stoßdämpfer durch Einsetzen oben in die Aufnahme im Motorraum einbauen und die Schraube am Längslenker wieder einbauen. Dann im Motorraum fortfahrend die Befestigungsmutter oben am Stoßdämpfer anschrauben.

PROJEKT 61 • AUSWECHSELN DER DREHSTABFEDERN

Zeit: 2-4 Stunden

Werkzeug: Keine Angaben

Talent: 4

Zutreffende Baujahre: alle

Erforderliche Teile: Drehstabfedern

Tipp: Die Drehstabfedern immer satzweise je Achse erneuern

Zweck des Projekts: Strafferes Fahrwerk

Ergänzende Arbeitsgänge: Nachrüstung von stärkeren Drehstabfedern, Tieferlegung des Porsche 911

Die Federung des Porsche 911 erfolgt über Drehstabfedern an der Vorder- und Hinterachse. Während an vielen anderen, alltäglicheren Fahrzeugen Schraubenfedern zum Einsatz kommen, wird am Porsche 911 die Torsionsfestigkeit der Metallstangen verwendet, um die erforderliche Federung zu erlangen. Wie bei herkömmlichen Schraubenfedern auch, wird mit zunehmendem Alter des Fahrzeugs die Drehstabfeder schwächer werden oder gar durchreißen und abbrechen. Die Vorgehensweise zum Erneuern der Drehstabfedern an der Vorderachse ist recht einfach und kann vom „Hobbyschrauber" durchgeführt werden.

Die Drehstabfedern der Vorderachse sind parallel zur Fahrtrichtung des Fahrzeugs angeordnet. Die Federung des Querlenkers erfolgt über einen verstellbaren Anschlag, der am Ende der Drehstabfeder befestigt ist (siehe Projekt 52). Zum Ausbauen der vorderen Drehstabfedern zuerst das Fahrzeug vorne aufbocken und die Vorderräder abbauen. Die Unterbodenschutzwanne zur Abdeckung der Zahnstangenlenkung und der Kraftstoffpumpe entfernen. In diesem Fall darf das Fahrzeug nicht an den vorderen Drehstabfederabdeckungen abgestützt werden, da diese abgebaut werden müssen, um Zugang zu den Drehstabfedern zu erlangen. Statt dessen ist das Fahrzeug an der Bodengruppe nahe den Stoßnähten des Karosserieblechs aufzubocken. Ebenfalls als zusätzliche Sicherung einen Wagenheber unter dem Querträger in der Nähe der Einstellschraube der Drehstabfeder anordnen, nachdem das Fahrzeug aufgebockt wurde.

Nun die Einstellschraube der Drehstabfeder heraus schrauben und entfernen (siehe Projekt 52). Die Einstellhebel der Drehstabfeder, in die die Schrauben eingreifen, sollten sich vom Ende der Drehstabfeder abdrücken lassen. Lässt sich der Einstellhebel auf Grund des Drucks vom Gewicht des Querlenkers nicht entfernen, so ist der Wagenheber unter dem Querlenker anzuordnen, um diesen dann etwas anzuheben. Mit Lösen des Drucks und Freisetzen des Einstellhebels sollte sich dieser relativ leicht abziehen lassen. Dann die hinter dem Einstellhebel befindliche Schaumstoffdichtung entfernen.

Nun sollte die aus dem Querlenker hervorstehende Drehstabfeder erkennbar sein. Versuchen, die Drehstabfeder durch Ziehen zu entfernen. Falls erforderlich einen Lappen umlegen und eine Gripzange ansetzen, um die Drehstabfeder besser festhalten zu können. Die Verzahnung am Ende der Drehstabfeder darf nicht beschädigt werden, ebenfalls darf die Lackierung der Feder nicht zerkratzt werden. Die Drehstabfeder verdrehen und hin und her bewegen. Lässt sie sich dennoch nicht entfernen, so muss sie vom gegenüber liegenden Ende hier heraus geschlagen werden. Ist die Drehstabfeder durchgebrochen, so muss ohnehin die andere Hälfte von der gegenüber liegenden Seite heraus geschlagen werden.

Zum Herausschlagen der Drehstabfeder ganz vorne am Fahrzeug fortfahren und die Halterung der vorderen Abdeckung vorne am Querlenker entfernen. An Fahrzeugen späteren Baudatums ist diese Abdeckung in das Lager integriert, so dass die Lagerung des Querlenkers unter Umständen entfernt werden muss. Erneut sicher stellen, dass der Wagenheber zur Abstützung des Vorderwagens unter dem Querlenker angeordnet ist. Ist die Halterung einmal abgebaut, so sollte die kleine Staubkappe am Ende des Querlenkers erkennbar sein. Zum Entfernen dieser Staubkappe ein kleines Loch in der Mitte bohren und dann mit einem Durchtreiber heraus ziehen. Die Stange kann auch vom gegenüber liegenden Ende aus heraus geschlagen werden, wobei der Stopfen hierbei mit heraus geschlagen wird. Nach Entfernen der Staubkappe die Drehstabfeder mit einem geeigneten Durchtreiber heraus treiben. Bei diesem Arbeitsgang sicher stellen, dass die Verzahnung der Drehstabfedern nicht beschädigt wird.

Nach Herausschlagen der Drehstabfeder sollte die vordere Staubkappe wieder eingebaut und wieder am Querlenker der Bodengruppe angebaut werden. Es ist sinnvoll, das kleine Loch in der Staubkappe

1 Dieses Bild zeigt die Ansicht nach Entfernen der Einstellschraube der Drehstabfeder, des Einstellhebels und der Schaumstoffdichtung. In einigen Fällen lässt sich die Drehstabfeder nach Forstschritt der Arbeiten bis zu diesem Punkt einfach aus dem Querlenker heraus ziehen. Die Verzahnung darf beim Herausziehen nicht beschädigt werden. Im Hintergrund des Fotos ist der Unterstellbock (weiß) abgebildet, der das Gewicht des Fahrzeugs unter dem Querträger und nicht am Querlenker abstützt. Aus Sicherheitsgründen darf der Anlenkpunkt des Querlenkers an der Bodengruppe nicht entfernt werden, solange das Gewicht des Fahrzeugs darauf lastet.

2 Dieses Bild zeigt die Vorderseite des Querlenkers nach Abbauen der Abdeckung mit Halterung. Der kleine Pfeil verweist auf die Staubkappe, die am Ende der Drehstabfeder aufgepresst ist. Diese Staubkappe ist ungefähr so groß wie ein 1-Euro-Stück und besteht aus dünnem Blech. Der Stopfen ist an der Stirnseite der Drehstabfederabdeckung eingepresst und muss mit einem Bohrloch in der Mitte versehen werden, um ihn abziehen zu können. Beim Bohren Vorsicht walten lassen, damit die Drehstabfeder nicht beschädigt wird.

3 In diesem Bild wurden die Befestigungsschrauben des Bremssattels (rote Pfeile) und die Bremsscheibe bereits abgebaut, um Zugang zu den Schrauben des Verbindungshebels zu erlangen. Der Längslenker ist soweit abgesenkt worden, dass die Verbindungshebelschrauben (gelbe Pfeile) ausgebaut werden können, der Verbindungshebel mit zwei großen Schraubenziehern abgehebelt werden kann und die Drehstabfeder sich nicht mehr in die eine oder andere Richtung verwindet. Dieser Punkt wird durch versuchsweises Anheben und Absenken des hinteren Längslenkers mit dem Wagenheber ermittelt. Die grünen Pfeile verweisen auf die Schraubverbindungen zum Einstellen der Vorspur und des Radsturzes am hinteren Längslenker.

wieder zu zu schweißen, oder mit etwas Epoxidharz oder Silikon abzudichten. Wurde die Kappe beschädigt, so muss sie erneuert werden. An Fahrzeugen älteren Baujahrs ist die Verzahnung oft trocken und verrostet. Ebenfalls können Schäden an der aufnehmenden Verzahnung vorliegen, was eine Erneuerung des Querlenkers oder des Einstellhebels erforderlich macht.

Ist die Drehstabfeder einmal ausgebaut, so muss sie auf Korrosion oder Beschädigung an der Stange selbst oder an der Verzahnung überprüft werden. Liegen derartige Schäden vor, so muss die Stange erneuert werden.

Der Einbau erfolgt problemlos. Die Drehstabfeder mit etwas weißem Lithiumfett einstreichen und einfach wieder einbauen. Die Drehstabfedern sind ab Werk vorgespannt und dürfen nicht seitenverkehrt eingebaut werden. Sie sind hierzu mit L für links und R für rechts an der Stirnseite markiert. Beim Einbau der Drehstabfeder am Fahrzeug sicher stellen, dass der Querlenker der Vorderradaufhängung so weit wie möglich nach unten hängt. Die Drehstabfeder in den Querlenker einsetzen und eine neue Schaumstoffdichtung darüber anordnen, sofern die alte verschlissen war. Nun den Einstellhebel wieder am Ende der Drehstabfeder anbringen. Sicher stellen, dass oben am Querträger so wenig Spiel wie möglich zwischen Einstellhebel und Innenseite verbleibt. Die Einstellschraube in den Einstellhebel hinein schrauben und dann die in Projekt 52 dargelegten Richtlinien zur Einstellung beachten.

Während die Drehstabfedern der Vorderachse in Längsrichtung eingebaut werden, werden die Drehstabfedern der Hinterachse quer eingebaut. Sie dienen der Abfederung der hinteren Längslenker. Ein großer Verbindungshebel verbindet das Ende der Drehstabfeder mit dem Längslenker und ermöglicht so eine Einstellung der Bodenfreiheit und eine Abgleichung des Federwegs zwischen linker und rechter Seite.

Zum Ausbauen der Drehstabfedern der Hinterachse das Fahrzeug aufbocken, die Vorderräder blockieren und die Hinterräder abbauen. Unter den Abdeckungen der Drehstabfedern dürfen nun keine Unterstellböcke angeordnet werden, da diese abgebaut werden müssten. Statt dessen das Fahrzeug unter dem Motor und unter dem Getriebe abstützen und hierbei Vorsicht walten lassen, damit die Unterstellböcke an keiner Stelle angeordnet werden, an der sie Schäden am Motorgehäuse hervorrufen können. Außerdem können die Unterstellböcke unter dem Drehstabfederrohr, das quer unter dem Fahrzeug verläuft, angesetzt werden.

Nun den Wagenheber unter dem hinteren Längslenker ansetzen und diesen leicht anheben, so dass der Stoßdämpfer von seiner maximalen Ausdehnung aus um ca. 3 cm zusammen gedrückt wird. Der Stoßdämpfer darf nicht zu weit zusammen gedrückt werden, da hierdurch das Fahrzeug von den Unterstellböcken abgehoben werden könnte. Die Last des Fahrzeugs muss also weiterhin alleine durch die Unterstellböcke getragen werden. Die untere Schraube des Stoßdämpfers entfernen und den Stoßdämpfer neben dem Längslenker hängen lassen, nun die 4 Schrauben zur Befestigung der Drehstabfederabdeckung und außerdem die Distanzstücke, die sich darunter befinden, entfernen. Die Abdeckungen mit 2 großen Schraubenziehern abhebeln.

Leider erfordert das Ausbauen der Drehstabfeder auch ein Abbauen des Verbindungshebels, insbesondere wenn die ursprünglichen Buchsen der Radaufhängung wieder verwendet werden. Der Bremssattel des Hinterrads und die Bremsscheibe müssen abgebaut werden, um Zugang zu den Schrauben zu erlangen, die der Befestigung des Verbindungshebels dienen. Siehe Projekt 44 für weitere Einzel-

4 Bei abgebautem Verbindungshebel kann die Drehstabfeder aus der Rohraufnahme der Drehstabfedern heraus gezogen werden. Hierbei muss der kleine, außen liegende Zugangsdeckel am Schweller entfernt werden, bevor ein Versuch unternommen wird, die Stange aus dem Rohr heraus zu ziehen. An Fahrzeugen früheren Baujahrs muss ein Teil der Schwellerverkleidung entfernt werden, um Zugang zu dem Deckel zu erlangen.

5 So sieht der Verbindungshebel in vom Fahrzeug abgebautem Zustand aus. Am Verbindungshebel ist eine Gummibuchse anvulkanisiert und in das Metallstück eingegossen. Die innere Drehstabfederabdeckung (an der im Regelfall die Unterstellböcke angesetzt werden) ist innen an der runden Buchse eingepresst. Die als Ersatzteil erhältlichen Buchsen sind nicht so gut wie die ursprünglich verwendeten und sollten nur eingebaut werden, wenn die vorhandenen Buchsen tatsächlich verschlissen sind.

heiten zu diesem Vorgang. Außerdem muss der kleine Zugangsdeckel an der Außenverkleidung des Fahrzeugs zwecks Zugang zur Drehstabfeder abgebaut werden. Dieser Deckel ist in Wagenlackierung gehalten und kann an Fahrzeugen früherer Baujahre das Abbauen einiger Schwellerverkleidungen unterhalb der Türkante erfordern.

Die Buchse der Hinterradaufhängung ist in den Verbindungshebel selbst eingegossen. Ab Werk werden beide Teile als einzelnes Bauteil gehandhabt. Zwar lässt sich die alte Buchse heraus schneiden oder weg brennen, sie wird dann jedoch gegen ein Neuteil ersetzt werden müssen. Die als Ersatzteil erhältlichen Buchsen sind anders ausgeführt, als die ursprünglich eingebauten. Sie sind nicht in den Verbindungshebel eingegossen, sondern dienen statt dessen als Einfassung an der inneren Drehstabfederabdeckung. Obwohl die ursprünglich verwendeten Buchsen mit Ein- und Ausfedern des Fahrzeugs verdreht werden, erfolgt dies bei den als Ersatzteil erhältlichen Buchsen nicht - sie drehen sich statt dessen mit. Hieraus ergibt sich, dass die als Ersatzteil erhältlichen Buchsen zum Quietschen neigen. Es erklärt sich von selbst, dass der gesamte Verbindungshebel abgebaut werden sollte, um die ursprünglich verwendeten Buchsen weiter verwenden zu können.

Vor dem Ausbauen jeglicher Schrauben zur Befestigung des Verbindungshebels am Längslenker diesen absenken, bis die Spannung, die die Drehstabfeder auf den Verbindungshebel ausübt, nachlässt. Es sollte möglich sein, den Verbindungshebel so weit herunter zu lassen, dass die Drehstabfeder keine Kraft mehr auf ihn ausübt. Zu diesem Zeitpunkt sollte die gesamte Federkraft der Drehstabfeder nachgelassen haben, so dass keinerlei Spannung mehr am Längslenker bzw. Verbindungshebel anliegt. An diesem Punkt übt die Drehstabfeder keine Federkraft mehr aus, so dass keine Kraft mehr auf den Verbindungshebel bzw. Längslenker ausgeübt wird. Hier muss gegebenenfalls mehrere Male probiert werden, um den hinteren Längslenker mehrere Male anzuheben und abzulassen und so die richtige Höhe zu finden, an der keine Spannung mehr vom Drehstab ausgeht. Es ist wichtig, jegliche Spannung vom Verbindungshebel weg zu nehmen, bevor die Schrauben zur Befestigung am Längslenker entfernt werden. Anderenfalls kann der Verbindungshebel mit brachialer Gewalt zurück springen, sobald die letzte Schraube zur Befestigung des Verbindungshebels am Längslenker gelöst wird.

An Fahrzeugen älteren Baujahres ist der Verbindungshebel mit vier Schrauben am Längslenker befestigt. Zwei dieser Schrauben dienen der Einstellung des Radsturzes und der Spur, während die beiden anderen Schrauben den Verbindungshebel fest mit dem Längslenker verbinden. An Fahrzeugen späterer Baujahre, die mit Einstellschrauben für die Bodenfreiheit ausgestattet sind (siehe Projekt 52) muss die große Einstellschraube und die Sicherungsschraube außerdem ausgebaut werden. Liegt keine Spannung mehr am Verbindungshebel an und sind alle Schrauben ausgebaut, so sollte sich der Verbindungshebel mit 2 großen Schraubenziehern abhebeln lassen. Die alte Drehstabfeder heraus ziehen und hierbei Vorsicht walten lassen, dass die Schutzlackierung nicht zerkratzt wird. Die Einbaulage der Drehstabfeder unbedingt in Relation zum Verbindungshebel markieren, sofern geplant wird, diese wieder am Fahrzeug anzubauen. Dies ist erforderlich, um die Bodenfreiheit wieder richtig einzustellen. Die Lackierung ist wichtig, da sie ein Verrosten und Zerkratzen der Drehstabfeder verhindert. Wird die Drehstabfeder Korrosion ausgesetzt oder zerkratzt, so erzeugt dies eine einseitige Materialbeanspruchung entlang der Drehstabfeder, die deren Federkraft mindert.

Ist die Drehstabfeder durchgerissen, so wird die andere Hälfte der Drehstabfeder in dem mittleren Rohr eingeschlossen sein. Um diese abgebrochene Hälfte zu entfernen, muss einfach die Drehstabfeder an der anderen Seite des Fahrzeugs ausgebaut werden, um dann mit einer langen Stange durch das Rohr arbeiten zu können. Mit dieser Stange sollte sich die abgebrochene Hälfte aus dem Aufnahmerohr heraus drücken lassen. Soll die Drehstabfeder wieder verwendet werden, so muss sie sorgfältig überprüft werden, nachdem sie aus dem Fahrzeug ausgebaut wurde. Jegliche Lackschäden mit Grundierung nacharbeiten. Die Drehstabfeder sollte erneuert werden, wenn jegliche Verzahnung an den Enden beschädigt ist. Die Drehstabfeder auf Rost untersuchen, sie sollte erneuert werden, wenn Rost vorliegt.

Der Einbau der Drehstabfeder gestaltet sich einfach. Die Drehstabfedern dürfen wiederum nicht seitenverkehrt verwendet werden. Obwohl die Drehstabfeder für die linke Seite rechts passen würde, sind die Stangen ab Werk vorgespannt - was mit bloßem Auge nicht erkennbar ist - und müssen an der korrekten Seite des Fahrzeugs eingebaut werden. Die Drehstabfedern sind an der Stirnseite mit L für links oder R für rechts markiert.

Auf der Drehstabfeder und der Verzahnung etwas Lithiumfett auftragen und diese wieder im Fahrzeug einbauen. Die Drehstabfeder sollte gemäß den Vorgehensweisen in Projekt 52 eingestellt werden. Die Drehstabfeder muss zu der gegenüber liegenden Seite abgeglichen werden, um eine waagerechte Position des Fahrzeugs sicher zu stellen. Außerdem muss eine Überprüfung und Einstellung der Achsgeometrie an Vorder- und Hinterachse vorgenommen werden, nachdem die Drehstabfedern ersetzt wurden.

ABSCHNITT ACHT

INTERIEUR

Man verbringt eine Menge Zeit im Fahrzeug, warum sollte es also darin nicht genauso gut aussehen, wie an der Außenseite für andere Betrachter? Deshalb befasst sich dieser Abschnitt hauptsächlich mit der Wiederherstellung einiger Bauteile im Innenraum des Porsche 911. Ein gutes Erscheinungsbild des Innenraums verbessert die Wirkung des Porsche 911 insgesamt und erhöht den Fahrspaß.

PROJEKT 62 • EINBAU EINER MOTORHAUBEN-DÄMMMATTE

Zeit: 2 Stunden

Werkzeug: Keine

Talent:

Zutreffende Baujahre: alle

Erforderliche Teile: Neue Motorhauben-Dämmmatte, geeigneter Klebstoff

Tipp: Die Arbeit lässt sich am einfachsten bei ausgebautem Motor durchführen

Zweck des Projekts: Besseres Erscheinungsbild des Motorraums, verbesserte Laufruhe des Motors

Ergänzende Arbeitsgänge: Motorhaubendämpfer erneuern

Die Dämmmatte im Motorraum zersetzt sich nach einigen Jahren im Einsatz. Die am Porsche verwendete Dämmmatte besteht aus einem schaumstoffartigen Material, das sich leicht zersetzt und dann in einzelnen Fetzen überall im Motorraum liegen bleibt. Die Dämmmatte lässt sich leicht erneuern. Die Arbeiten sind jedoch noch einfacher durchzuführen, wenn der Motor ausgebaut ist.

Der erste Schritt besteht im Entfernen der alten Matte. Dies ist in den meisten Fällen nicht schwierig. Die älteren Matten lassen sich meist leicht vom Klebstoff abziehen, der ursprünglich ihrer Befestigung an der Motorspritzwand diente. Sind der Motor oder wenigstens die Gemischbildungsanlage nicht ausgebaut, so wird diese Arbeit erschwert. Zuerst das Luftfiltergehäuse entfernen, um einen besseren Zugang zu erlangen. Da die Matte erneuert wird, kann sie beim Abziehen abgerissen werden. Alle Bauteile der Kraftstoffanlage, die nach außen hin offen sind und in die kleine Schaumstoffstücke hineinfallen könnten, müssen dabei abgedeckt werden (die Einlasskanäle am Vergaser zum Beispiel).

Zum Einbau ist ein spezieller Klebstoff erforderlich. Dieser ist im einschlägigen Karosseriefachhandel erhältlich. Die Matte auf dem Boden ablegen und den Klebstoff am Boden auftragen. Den Klebstoff nach Herstelleranweisungen verteilen. Insbesondere an den Kanten der Dämmmatte muss ausreichend Klebstoff aufgetragen werden, damit diese an der Motorspritzwand am gesamten Umfang festklebt.

1 Die neu eingebaute Dämmmatte gibt dem Motorraum ein wesentlich saubereres Erscheinungsbild. Während der Trocknung des Klebstoffs die Dämmmatte weiter gegen die Spritzwand drücken.

Sollen die Motorhaubendämpfer erneuert werden (siehe Projekt 76), so sollte dies erfolgen, bevor die neue Dämmmatte eingebaut wird.

Die Dämmmatte nach dem Ansetzen gründlich festdrücken, so dass sie vollständigen Kontakt entlang der gesamten Fläche der Motorspritzwand hat.

ABSCHNITT NEUN
KAROSSERIE

In diesem Abschnitt werden eine Reihe von Projekten behandelt, die mit der Karosserie und dem äußeren Erscheinungsbild des Fahrzeugs zu tun haben. So werden zum Beispiel Verbesserungen an der Beleuchtungsanlage und Instandsetzungen an den Türen behandelt. Ob nun die Motorhaubendämpfer erneuert werden sollen oder ein großer Heckspoiler angebracht werden muss – die Projekte in diesem Abschnitt werden dazu dienen, die Leistungsfähigkeit insgesamt und das äußere Erscheinungsbild des Porsche 911 zu verbessern.

PROJEKT 66 • ERNEUERN DER RÜCKLEUCHTEN-STREUSCHEIBE

Zeit: 30 Minuten

Werkzeug: Schraubenzieher

Talent:

Zutreffende Baujahre: alle

Erforderliche Teile: Streuscheiben für Blinker vorne, seitliche Blinker, Kombinationsleuchten am Heck und Nebelscheinwerfer und Nebelschlussleuchten

Tipp: Eine Erneuerung der Streuscheiben kann sehr viel zur Verbesserung des äußeren Erscheinungsbildes beitragen.

Zweck des Projekts: Besseres Erscheinungsbild und bessere Leuchtkraft aller Funktionen der Beleuchtungsanlagen

Ergänzende Arbeitsgänge: Glühlampen mit höherer Wattzahl einbauen, Halogenlampen

Wenige Projekte sind so einfach wie das Erneuern von Streuscheiben und verbessern dabei das äußere Erscheinungsbild des Fahrzeuges so stark. Durch Erneuern alter, matt gewordener Streuscheiben wird nicht nur das Äußere des Fahrzeuges aufgewertet, es verbessert auch die Sicherheit. Matt gewordene Streuscheiben blockieren wesentlich mehr Leuchtkraft als fabrikneue Streuscheiben.

Viele Jahre lang war es sehr schwer, Streuscheiben als Ersatzteile für die Porsche 911 der frühen Baujahre 1965 bis 1968 zu erhalten. Die Streuscheiben waren mit dem Blinkergehäuse durch das so genannte Kunststoffschweißverfahren verbunden und konnten nicht einzeln gewechselt werden. So musste zum Erneuern der Streuscheibe die gesamte Leuchteneinheit ausgetauscht werden. Jüngst wurden Nachfertigungen dieser Original-Streuscheiben im Markt eingeführt. Sie sind mit den Original-Markierungen und Kennzeichnungen versehen und lassen sich vom Originalteil praktisch nicht unterscheiden.

Im Jahre 1969 änderte Porsche die Karosserieform des 911 und damit auch die Formgebung der Blinker, Scheinwerfer und Rückleuchten. Von 1969 an wurden die Leuchteneinheiten mit separaten Streuscheiben ausgeführt, die sich nun abschrauben und auswechseln lassen. Diese Ausführung wurde bis 1989 weiter verwendet.

Im Jahre 1974 wurde die Ausführung der Streuscheiben an den vorderen Blinkern erneut geändert und bis 1989 beibehalten. Die Streuscheiben der Kombinationsleuchten am Heck blieben von 1969 bis 1989 unverändert, mit der Ausnahme, dass ab 1973 der Zierrahmen nicht mehr verchromt, sondern mit einem schwarzen Rand ausgeführt wurde. Die Streuscheiben der Kombinationsleuchten am Heck waren in europäischer Ausführung und in US-Ausführung erhältlich. Auch eine seltene französische Ausführung ist bekannt. An der französischen Ausführung sind die Rückfahrscheinwerfer mit einer gelben Streuscheibe an Stelle einer weißen versehen.

Das Erneuern der Streuscheiben ist sehr einfach. Die Kunststoffgläser werden vom Gehäuse abgeschraubt und die neuen angesetzt. Die Dichtung vorher reinigen. Die Dichtung sollte zumindest gesäubert werden, wenn nicht gar erneuert. Beim Einbau der Streuscheiben alle Glühlampen auf ordnungsgemäße Funktion überprüfen. Für einige Fahrzeuge sind Glühlampen mit höherer Wattzahl erhältlich. Die Schrauben dürfen nicht zu fest angezogen werden, sonst könnten die neuen Streuscheiben reißen.

Die Streuscheiben der Nebelscheinwerfer werden oft übersehen. Steinschlag setzt ihnen im Laufe der Jahre zu und zerkratzt die Oberfläche, wodurch weniger Licht von den Glühlampen nach außen dringt. Die Streuscheiben der Nebelscheinwerfer werden von einer Fassung mit zwei Schrauben festgehalten.

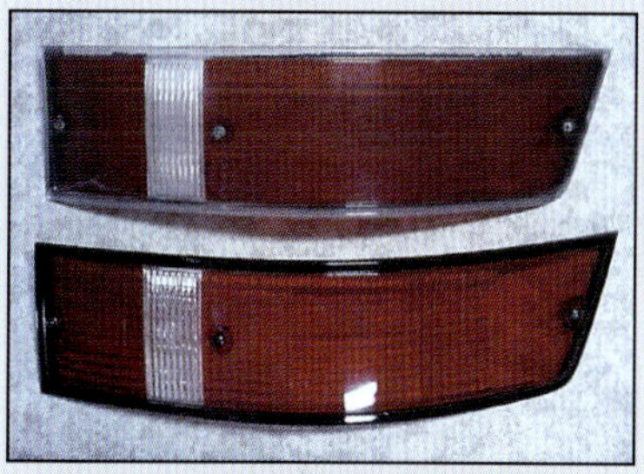

1 Neue Streuscheiben bewirken eine wesentliche Verbesserung des äußeren Erscheinungsbilds. Oft wird übersehen, dass die Streuscheiben im Laufe der Jahre schwer gelitten haben. Rissbildung ist ein offensichtliches Zeichen von Abnutzung. Oft werden die Streuscheiben jedoch einfach matt oder verkratzen.

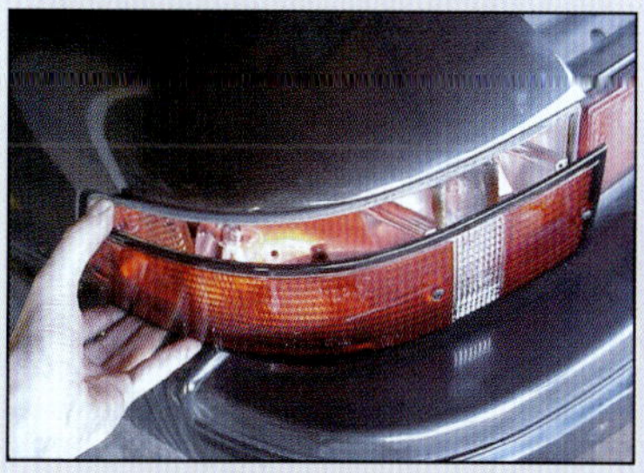

2 Die Streuscheibe der Kombinationsleuchte am Heck wird einfach vom Gehäuse abgeschraubt. Beim Einbau der neuen Streuscheibe sollte im Idealfall eine neue Dichtung verwendet werden. Sie verhindert ein Eindringen von Wasser in das Rückleuchtengehäuse. Die Dichtung muss richtig anliegen.

3 Die Blinker an der vorderen Stoßstange werden einfach vom Leuchtengehäuse abgeschraubt. Vor dem Wiedereinbau der Streuscheibe das Gehäuse innen reinigen. So wird mehr Licht von der Spiegelfläche reflektiert und der Blinker ist klarer erkennbar.

PROJEKT 67 • WARTUNGSARBEITEN AN DER SCHEINWERFERANLAGE

Zeit: 1 Stunde

Werkzeug: Schraubenzieher

Talent:

Zutreffende Baujahre: 1965-1989

Erforderliche Teile: H4-Glühbirnen, Scheinwerferdichtungen

Tipp: Vorsicht an der Befestigungsschraube, deren Gewinde sehr leicht beschädigt wird

Zweck des Projekts: Korrekte und helle Ausleuchtung der Fahrbahn

Ergänzende Arbeitsgänge: Streuscheiben der Nebelscheinwerfer wechseln

Zum Wechsel der H4-Glühbirne des Frontscheinwerfers muss die gesamte Scheinwerfereinheit abgebaut werden. Der als Scheinwerfereinfassung dienende Blechring ist mit einer einzelnen Schraube unten befestigt. Nach Entfernen dieser Schraube lässt sich dieser Ring einfach herunter schieben. Die eigentliche Scheinwerfereinheit wird mit 4 Schrauben am Fahrzeug befestigt. Beim Lösen jeder Schraube Vorsicht walten lassen, damit keine Schraube in die Scheinwerferaufnahme der Karosserie fällt, da die Schraube durch die Ablaufbohrung unten verschwinden könnte.

Dann den Kabelsatz von der Glühbirne abklemmen. Die neue Halogenleuchte im Scheinwerfer einsetzen und mit den beiden Metallklammern befestigen. Die Glühbirne selbst darf am Glas nicht mit den Fingern angefasst werden. Der Schweiß bzw. das in der Haut sitzende Fett der Hand würde sich auf dem Glas ablagern und dort zu Wärmespannungen führen, die ein rasches Durchbrennen der Halogenlampe bewirken würde.

Zur Handhabung der Halogenglühbirne ist deshalb ein Papiertaschentuch oder Pergamentpapier zu verwenden.

Beim Einbau der Scheinwerferbaugruppe muss der Kabelsatz so gefaltet sein, dass er nicht zerdrückt wird. Oben in der Kotflügelaufnahme befindet sich eine leichte Kante, in die die Scheinwerferbaugruppe mit Festziehen der unteren Schraube der Scheinwerfereinfassung eingeklemmt wird. Die Scheinwerferbaugruppe muss an dieser Kante ordnungsgemäß eingesetzt sein, wenn die Schraube unten fest gezogen wird. Anderenfalls würde sie während der Fahrt abfallen. Die Scheinwerferbaugruppe darf sich auch bei kräftigem Ziehen oben am Glas oder am Ring nicht bewegen. Außerdem sollte ein neuer Scheinwerferdichtring an der Anlagefläche zwischen Scheinwerfer und Kotflügelaufnahme eingesetzt werden.

Einstellen der Scheinwerfer

Hierzu das Fahrzeug auf ebener Fläche ca. 5 Meter von einem hellen Garagentor oder einer weißen Wand entfernt parken. Das Fahrzeug muss im rechten Winkel zur Wand geparkt sein, so dass die Scheinwerfer gerade darauf strahlen. Zuerst die vertikale Einstellung ändern, bis der Scheinwerferstrahl an der Wand auf ca. derselben Höhe auftrifft wie die Glühlampe im Fahrzeug über den Boden steht. Dann die waagerechte Einstellung des Lichtstrahls so einstellen, dass der Strahl leicht nach rechts versetzt ist. Diese beiden Einstellungen werden an den zwei Schrauben vorgenommen, die in der Fassung der Scheinwerferbaugruppe eingebettet sind.

1 Scheinwerferbaugruppe mit Dichtring und H4-Glühlampe. Die Scheinwerferfassung ist entweder in verchromter Ausführung oder in schwarz erhältlich.

2 Zugang zur Halogenglühlampe erfolgt durch Abnehmen der gesamten Scheinwerferbaugruppe aus der Kotflügelaufnahme. Der Kabelsatz ist direkt an der Glühlampe angeschlossen. Die Glasoberfläche der Halogenglühlampe darf nicht mit den bloßen Fingern berührt werden.

3 Die Scheinwerferbaugruppe im eingebauten Zustand.

PROJEKT 68 • MONTIEREN EINES NEUEN FIRMENEMBLEMS

Zeit: 30 Minuten

Werkzeug: Keine

Talent:

Zutreffende Baujahre: alle

Erforderliche Teile: Porscheemblem, Dichtung, 2 Druckmuttern

Tipp: Die Muttern von unten nicht zu stark anziehen. Anderenfalls könnte die Dichtmasse vorne eingerissen werden.

Zweck des Projekts: Besseres Erscheinungsbild der vorderen Gepäckraumklappe

Ergänzende Arbeitsgänge: Inspektion des Gepäckraums

1 An diesem Bild wird klar erkennbar, wie gut ein neues Emblem blitzt und blinkt im Vergleich zu einem matt gewordenen alten Emblem.

2 An der Motorhaube sind Zugangsbohrungen vorhanden, um die Muttern des Emblems entfernen zu können.

Nach vielen Jahren kann das Porscheemblem vorne an der Haube stark in Mittleidenschaft gezogen sein. Steinschlag, Ruß, Regen, Schnee, Streusalz und anderes Fremdmaterial kann die Oberfläche verkratzen und stumpf werden lassen, so dass das Emblem keinesfalls so blank erscheint, wie es wünschenswert wäre. Ein Erneuern des Firmenemblems ist jedoch sehr einfach und verbessert das Erscheinungsbild des Fahrzeugs insgesamt wesentlich.

Hier ist angeraten, nur Originalteile von Porsche zu verwenden. In jüngster Zeit wurden einige nachgemachte Embleme angeboten, die jedoch von minderwertiger Qualität sind.

Es gibt zwei unterschiedliche Ausführungen des Firmenemblems. Die ältere Ausführung wurde bis 1988 eingebaut, die neuere wird bis heute verwendet. Deshalb muss bei der Bestellung des Firmenemblems das Baujahr angegeben werden. Im Laufe der Jahre wurden geringe Änderungen am Firmenemblem vorgenommen. Wenn es also auf 100 Prozent Originalität ankommt, so muss das Baujahr angegeben werden. Hierbei ist es sinnvoll, nach einem Firmenemblem aus altem Lagerbestand zu suchen an Stelle eines neu gefertigten Ersatzteils. Außerdem muss die Gummidichtung zwischen Porscheemblem und Haube erneuert werden.

Das Firmenemblem wird mit zwei kleinen selbstschneidenden Muttern angebaut, die von Porsche verwendet werden. Diese Muttern werden sowohl am Firmenemblem als auch an anderen Schriftzügen des Fahrzeugs verwendet. Es handelt sich um eine kleine Aluminiumscheibe mit einer kittartigen Masse, die eine Abdichtung des Emblems ohne Verbeulen oder Beschädigung der Haube des Fahrzeuges bewirkt. Außerdem verhindert dieser Kitt ein Eindringen von Wasser in den Innenraum entlang der Befestigungsbohrungen des Emblems.

Das Firmenemblem wird mit den selbstschneidenden Muttern innen an der Haube befestigt. Zum Entfernen des alten Emblems einfach die Haube öffnen und die Muttern mit einem 8-mm-Schlüssel und Verlängerung abschrauben. Die Clips dürfen nicht in die Vertiefungen der Haube hinein fallen. Bei Einbau des neuen Emblems die Gummidichtung daran ansetzen und erst probeweise an der Haube anbauen. Bisweilen müssen die kleinen Vorsprünge am Emblem etwas gebogen werden, um sie in die Bohrungen einpassen zu können. Sie dürfen nicht zu weit gebogen werden, da sie sonst abbrechen würden. Vor dem Festziehen der selbstschneidenden Muttern sollte das einmal angedrückte Firmenemblem mit der Dichtung oben mit Kreppband angeklebt werden. Die selbstschneidenden Muttern können nur einmal verwendet werden. Ein erneutes Entfernen und Wiederanbauen des Emblems ist somit nur schwer möglich. Die kleinen Vorsprünge zur Befestigung des Emblems könnten hierbei beschädigt werden. Einen kleinen Haken verwenden, um die Dichtung um das Emblem herum auszurichten bevor die Muttern vollständig festgezogen werden. Dann das Emblem mit Kreppband fest mit der Haube verkleben damit die Gummidichtung sich während des Festziehens der Muttern nicht verziehen können. Langsam und vorsichtig vorgehen und vor dem letztendlichen Anziehen der Mutter die Dichtung prüfen. Es handelt sich hier um eine sehr einfache Arbeit, die jedoch leicht daneben gehen kann, wenn die Dichtung nicht beachtet wird.

PROJEKT 69 • ERNEUERN BZW. VERSTÄRKEN DES TÜRFANGARMS

Zeit: 3 Stunden

Werkzeug: Spitzzange, Steckschlüsselsatz, Inbusschlüsselsatz

Talent:

Zutreffende Baujahre: alle

Erforderliche Teile: Teilesatz für Verstärkung des Türfangarms, neuer Türfangarmmechanismus

Tipp: Vor Einbau des Teilesatzes muss die beschädigte Metallpartie an der Tür eingeebnet werden

Zweck des Projekts: Türen, die sich nicht unkontrolliert zu weit öffnen

Ergänzende Arbeitsgänge: Lautsprecher erneuern, Türverkleidung erneuern, Schalter für elektrische Fensterheber instand setzen, Schalter für elektrisch betätigte Spiegel instand setzen, Fensterhebermechanismus und Türgriffe instand setzen

Der Türfangarm und die Tür als solche gehören am Porsche 911 zu den weniger gut durchkonstruierten Teilen. Oft reißt das Blech innen an der Tür, dort wo der Türfangarm befestigt ist. Glücklicherweise ist ein Teilesatz zur Verstärkung dieses Bereichs erhältlich, mit dem die Tür meist gerettet werden kann. Einige Türen am Porsche 911 können jedoch schon allzu stark in Mitleidenschaft gezogen worden sein.

Es ist anzuraten, die Verstärkung sowohl an der Fahrer- als auch der Beifahrertür vorzunehmen. Bei schwerer Beschädigung der Tür kann diese nicht mehr repariert werden. Der innen liegende Teil des abstützenden Metalls, der dem Zusammenhalten des Türfangarms dient, ist innen in der Tür angeschweißt. Tief im Innern der Tür zu schweißen ist nicht gerade einfach und bei schwerer Beschädigung kann nichts unternommen werden, um den Schaden zu beheben. Eine neue Tür müsste eingebaut werden. Dies in Betracht ziehend ist der Einbau einer solchen Verstärkung eine sinnvolle prophylaktische Maßnahme.

Zuerst muss die Türverkleidung abgebaut werden. Siehe Projekt 70 für weitere Informationen zu diesem Vorgang. Ist die Türverkleidung einmal abgebaut, so kann der vorne in der Tür befindliche Lautsprecher entfernt werden, um in das Innere der Tür sehen zu können und den Schaden zu beurteilen. Hat der Türfangarm schon eine ganze Weile lang seine Aufgabe nicht mehr zuverlässig verrichtet, so besteht eine hohe Wahrscheinlichkeit, dass das Blech im Innern der Tür eingerissen ist. Dann bleibt nur zu hoffen, dass der Riss nicht zu groß ist, um vom Teilesatz für die Verstärkung des Türfangarms abgedeckt zu werden. Zum Entfernen des Türanschlags den kleinen Stift zur Befestigung der Tür am Chassis heraus treiben. An einigen Modellen wurde ein kleiner Clip zur Sicherung des Stiftes verwendet. An anderen Modellen lässt sich der Stift einfach mit einem Hammer heraus treiben. Durch Lösen der beiden Muttern bzw. Schrauben zur Befestigung des Türfangarms an der Tür den Türfangarm abbauen. Der Türfangarm wird nach unten in das Innere der Tür hinein fallen, wo er heraus gezogen werden kann.

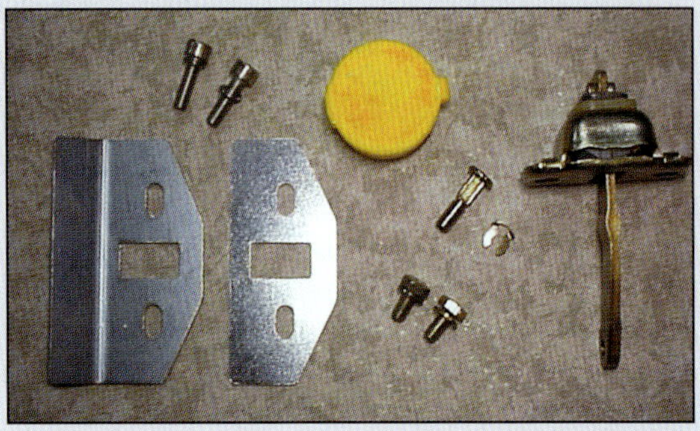

1 Der komplette Teilesatz zur Verstärkung des Türfangarms enthält zwei Verstärkungsbleche, Lithiumfett, einen neuen Türfangarm und die Verbindungsstifte und Schrauben. Selbst wenn an der betreffenden Tür noch keine Anzeichen von Schäden erkennbar sind, wäre es sinnvoll, diesen Teilesatz zur Verstärkung als prophylaktische Maßnahme einzubauen.

Bei schwerer Beschädigung des Türblechs wäre es sinnvoll, die gesamte Tür auszubauen. Dies ist nicht gerade eine einfache Aufgabe. Das Ausbauen der Tür sprengt den Rahmen dieses Projektes, umfasst er doch das Abklemmen, Demontieren, Trennen und Abbauen sämtlicher Kabelsätze an der Tür, wobei ein Helfer benötigt wird, der die Tür hält, während die Befestigungsschrauben gelöst werden. Ein Werkstattkran mit entsprechender Türhaltevorrichtung tut es natürlich auch...

Um dem Teilesatz für die Verstärkung dieses Bereichs die größtmögliche Angriffsfläche zu bieten, sollte das vorhandene, ggf. eingerissene Blech mit einem Hammer eben geschlagen werden. Jegliche Kanten oder Nuten, die ein planes Aufsetzen des Verstärkungsbleches verhindern, mindern die Wirksamkeit desselben. Nach Einebnen des Karosserieblechs die Bauteile des Türfangarms innerhalb der Reichweite des Türfangarms an der Tür einbauen. Die äußere Verstärkungsplatte durch die Aussparung in der Tür führen und hierbei nicht in die Tür hinein fallen lassen. Erfolgt dies doch, so kann der Zugang zu dem herunter gefallenen Teil ein erneutes Ausbauen der Tür erfordern. Deshalb ein Stück Paketband oder ähnliches am Verstärkungsblech anbinden – für den Fall, dass es doch herunter fällt.

Ist die äußere Verstärkungsplatte einmal eingebaut, so wird der Türfangarm und das innere Verstärkungsblech mit den beiden Schrauben des Teilesatzes eingebaut. Um die Verstärkung einbauen zu können, muss jene Ausführung des Türfangarms verwendet werden, die nicht mit eingebetteten Stehbolzen versehen ist, sondern mit Gewindebohrungen.

Sind die Verstärkungsbleche einmal aneinander angeflanscht, so wird der Türfangarm leicht festgezogen. Die Zunge des Türfangarms an der A-Säule wieder anbringen. Jetzt überprüfen, ob die Tür ordnungsgemäß öffnet und schließt und ob der Türfangarm ordnungsgemäß ausgerichtet ist. Die Schrauben lösen und den Türfangarm, falls erforderlich, nachstellen.

Ist die richtige Position einmal gefunden, so sind die Schrauben soweit wie möglich fest zu ziehen, ohne dabei das Gewinde abzureißen. Die beschädigte Metallpartie des Türblechs muss fest zwischen den beiden Verstärkungsplatten eingequetscht sein. Nach geglückter Instandsetzung sollte nun eine weitere Ausweitung des Schadens an der Tür verhindert sein.

2 So sieht ein beschädigter Türfangarm von außen aus. Die Muttern sind vollständig aus dem Türblech heraus gezogen worden und das Blech wurde vollständig durchgerissen. Diese Teile begradigen, bevor der Teilesatz zur Verstärkung eingebaut wird.

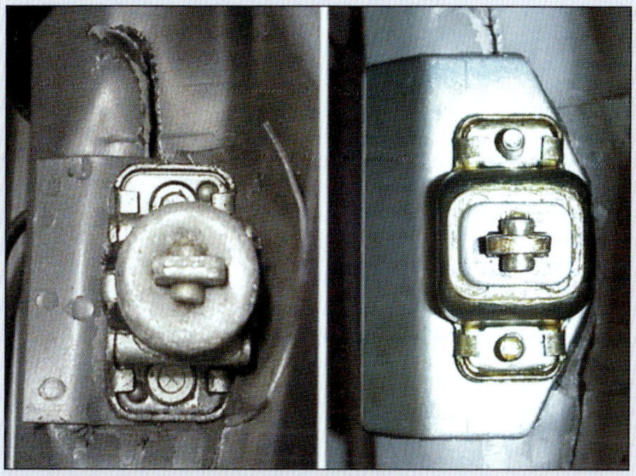

3 Das Bild links von der Innenseite der Tür bietet einen Blick auf weitere innere Schäden. Wiederholtes Öffnen und Schließen der Tür bewirkte ein Einreißen des Türbleches. Vor Einbau des Teilesatzes zur Verstärkung sollte versucht werden, derartige Risse zu verschweißen. Leider liegt dieser Riss tief im Innern der Tür und der Zugang mit einem Schweißgerät erfolgt nur unter Schwierigkeiten. Die neu eingebaute Verstärkungsplatte wird viel dazu beitragen, eine Ausweitung des Schadens zu verhindern. Eine Garantie gibt es hierfür jedoch nicht. Man beachte die beiden unterschiedlichen Ausführungen der Türfangarme.

4 Die äußere Verstärkungsplatte des Türfangarms passt zwischen Tür und innerem Befestigungsblech. Einige Geschicklichkeit ist erforderlich, um dieses Bauteil innerhalb der Tür passend zu machen. Je nach Beschädigungsgrad der Tür muss der Türanschlag gelöst und neu eingestellt werden, nachdem der Türfangarm selbst wieder an der A-Säule des Fahrzeugs befestigt wurde.

PROJEKT 70 • ERNEUERN DES TÜRGRIFFS

Zeit: 4 Stunden

Werkzeug: Inbusschlüsselsatz

Talent:

Zutreffende Baujahre: alle

Erforderliche Teile: Neue Türgriffe, innen und außen

Tipp: Die Türen sind mit die störanfälligsten und verschleißintensivsten Baugruppen des Fahrzeugs, alle erreichbaren Teile sollten instand gesetzt werden, wenn die Tür einmal zerlegt ist.

Zweck des Projekts: Geräuscharmer und nervenschonender Einstieg und Ausstieg vom Fahrzeug

Ergänzende Arbeitsgänge: Schalter für elektrische Fensterheber, bzw. elektrisch betätigte Spiegel erneuern, Nachrüstung von inneren Türgriffen aus Metall, Fensterkurbel prüfen bzw. erneuern, Türverkleidung neu beziehen bzw. erneuern, Türfangarm instand setzen, Spiegel instand setzen bzw. erneuern

Handelt es sich bei dem betreffenden Porsche 911 um ein Gebrauchtfahrzeug, so werden wahrscheinlich einige Dinge am Fahrzeug und insbesondere an der Tür im Argen liegen, bei denen man sich wundert, wie es überhaupt zu einem derartigen Defekt kommen konnte. Es gibt wohl kaum ein Teil am Fahrzeug mit mehr Einzelteilen und Funktionen, die kaputt gehen können, als die Tür. Da sind zum einen die Fensterscheiben mit entsprechenden Dichtleisten, an denen vorbei Wasser austritt, außerdem gibt es Türgriffe, die ausleiern, Spiegel und Fensterschalter bzw. Fensterkurbeln, Türfangarme und die Türverkleidung selbst, die alle sehr anfällig für Schäden sind, da die Tür ja auch ständig bewegt wird und Stoßbelastung aushalten muss. Selbst wenn das Fahrzeug nur eines geringfügigen Arbeitsaufwands bedarf, so wird sich zumindest ein Teil davon auf die Tür konzentrieren müssen, an der bestimmt irgend etwas kaputt ist. In diesem Projekt wird insbesondere das Erneuern des äußeren Türgriffs behandelt. Da sich jedoch an der Tür so viele Teile befinden, wird auch auf andere Problemzonen eingegangen.

Vor Arbeiten an der Tür ist grundsätzlich die Batterie abzuklemmen. Innerhalb der Tür befinden sich stromführende elektrische Leitungen, die einen Kurzschluss verursachen können, wenn der Massepol an der Batterie angeschlossen bleibt. Als nächstes muss die Türverkleidung ausgebaut werden. Einige Befestigungsmittel und Clips halten die Türverkleidung am Türblech fest und viele davon sind nicht auf den ersten oder auch zweiten Blick erkennbar. Im Laufe der Jahre wurden die Türverkleidungen geändert und die am Fahrzeug vorhandene kann von den in den Bildern dargestellten abweichen. Deshalb langsam vorgehen und nicht zu stark an der Türverkleidung ziehen. Hier werden insbesondere die Türverkleidungen des Porsche 911 SC behandelt, obwohl die Vorgehensweise zum Entfernen der Türverkleidung an anderen Fahrzeugen entsprechend erfolgt.

Zuerst die obere Leiste entfernen, die entlang der Länge der Tür angesetzt ist. Diese wird mit einigen Schrauben festgehalten, außerdem über die Kunststofffassung des Spiegelschalters. Den Halter und die Schrauben entfernen und die Oberverkleidung sollte sich abheben lassen. Dies bietet eine gute Gelegenheit, um einen Spiegelschalter zu erneuern, sofern hieran Probleme festgestellt wurden.

Die untere Ablage entlang der Länge der Tür muss ebenfalls ausgebaut werden. Diese wird mit einigen Schrauben, die durch die Türverkleidung hindurch gehen, befestigt. An einigen Modellen sind diese versteckt und müssen erst gesucht werden. Ist die untere Ablage einmal abgebaut, so kann die Lautsprecherabdeckung vorsichtig abgehebelt werden, sofern am Fahrzeug Türlautsprecher vorhanden sind.

Nun den großen Griff, der an der Tür selbst befestigt ist, abbauen. Dieser ist oben mit 2 Schrauben, unten mit 2 weiteren Schrauben befestigt. Die beiden oberen Schrauben werden klar erkennbar, nachdem die obere Leiste entfernt wurde, die beiden unteren Schrauben werden jedoch an Fahrzeugen späteren Baujahrs vom Türgriff abgedeckt. Der Türentriegelungsgriff ist mit einer kleinen Stange mit dem Türmechanismus verbunden. Den Türentriegelungsgriff von der Stange demontieren, um Zugang zu den Schrauben zu erlangen, die der Befestigung des großen Türgriffs dienen. Sind die Schrauben einmal entfernt, so lässt sich der große innere Türgriff vom Türblech abziehen.

Bei dieser Gelegenheit können die Türentriegelungshebel erneuert werden. Werkseitig sind sie aus Kunststoff ausgeführt, jedoch von unabhängigen Anbietern zur Nachrüstung aus schwarz lackiertem Leichtmetall erhältlich. Letztere sind wesentlich stabiler als die Kunststoffausführungen. Zum Ersetzen dieser Hebel einfach den kleinen Stift zur Befestigung am großen Türgriff entfernen. Der Stift wird von einem kleinen Sicherungsring in Einbaulage gehalten und sollte mit einer Spitzzange entfernt werden. Der Kontaktpunkt des Stiftes mit dem Türgriff sollte mit etwas weißem Lithiumfett geschmiert werden. Die kleinen Kunststoffclips an der Verbindungsstange zum Türentriegelungshebel sollten ebenfalls erneuert werden, da diese mit zunehmendem Alter spröde werden und brechen.

An Fahrzeugen späteren Baujahrs wird oft die Befestigung des Türverriegelungsknopfs übersehen. Eine Schraube liegt versteckt unter einen kleinen Kappe, die entfernt werden muss, um die Türverkleidung abbauen zu können. Diese Schraube heraus drehen und den Türknopf zusammen mit seiner Kunststoffeinfassung abziehen. An Fahrzeugen früheren Baujahrs muss die Schraube zur Befestigung der Fensterkurbel entfernt werden. Hierzu einfach die Kunststoffabdeckung zurück drücken, um so Zugang zu der darunter liegenden Schraube zu erlangen.

Die Türverkleidung selbst wird außerdem mit Kunststoffclips, ähnlich den am Armaturenbrett verwendeten (Projekt 64), befestigt. Zum Abbauen der Türverkleidung wird diese einfach von der Tür abgehebelt. Hierzu ist ein entsprechendes Werkzeug im Fachhandel erhältlich. Anderenfalls wird ein großer Schraubenzieher verwendet, der vorsichtig exakt neben den Kunststoffclips angesetzt wird. So wird die Wahrscheinlichkeit, dass die Kunststoffclips sich versehentlich aus der Türverkleidung heraus ziehen, minimiert. Geschieht dies jedoch trotzdem, so lassen sich die Clips später immer wieder einkleben.

Nach Abziehen der Türverkleidung von der Tür Vorsicht walten lassen und beachten, dass die Schalter der elektrischen Fensterheber weiterhin an der Türverkleidung befestigt sind. Sie können durch Zurückbiegen der kleinen Laschen ausgebaut werden. Die Schalter aus der Türverkleidung heraus ziehen und dann von den Kabeln abklemmen. Die Kabel müssen vor Trennung von den Schaltern sauber gekennzeichnet werden. Bei Problemen mit den Fensterschaltern wäre es sinnvoll, diese nun zu erneuern.

Ist die Türverkleidung einmal abgebaut, so sollte sie an einem sicheren Ort gelagert werden, wo sie nicht versehentlich zerdrückt werden kann. Nun erfolgt leichter Zugang zur Innenseite der Tür. An der Rückseite der Tür sollte eine dünne Kunststofffolie angeklebt sein, die als Feuchtigkeitsbarriere dient. Diese Kunststofffolie muss wieder verwendet werden und sollte mit der Türverkleidung weggelegt werden.

Nun sollte uneingeschränkter Zugang zur Tür bestehen. Sollen irgend welche Teile innerhalb der Tür erneuert werden (Motor für elektrische Fensterheber bzw. Fensterkurbel oder Türanschlag), so muss der in der Tür befindliche Lautsprecher entfernt werden. An vielen Porsche 911 wurden im Laufe der Jahre Lautsprecher nachgerüstet, so dass die Einbaulage der Lautsprecher von Fahrzeug zu Fahrzeug unterschiedlich sein kann.

Zur Instandsetzung oder Erneuerung eines defekten Türanschlages siehe Projekt 69. Soll der Fensterhebelmechanismus bzw. die Fensterscheibe erneuert werden, siehe Projekt 73 für weitere Einzelheiten. Für die weiteren Arbeiten wird vorausgesetzt, dass der äußere Türgriff erneuert werden soll, bzw. ein neues Schloss eingebaut werden soll.

Zugang zum Türgriff erfolgt durch eine der großen Aussparungen, innen an der Tür. Die Scheibe muss ganz nach oben geschlossen sein, anderenfalls sind die Muttern zur Befestigung des Türgriffs an der Tür nicht zugänglich. Einen kleinen Steckschlüssel verwenden und die beiden Muttern zur Befestigung des Türgriffs an der Türaußenhaut entfernen. Die Muttern nicht in die Versenkung der Tür hinein fallen lassen, außerdem darf der Türgriff nicht auf den Boden fallen.

Soll der Türgriff erneuert werden, so erfolgt der Einbau in umgekehrter Reihenfolge. Den Türgriff einfach an der Türaußenhaut ansetzen und mit den beiden Muttern innen befestigen. Die beiden Türgriffdichtungen sollten ebenfalls erneuert werden. Wird ein alter Türgriff erneuert, so ist es unter Umständen möglich, den alten Schließzylinder gegen ein Neuteil auszutauschen, um so weitere Schlüssel für das Fahrzeug zu vermeiden. Siehe Projekt 71 für weitere Hinweise zum Einbau neuer Türschlösser.

Der Zusammenbau der Tür erfolgt im Prinzip durch Wiedereinbau aller vorher ausgebauten Teile. Nichts darf in die Tür hinein fallen und auch dürfen dort keine Werkzeuge vergessen werden. Anderenfalls werden nervende Klappergeräusche auf alle Zeit ein Wegbegleiter des Fahrers sein. Beim Wiederanbau der unteren Türablage müssen die Schrauben exakt zu den Löchern in der Tür ausgerichtet sein. Hier nicht zu viel Kraft aufwenden, anderenfalls könnte die Türverkleidung eingerissen bzw. beschädigt werden.

1 Das Abbauen der Türverkleidung des Porsche 911 SC erfordert das Entfernen diverser Kleinteile. Unten links im Bild befindet sich der Spiegelschalter mit der einzelnen Befestigungsschraube für den vorderen Abschnitt der Türverkleidung. Der Spiegelschalter kann durch Abschrauben der kleinen Kunststoffscheibe um den Schalter herum entfernt werden. Hierzu einen kleinen Schraubenzieher in eines der Löcher einsetzen. Unten rechts befindet sich die Aufnahme für den oberen Teil des Türgriffs. Dieser wird nur erkennbar, nachdem das obere innere Verkleidungsstück innen an der Tür abgebaut wurde. Das Bild oben rechts zeigt einige Schrauben für den Türgriff bzw. Türentriegelungshebel. Der Entriegelungshebel ist mit einer kleinen Stange verbunden, die aus der Tür herausragt. Das Bild oben links zeigt den Verriegelungsknopf, unter dem sich eine weitere Schraube zur Befestigung der Türverkleidung befindet.

2 Ist die Türverkleidung einmal abgebaut, so bietet dies eine gute Gelegenheit, die Schalter zu erneuern. Der Spiegelschalter und der Fensterheberschalter sind beide sehr störanfällig. Es wäre sinnvoll, diese zu erneuern, solange die Tür zerlegt ist.

3 Das Innere des Türentriegelungshebels ist mit einem kleinen Stift befestigt, der wiederum von einem Seegerring gesichert wird. Den Seegerring entfernen, um dann den Stift heraus schieben zu können. Nachrüstbare Türentriegelungshebel bzw. Türgriffe von unabhängigen Anbietern sind eine wesentliche Verbesserung gegenüber der ursprünglichen instabilen Konstruktion.

4 Innerhalb der Tür dienen 2 Muttern zur Befestigung des äußeren Türgriffs an der Türaußenhaut. Mit Entfernen dieser Muttern muss sicher gestellt werden, dass der Türgriff nicht auf den Boden fällt und zerkratzt wird, bzw. die Lackierung an der Türaußenhaut zerkratzt. Die Zugänglichkeit erfolgt in beengten Verhältnissen, so dass hier ein kleiner Steckschlüssel geeignet ist.

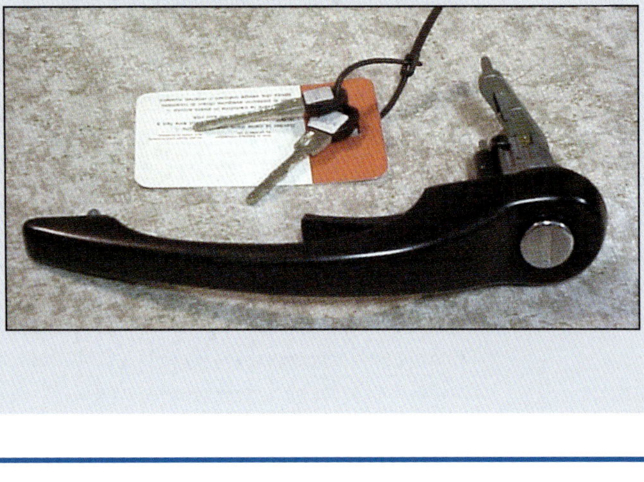

5 Neue Türgriffe werden üblicherweise mit einem neuen Schließzylinder und einem neuen Satz Schlüssel geliefert. Vor Einbau des Türgriffs sollte das übrige Fahrzeug mit demselben Schlüssel bestückt werden (siehe Projekt 71). Noch leichter wäre es, den Schließzylinders des vorhandenen Türgriffs – sofern dieser noch intakt ist – in den neuen Türgriff einzubauen.

PROJEKT 71 • ÄNDERN DER SCHLÜSSEL AM PORSCHE 911

Zeit: 3 Stunden

Werkzeug: Je nach Schlossausführung

Talent:

Zutreffende Baujahre: alle

Erforderliche Teile: Teilesatz zur Schlüsseländerung

Tipp: Die Kanten des Schließzylinders nach Abschluss der Arbeiten abfeilen, um ein leichtgängigeres Schloss zu erzeugen.

Zweck des Projekts: Nur ein Schlüssel am Schlüsselbund

Ergänzende Arbeitsgänge: Türgriffe erneuern, bzw. Zündschloss erneuern

1 Der Schließzylinder besteht aus dem Zylinder selbst, den Sicherungsstiften und den kleinen Federn, die diese heraus drücken. Es gibt 5 verschiedene Ausführungen von Sicherungsstiften, die jeweils mit einer eingestanzten Zahl markiert sind. Der Teilesatz enthält einen ausreichenden Vorrat dieser Sicherungsstifte, so dass die Zusammenstellung auf das entsprechende Schloss angepasst werden kann.

Zum Ändern des Schlosses muss zuerst der Schließzylinder ausgebaut werden. Dies ist ein Projekt für sich und in der Ausführung stark abhängig vom entsprechenden Baujahr und in der Ausführung des Schließzylinders. Die meisten Schließzylinder lassen sich jedoch ausbauen, indem die Teile um das Schloss herum zerlegt werden. Für weitere Hinweise über Türschlösser und Zündschlösser siehe Projekt 70 und 85.

Ist der Schließzylinder einmal ausgebaut, so muss dieser zerlegt werden. Die meisten Schließzylinder sind mit einer Sicherungsschraube versehen, die der Befestigung des inneren Schließzylinders dient. Diese Schraube entfernen, um den Schließzylinder heraus ziehen zu können. Andere Schlösser sind versiegelt ausgeführt und können nicht zerlegt werden. Ein Beispiel hierfür ist das Schloss am Handschuhfach, in den Fahrzeugen von Baujahr 1974-1989. An diesen Schlössern ist es erforderlich, einen kleinen Spannstift heraus zu bohren, der die gesamte Baugruppe zusammenhält.

Vor dem Zerlegen und Ausbauen des Schließzylinders muss ein Schlüssel in das Schloss eingesetzt werden. Hierfür kann jeder Porscheschlüssel verwendet werden. So wird verhindert, dass die kleinen Sicherungsstifte des Schließzylinders heraus fliegen, wenn der Zylinder herausgezogen wird.

Der Schlüssel darf nicht abgezogen werden, bevor der Zylinder auf der Werkbank eingespannt wird, wo die Sicherungsstifte aufgefangen werden können, bevor sie aus dem Schloss heraus fliegen.

Mit Herausziehen des Schlosses aus dem Schließzylinder, die Hand um die kleinen Sicherungsstifte aus Messing halten. Diese sind federbelastet und können deshalb weg fliegen. Den Schlüssel wieder in den Schließzylinder einsetzen, um ein Gefühl dafür zu gewinnen, wie das Schloss arbeitet. Mit Einsetzen des Schlüssels werden die Sicherungsstifte des Schließzylinders in die Nuten des Schlüssels herunter gezogen und eben zur äußeren Oberfläche des Zylinders ausgerichtet.

So lässt sich das Schloss in seinem Gehäuse drehen und kann dann geöffnet werden. Stimmen eine oder mehrere dieser Stifte nicht mit dem Muster am Schlüssel überein, so kann das Schloss nicht gleichmäßig drehen.

Es gibt 5 verschiedene Arten von Sicherungsstiften, die alle etwas unterschiedlich ausgeführt sind. Im üblicherweise verwendeten Schloss des Handschuhfachs befinden sich 5 Schließzylinderschlitze. Hier gibt es 625 mögliche Kombinationen, d.h. 5 mal 5 mal 5 mal 5 mal 5. Mit anderen Worten, die Chancen, dass 2 Schlüssel in dasselbe Schloss passen, stehen 1 zu 625. Jeder Sicherungsstift eines Schließzylinders sollte mit einer Nummer von 1 bis 5 versehen sein. An einigen Fahrzeugen früheren Baudatums sind keine Nummern an den Sicherungsstiften zu sehen, so dass der Einsatz eines neuen Schlüssels etwas zu einem Puzzlespiel wird. Ein Teilesatz zum Ändern des Schlüssels wird üblicherweise 25 Sicherungsstifte, jeweils 5 gleiche, enthalten. Mit einem derartigen Teilesatz lassen sich im Regelfall 3 oder 4 Schlösser leicht auf einen einzigen Schlüssel umändern.

Die Vorgehensweise ist sehr einfach. Einen Sicherungsstift der bei eingesetztem Schlüssel nicht eben mit der Oberfläche des Schließzylinders liegt entfernen und durch einen anderen ersetzen. Nach Ausprobieren aller 5 Sicherungsstifte sollte einer auf jeden Fall funktio-

2 Ist das Schloss für einen speziellen Schlüssel ordnungsgemäß ausgerichtet, so lassen sich die Sicherungsstifte perfekt zur Oberfläche des Schließzylinders einstellen. So kann der Schließzylinder im Gehäuse gedreht werden, ohne in einer der Nuten fest zu hängen. Mit Abziehen des Schlüssels werden die Sicherungsstifte durch kleine, innen liegende Federn heraus gedrückt und verhindern ein Verdrehen des Schließzylinders.

nieren und eben zum Gehäuse ausgerichtet sein. Den Vorgang wiederholen und nach und nach die Sicherungsstifte ersetzen, bis alle Sicherungsstifte des Schließzylinders eben zur Oberfläche stehen, wenn ein Schlüssel eingesteckt ist.

Ist der Schließzylinder oder der Schlüssel stark abgenutzt oder kippelt der Schlüssel im Gehäuse, so werden die Sicherungsstifte wahrscheinlich nicht eben zum Gehäuse ausgerichtet. Hier muss ein Trick angewendet werden, um eine bessere Passung zu erlangen. Bei in den Zylinder eingesetztem Schlüssel eine Feile oder etwas Schleifpapier verwenden, um die Spitzen der Sicherungsstifte abzufeilen, bzw. etwas zu entgraten, bis diese eben zum Gehäuse liegen. So wird der Schließzylinder gleichmäßiger drehen und nicht mit Einsetzen des Schlüssels festhaken. Diese Technik kann natürlich auch verwendet werden, wenn nicht ausreichend richtig dimensionierte Sicherungsstifte vorhanden sind. Einfach die vorhandenen abfeilen, bis sie zum Gehäuse eben liegen. Ein Nachteil hierbei ist, dass das Öffnen des Schlosses mit dem Dietrich etwas einfacher wird.

Wurde einmal die richtige Zusammenstellung der Sicherungsstifte für das Schloss ermittelt, so wird der Zylinder wieder zusammengebaut. An allen gleitenden Teilen etwas weißes Lithiumfett auftragen. Auch sollte die Zahlenfolge der Sicherungsstifte aufgeschrieben werden, falls ein weiteres Schloss hieran angepasst werden muss.

PROJEKT 72 • ERNEUERN DER TÜRDICHTPROFILE

Zeit: 3 Stunden

Werkzeug: Keine Angabe

Talent:

Zutreffende Baujahre: alle

Erforderliche Teile: Neue Türdichtprofile, Spezialkleber

Tipp: Prüfen, ob das Dichtprofil erneuert werden muss, bevor ein Neuteil beschafft wird

Zweck des Projekts: Geräuschärmeres Fahren, trockener Innenraum

Ergänzende Arbeitsgänge: Schiebedach generalüberholen, Frontscheibe erneuern

1 Das Erneuern der Türdichtungen ist einfach. Einfach die alten Dichtungen aus dem Türrahmen herausziehen. Dann Klebstoffreste und Dichtungsstücke aus dem Türprofil entfernen. Die neue Dichtung wird einfach im Profil eingeklebt. Die Tür schließen und die Fenster offen lassen, solange der Klebstoff trocknet.

2 Die Abdichtungen der Targadächer, vorne und hinten, sind ähnlich wie die Türabdichtungen ausgeführt. Sie sitzen in einem breiten Profil. Die alten Abdichtungen in ähnlicher Weise entfernen und vom Fahrzeug abziehen. Die neue Dichtung mit einem entsprechenden Spezialkleber einbauen. Unbedingt an der Seite anfangen und die Dichtung nacheinander, Schritt für Schritt, in dem Profil einkleben. Die Dichtung zuerst probeweise ansetzen, um die Passung zu prüfen, bevor Klebstoff verwendet wird.

Mit zunehmendem Alter des Porsche 911 tritt häufiger ein Wassereinbruch in den Innenraum auf. Obwohl meist überhaupt nicht im Regen gefahren wird, kann doch der unerwartete Schauer die Teppichverkleidung innen in ein Feuchtbiotop verwandeln. Die Lösung besteht natürlich darin, die undichten Abdichtungen zu ersetzen.

Hier handelt es sich meist um die Schiebedachdichtung und die Abdichtung der Frontscheibe. Ein Erneuern der Schiebedachdichtung erfolgt am besten bei ausgebautem Schiebedach. Siehe Projekt 79 für weitere Einzelheiten. Die Scheibendichtung der Frontscheibe kann nur erneuert werden, indem die Frontscheibe ausgebaut wird. Siehe Projekt 74 für weitere Informationen hierzu. Der Einbau der neuen Dichtungen an Frontscheibe, Heckscheibe und Seitenscheiben ist in Projekt 75 dargelegt. Die Türdichtungen an Fahrzeugen mit geschlossenem Dach werden nach vielen Jahren undicht. An Targa-Modellen und Cabriolets können diverse weitere Dichtungen und Dichtleisten Wassereintritt verursachen, wie z.B. die Dichtung des Frontscheibenrahmens zum Dach, die vordere Dichtung des Targabügels und die beiden seitlichen, oberen Dichtungen des Targabügels.

Der erste Schritt zur Behebung von Wassereintritt besteht in der exakten Feststellung der undichten Stelle. Hierzu von außen mit dem Gartenschlauch Wasser auf das Fahrzeug sprühen und einen Helfer im Fahrzeug beobachten lassen, wo das Wasser eintritt. Den Wasserstrahl auf spezielle Bereiche des Fahrzeugs zielen und hierbei mit den am niedrigsten gelegenen Punkten zuerst anfangen. Vor Inangriffnahme einer neuen Position einige Minuten warten. Mit Geduld wird diese Methode zum Erfolg führen und eine exakte Eingrenzung ermöglichen, wo das Wasser in den Innenraum eintritt.

Sind die Türdichtungen offenbar undicht, so ist dies am leichtesten zu beheben. Die Dichtung wird einfach festgehalten und abgezogen, Sie sollte am Rahmen der Tür leicht festgeklebt sein und nur einen moderaten Kraftaufwand zum Abziehen vom Türrahmen erfordern. Dann die neue Dichtung probeweise an der Tür ansetzen. Sie muss richtig passen und vor allen Dingen die richtige Dichtung für das betreffende Fahrzeug sein.

Ein sehr dünner Auftrag des Spezialklebers für Dichtungen sollte erfolgen (siehe Projekt 62). Dies gilt insbesondere für die Kante, die am Türrahmen anliegt. Die Dichtung bis zum Ende einsetzen und sicher stellen, dass sie richtigen Kontakt mit der inneren Metallnut aufweist. Den Klebstoff trocknen lassen und hierbei die Tür schließen, um so die Türdichtung durch die Tür zusammen gedrückt halten.

Eigentümer von Targa-Modellen und Cabriolets haben einen wesentlichen Nachteil, wenn es darum geht, Wasser aus dem Innenraum fern zu halten. Aufgrund der Dachkonstruktion müssen diverse weitere Stellen exakt aneinander passen, damit das Wasser heraus gehalten wird. Zuerst muss die Abdichtung des Windschutzscheibenrahmens an das Dach passen, außerdem die vordere Dichtung des Targabügels. Diese Dichtungen trocknen aus, werden spröde und reißen nach vielen Jahren der Sonneneinstrahlung.

Das Erneuern der Dichtung zwischen Windschutzscheibenrahmen und Dach ist sehr einfach. Hierzu die alte Dichtung vom Metall-

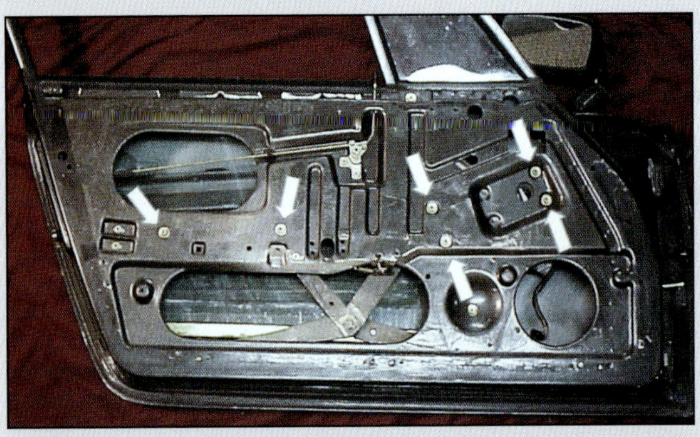

2 In diesem Foto sind die 6 Schrauben zur Befestigung des Fensterhebermechanismus an der Tür mit weißem Pfeil markiert. Die Tür stammt von einem Porsche 911 SC. Nach Entfernen dieser Schrauben sollte sich der Fensterhebermechanismus drehen lassen, so dass Zugang zum Fensterhebermotor erlangt wird. Änderungen der Fensterhebermechanismen im Laufe der Jahre führten zu unterschiedlichen Befestigungs- und Einstellmethoden. Die allgemeine Vorgehensweise ist für Fahrzeuge späteren Baujahrs identisch.

3 Diese drei Schrauben müssen zum Abbauen des Fensterhebermotors entfernt werden. Mit Abbauen des Motors Vorsicht walten lassen, da die Feder am Fensterheber zurückschnappen wird. Die daraus entstehende Bewegung kann entweder die Scheibe beschädigen oder aber den Türverriegelungsmechanismus.

4 Mit einigem Geschick lässt sich der Fensterhebermechanismus durch die untere Aussparung des Türblechs entfernen. Die Hebel sind entsprechend zu verdrehen, um ein Herausnehmen des Mechanismus zu ermöglichen. Vor Entfernen des Mechanismus ist die Scheibe ganz nach oben zu fahren.

nung an den beiden Anschlussklemmen getestet werden. Dreht sich der Motor nicht, so ist er defekt.

Nach Ausbauen des Motors, sollte es möglich sein, den unteren Teil des Fensterhebermotors von der an der Fensterscheibe befestigten Führung zu entfernen. Die Scheibe bis nach oben drücken und am oberen Türprofil mit Klebeband festkleben. Ist der Fensterhebermechanismus einmal frei gelegt, so sollte er sich einfach aus der Tür heraus ziehen lassen. Nun den Fensterhebermechanismus auf Verschleiß überprüfen. Jegliche Defekte sollten offensichtlich sein. Die üblichen Problemzonen sind die Kunststoffrollen und außerdem die Punkte, an denen die Hebel des Fensterhebermechanismus angelenkt und vernietet sind. Ist ein neuer Mechanismus zur Hand, so ist er mit dem Beschädigten zu vergleichen. Bestehende Probleme sollten hierbei offenkundig werden.

Der Einbau des neuen Fensterhebermechanismus erfolgt problemlos. Die Ausrichtung der Fensterscheibe und das Anbauen des Fensterhebermotors im Innern der Tür muss koordiniert werden. Es kann 2 oder 3 Anlaufversuche erfordern, um dies zu bewerkstelligen. Die Spiralfeder des Fensterhebermechanismus wird mit Absenken des Fensters zusammen gespannt, so dass ein Einbau des Fensterhebermechanismus erleichtert wird, wenn die Fensterscheibe ca. um die Hälfte des Stellwegs nach oben bewegt wurde. Alle beweglichen Teile des Fensterhebermechanismus mit weißem Lithiumfett vor Einbau schmieren. Außerdem sollte ausreichend Schmierfett an den Kunststoffrädern und im Innern der Schiene, unten an den Scheiben, aufgetragen werden.

Vor Einbau des Fensterhebermechanismus ist es wahrscheinlich sinnvoll, die Fensterscheibenführungen auf Verschleiß zu überprüfen. Hier handelt es sich um 2 Führungen, die die Scheibe beim Heben und Senken in der Spur halten. Sie können von innerhalb der Tür aus entfernt werden. Außerdem ist ein Erneuern der Scheibendichtleisten sinnvoll. Diese innen und außen liegenden „Dichtschaber" verhindern, dass Wasser in die Tür hinein tropft.

Vor dem Anbauen aller Verkleidungen sollte die Funktion des Fensterhebermechanismus überprüft werden. Handelt es sich um elektrische Fensterheber, so muss die Stromzufuhr hergestellt werden, um dann die Scheibe zu heben und zu senken. Anderenfalls ist die Fensterkurbel anzusetzen, um zu prüfen, ob die Bewegung gleichmäßig erfolgt. Außerdem muss die Anschlagposition der Scheibe nachgestellt werden, nachdem der Hebelmechanismus wieder eingebaut wurde. Diese Anschlagposition wird über Schrauben eingestellt, die sich am Fensterhebermechanismus befinden.

Der hier dargelegte Arbeitsablauf ist für die Porsche 911 der Baujahre 1974-1989 am besten geeignet. An Fahrzeugen früheren Baudatums ist die Öffnung der Tür nicht groß genug, um den Fensterhebermotor zu entfernen. Statt dessen muss außerdem der gesamte Scheibenrahmen entfernt und der Fensterhebermechanismus nach oben durch die Tür heraus gezogen werden.

PROJEKT 74 • AUSBAUEN DER SCHEIBEN

Zeit: 1 Stunde je Scheibe

Werkzeug: Scharfes Cuttermesser

Talent: 

Zutreffende Baujahre: alle

Erforderliche Teile: Keine

Tipp: Alle Dichtungen entlang des gesamten Umfangs mehrmals einschneiden und bei dieser Arbeit ohne Eile vorgehen

Zweck des Projekts: Das Ausbauen der Scheiben ermöglicht das Durchführen anderer Projekte

Ergänzende Arbeitsgänge: Scheibendichtung, Scheiben, Armaturenbrettschale und Dachhimmel erneuern

Das Ausbauen der Scheiben am Porsche 911 ist eine der kompliziertesten und aufwendigsten Arbeiten. Dies gilt sowohl für die Frontscheibe, die Heckscheibe als auch die hinteren Seitenscheiben. Der Arbeitsablauf birgt diverse Schwierigkeiten, insbesondere für den Neuling. Werden die Anweisungen jedoch Schritt für Schritt befolgt, so wird die Arbeit mit etwas Geduld zum Erfolg führen.

Für einige andere Projekte in diesem Buch ist das Ausbauen und Einbauen bzw. die Erneuerung der Scheiben erforderlich. Dies gilt insbesondere für das Erneuern der Scheibendichtungen (Projekt 75), das Erneuern der Armaturenbrettschale (Projekt 64) und das Erneuern des Dachhimmels im Innenraum (Projekt 65).

Alle 4 fest eingebauten Scheiben am Porsche 911 Coupé sind mittels einer ähnlichen Methode im Fahrzeug befestigt. Sowohl die Windschutzscheibe als auch die Heckscheibe und die beiden hinteren Seitenscheiben werden von einer Gummidichtung gehalten, die sowohl die Scheibe, als auch die Karosserie des Fahrzeugs umfasst. Am Porsche 911 Cabriolet und am Targa wird dieselbe Methode zur Befestigung der Frontscheibe verwendet und am Targa wird ebenfalls die Heckscheibe auf die gleiche Weise befestigt, wie am Coupé. Der Einbau der Heckscheibe am Targa ist sehr schwierig und sollte von einer Fachkraft mit einschlägiger Erfahrung durchgeführt werden. An Porsche 911 der früheren Baujahre mit hinteren heraus zu drückenden Scheiben ist die Vorgehensweise etwas einfacher,

1 Die Scheibeneinfassung ist mit einem hakenförmigen Profil versehen, das in die Scheibendichtung eingreift. Mit Abhebeln der Scheibeneinfassung sicher stellen, dass das Aluminium nicht gebogen wird, die Einfassung wird sonst für den erneuten Einbau der Scheibe unbrauchbar.

da die Scheibe und der Rahmen einfach vom Fahrzeug abgeschraubt werden.

Zum Ausbauen der Scheibe muss zuerst die Scheibeneinfassung vom Fahrzeug abgebaut werden. Die Fahrzeuge früherer Baujahre waren mit einer verchromten Scheibeneinfassung versehen, die direkt in die Scheibendichtungen eingehakt wurde. An Fahrzeugen späterer Baujahre bestand diese Einfassung aus eloxiertem Aluminium. Beim Ausbauen wird sowohl die alte als auch die neue Ausführung der Scheibeneinfassung sehr leicht beschädigt.

An der Windschutzscheibe beginnend, zuerst mit einem mittelgroßen Schraubenzieher die kleinen Verbindungsclips der Scheibeneinfassung zur Seite schieben. Diese sind oben und unten in der Mitte der Scheibe angeordnet. Hierbei die Scheibeneinfassung nicht mit dem Schraubenzieher verkratzen. Nun vorsichtig einen Teil der Einfassung mit dem Schraubenzieher abhebeln. Vorsichtig arbeiten und beim Abheben nicht die Metallstreifen verbiegen. Wird die Einfassung stärker verbogen, so wird es nahezu unmöglich sein, sie nach erneutem Einbau der Scheibe wieder einzusetzen.

Vorsichtig mit dem Schraubenzieher entlang des Umfangs der Scheibeneinfassung arbeiten und diese hoch hebeln. Niemals an einem Ende der Scheibeneinfassung ziehen, diese würde so bis zur Unbrauchbarkeit verbogen werden. Die Scheibeneinfassung ist als Ersatzteil recht teuer, so dass ausreichend Motivation zur Geduld und Sorgfalt bei dieser Arbeit bestehen sollte. Die Scheibeneinfassungen an Heck- und Seitenscheiben sind sogar noch teurer als die der Frontscheibe.

Nach Entfernen der Scheibeneinfassung vom Fahrzeug muss diese an einem sicheren Ort gelagert werden. Die Arbeiten werden mehr als einen Tag in Anspruch nehmen, so dass das Risiko einer Beschädigung durch Unachtsamkeit bei unsachgemäßer Lagerung noch erhöht wird.

2 Nach Durchtrennen bzw. Anschneiden der Dichtung kann der an der Windschutzscheibe angebrachte Teil abgerissen werden. Das Ziehen an dieser Dichtung sollte ein Trennen vom Rest der Dichtung bewirken. Nach Entfernen dieses Abschnittes der Dichtung sollte die gesamte Scheibe lose liegen und abgehoben werden können.

Nun können die Arbeiten zum eigentlichen Entfernen der Scheibe begonnen werden. Mit einer Rasierklinge oder einem Cuttermesser an der Stelle in die Dichtung schneiden, an der diese am Fahrzeug anliegt. Hierbei soll jener Teil der Dichtung abgeschnitten werden, der zur Befestigung der Scheibe am Fahrzeug dient. Der Schnitt muss in der klar erkennbaren Nut erfolgen, welche die Aufnahme für die Scheibeneinfassung bildet. Unterhalb der Dichtung können mit dem Messer keine Schäden angerichtet werden, so dass hier tief eingeschnitten werden darf und soll. Eine Ausnahme bildet die Heckscheibe, an der die Kabel der Heckscheibenheizung beachtet werden müssen.

Die Arbeiten müssen mit einem gebührenden Maß an Geduld durchgeführt werden. Insbesondere ältere Scheiben sind spröde und brechen sehr leicht. Ist einmal der Punkt erreicht, an dem die Dichtung sich abziehen lässt, so kann sie einfach festgehalten und entlang des Umfangs der Scheibe nach außen abgezogen werden. Siehe Bild 2 in diesem Projekt für weitere Einzelheiten.

In der Heckscheibe befindet sich zusätzlich noch die Verkabelung für die Heckscheibenheizung. Beim Einschneiden der Scheibendichtung muss deshalb noch vorsichtiger vorgegangen werden, da die Kabel der Heckscheibenheizung direkt durch die Dichtung verlaufen. Meist verlaufen die Kabel jedoch nicht in dem Bereich, der durchgeschnitten wird. Um sicher zu gehen, erst die Dichtungen anschneiden, ohne ganz durchzuschneiden und dann den Rest der Dichtung einreißen, indem an einem losen Ende gezogen wird (siehe Bild 2). So sollte es möglich sein, die Scheibe ohne Beschädigung der Kabel zu entfernen.

Nach dem Abtrennen der Scheibendichtung sollte die Windschutzscheibe vollständig vom Fahrzeug abgelöst sein. Versuchen, die Windschutzscheibe hin und her zu bewegen, nachdem sie einmal lose liegt. Es besteht die Möglichkeit, dass das Gummi an der Windschutzscheibe haftet.

In einem solchen Fall muss mit der bloßen Hand ein leichter Druck innen an der Windschutzscheibe aufgebracht werden. Auf keinen Fall Werkzeuge verwenden. Ist die Scheibendichtung an der Innenseite stark festgeklemmt, so ist ein Kunststoffschaber zu verwenden, um die Dichtung von der Scheibe an der Innenseite zu trennen. Die Scheibe kann jedoch nicht heraus fallen oder wegrutschen, die Schwerkraft wird sie an ihrer ursprünglichen Stelle halten.

Ist die Windschutzscheibe einmal lose, so lässt sie sich an der Unterkante aufstellen und vom Fahrzeug abheben. Hierbei empfiehlt es sich, einen Helfer bereit stehen zu lassen. Die Windschutzscheibe ist nicht gerade schwer, jedoch auch nicht federleicht. Sie muss an einem besonders sicheren Ort gelagert werden, wo sie weder beschädigt noch zerkratzt werden kann.

Der Ausbau der Seitenscheiben erfolgt auf ähnliche Weise. An Porsche 911 mit ausstellbaren Seitenfenstern lässt sich einfach die gesamte Scheibe abschrauben. Die Dichtung kann dann ohne Sorge, die Scheibe durchzubrechen, entfernt werden. Am Porsche 911 ohne ausstellbare Seitenfenster entspricht die Vorgehensweise zum Ausbauen jener für die Windschutzscheibe. Zum Heraushebeln der Scheibe darf keinerlei Werkzeug verwendet werden.

An der Heckscheibe wird die Arbeit durch die Heckscheibenheizung komplizierter. Nach Durchtrennen und Entfernen des inneren Teils der Abdichtung sollte es möglich sein, die elektrischen Verbindungen an der Scheibe einzusehen. Es ist sehr wichtig, diese Anschlüsse zu entfernen, bevor die Scheibe ausgebaut wird. Sie werden durchbiegen und durchbrechen, wenn dies nicht erfolgt. Die Kabel von der Scheibe einfach abklemmen. Es sollten insgesamt 4 Kabel vorhanden sein. Nach Abklemmen der Steckverbindungen sollte es möglich sein, die Heckscheibe genau wie die Frontscheibe vom Fahrzeug abzuheben.

PROJEKT 75 • EINBAU VON SCHEIBEN

Zeit: 1 Stunde je Scheibe

Werkzeug: Dickes, stabiles Seil

Talent: 4 von 4

Zutreffende Baujahre: alle

Erforderliche Teile: Neue Scheibendichtungen

Tipp: Sehr, sehr vorsichtig vorgehen und keine Eile walten lassen

Zweck des Projekts: Vorschriftsmäßiger Einbau der Scheibe

Ergänzende Arbeitsgänge: Scheibendichtung erneuern, vordere Armaturenbrettschale erneuern

1 Den Einbau der Scheibe vorbereiten, indem die Scheibe auf einen Reifen mit darüber gelegter Decke oder anderer weicher, ebener Oberfläche angeordnet wird. Die Dichtung am gesamten Umfang der Scheibe ansetzen. Die Dichtung muss eventuell gedehnt und gezogen werden, um zu passen. Ist die Dichtung einmal in Einbaulage und die Fassung eingesetzt, so wird das Seil in die Nut eingefädelt, die mit der Kante an der Karosserie anliegt. Das Seil muss etwa 20 cm länger sein als der Umfang der gesamten Scheibe.

Der Einbau der Scheiben im Fahrzeug ist keine einfache Aufgabe. Auch in der Porsche-Fachwerkstatt wird man zugeben müssen, hier und da eine Windschutzscheibe beim Einbau zerstört zu haben. Es muss ausreichend Geduld und Zeit veranschlagt werden und es darf keinerlei übermäßiger Druck auf der Scheibe lasten. Die Vorgehensweise zum Einbau erfordert einen leichten Druck auf mindestens einen Teil der Scheibe. Mit Altern der Scheiben können diese sehr spröde werden und wesentlich leichter durchreißen als eine neue Windschutzscheibe. Unglücklicherweise kann die Windschutzscheibe auch bei exakter Befolgung aller Arbeitshinweise trotzdem durchbrechen.

Die Vorgehensweise für den Einbau der Frontscheibe ist ähnlich der für andere Scheiben im Fahrzeug. Der hauptsächliche Unterschied besteht darin, dass die Frontscheibe sehr groß ist und daher aufgrund ihrer Breite leichter einreißt. Die Breite der Scheibe kann die einseitige Belastung tatsächlich verstärken. Die Seitenscheiben und die Heckscheibe neigen weniger zum Einreißen. Da jedoch die Heckscheibe mit der Heckscheibenheizung versehen ist, ist auch hier besondere Vorsicht geboten. In diesem Projekt wird im Wesentlichen der Einbau der Frontscheibe behandelt, mit zusätzlichen Anmerkungen für den Fall, dass die Vorgehensweise für andere Scheiben unterschiedlich ist.

Der erste Schritt im Einbau besteht darin, die Gummidichtung an den Kanten der Scheibe anzusetzen. Die Wiederverwendung einer alten Scheibendichtung ist nicht angeraten, da diese beim Ausbauen der Scheibe wahrscheinlich zerstört wird und nicht richtig sitzen wird. Immer eine neue Dichtung verwenden. Außerdem sollten hierbei nur Originalteile verwendet werden. Diverse billige Nachfertigungen der Dichtungen sind von mangelhafter Qualität. Die Möglichkeit einer undichten Scheibendichtung ist die Ersparnis nicht wert.

Vor Ansetzen der Dichtung an der Scheibe sicher stellen, dass die Windschutzscheibe auf einer nicht kratzenden Oberfläche abgelegt ist. Ein alter Gummireifen mit einer darüber gelegten Decke wäre hierfür ideal. Beim Ansetzen der Dichtung an der Scheibe muss die richtige Ausrichtung der Dichtung beachtet werden. Die Nut für die Aluminiumeinfassung weist immer zur Außenseite der Windschutzscheibe. Mit etwas Seifenwasser an den Kanten der Windschutzscheibe wird der Einbau der Dichtungen erleichtert.

Soll der Einbau der Windschutzscheibe im Fahrzeug erfolgen, so wird ein stabiles Seil verwendet, um die Kanten der Dichtung ordnungsgemäß nach innen zu ziehen. Das Seil muss in die innere Kante der Dichtung vor Anordnen der Scheibe im Fahrzeug eingesetzt werden. Nachdem die Dichtung ordnungsgemäß an der Windschutzscheibe angesetzt wurde, das Seil in die Profilnut der Dichtung fädeln (siehe Zeichnung für dieses Projekt in Bild 2). Ist das Seil vollständig um den gesamten Umfang gezogen, so muss es sich noch um weitere ca. 20 cm überlappen.

Nun die Aluminiumeinfassung in der Dichtung einsetzen. Diese Arbeit ist nicht einfach. Die Einfassung hält die Dichtung durch Verkeilen an der Scheibe fest. Wird die Einfassung verbogen oder verformt, so muss sie im fortlaufenden Einbau begradigt werden. Ist die Einfassung beschädigt oder zu weit verbogen, so wird es nahezu un-

PROJEKT 77 • EINBAU EINES HECKSPOILERS

Zeit: 6 Stunden

Werkzeug: Handbohrmaschine

Talent:

Zutreffende Baujahre: alle

Erforderliche Teile: Heckspoiler, Heckspoilerabdichtung, Motorhaube, Teilesatz für doppelten Dämpfer, Heckspoilergummi

Tipp: Der Einbau eines Spoilers kann die Originalität des Fahrzeugs zunichte machen und somit zu einem Wertverlust führen. Er sollte nur vorgenommen werden, wenn der Spoiler ursprünglich ab Werk am Fahrzeug erhältlich war

Zweck des Projekts: Bessere Bodenhaftung der Hinterachse bei höheren Geschwindigkeiten

Ergänzende Arbeitsgänge: Einbau des Frontspoilers, um das Fahrzeug aerodynamisch auszubalancieren

1 Hier sind einige Beispiele von am Porsche 911 im Laufe der Jahre verwendeten Spoilern dargestellt. Oben links der als „Entenbürzel" bekannte Spoiler, der zuerst am Carrera RS 1973 verwendet wurde und später an den Serienfahrzeugen zu sehen war. Oben rechts der Turbospoiler mit weit ausladender und nach oben gewölbter Gummilippe. Unten links der Carreraspoiler der späteren Baujahre, bei dem es sich im Wesentlichen um eine modifizierte Version des Turbospoilers mit einer abgeflachteren Gummilippe handelt. Der Carreraspoiler reicht außerdem nicht so weit am Motoreinlassgitter zurück, wie der traditionelle Turbospoiler. Unten rechts ist ein Carreraspoiler der früheren Baujahre zu sehen, ähnlich den Turbospoilern der früheren Serienfahrzeuge. Dieser Spoiler wurde an einigen der frühen Carrera-Fahrzeuge in den 70er-Jahren verwendet.

Oft wird am Porsche 911 ein Heckspoiler angebaut, um das äußere Erscheinungsbild aufzuwerten. Ab Werk waren 4 verschiedene Heckspoiler am serienmäßigen Porsche 911 erhältlich. Der erste, einem „Entenbürzel" ähnelnde Spoiler wurde ursprünglich am Porsche 911 RS Carrera von 1973 eingebaut und später für die Serienfahrzeuge übernommen.

Im Jahre 1976 führte Porsche den 911 Turbo mit einer breiteren Karosserie ein, die mit verbreiterten Kotflügeln und einem großen Spoiler, dessen Erscheinungsbild mit einer großen „Walflosse" zu vergleichen ist, ausgestattet wurde. Bei dieser Ausführung wurde das ursprüngliche Motoreinlassgitter beibehalten. Diese Spoiler sind nicht sehr häufig anzutreffen und wurden nur 2 Jahre lang eingebaut, nämlich 1976 und 1977. Bei diesem Spoiler ist das Lufteinlassgitter als eine kleinere rechteckige Aussparung ausgeführt. Zusätzlich zum Turbospoiler gibt es einen seltenen Carreraspoiler der frühen Baujahre. Dieser Spoiler ähnelt stark den ersten Turbospoilern, ist jedoch nicht mit dem rechteckigen Motoreinlassgitter des Turbo versehen.

Im Jahre 1978 führte Porsche eine weitere Version des Turbospoilers ein. Diese neuere Ausführung der „Walflosse" ist am häufigsten anzutreffen. Der Spoiler besteht aus einer großen Kammer aus glasfaserverstärktem Kunststoff, die an der Motorhaube angeschraubt wird. Das Lufteinlassgitter des Motors ist waagerecht angeordnet und das Gummi des Spoilers läuft mit einer nach oben weisenden Lippe außen am Spoiler entlang.

Im Jahre 1984 führte Porsche den 911 Carrera mit einer anderen Version des Spoilers ein. Dieser Carreraspoiler ist ähnlich wie die Turbospoiler der späteren Baujahre ausgeführt, außer dass er etwas kleiner und dezenter ausgeführt wurde. Die Kammer aus glasfaserverstärktem Kunststoff ist weniger ausladend als am Turbospoiler und das Gummi ist mehr in Richtung Waagerechte geführt. Für den Laien sehen die Turbospoiler und Carreraspoiler der späteren Baujahre sehr ähnlich aus. Es ist jedoch zu beachten, dass aufgrund der unterschiedlichen

Größen der Luftsammelkammern, die von diesen Spoilern gebildet werden, die Befestigungsbohrungen für die einzelnen Spoiler an der Motorhaube unterschiedlich angeordnet sind.

Spoiler zur Nachrüstung sind sehr teuer und schwer aufzutreiben. Außerdem birgt ihr Einbau das Risiko einer Abwertung des Fahrzeugs, sofern die Montage des Spoilers nicht dem originalen Serienzustand entspricht und mit anderen Anbauteilen des Fahrzeugs übereinstimmt. Wird doch entschieden, einen Spoiler einzubauen, so ist zu überlegen, ob dies nicht an einer Ersatzmotorhaube erfolgen sollte. So wird die ursprüngliche Motorhaube in der ursprünglichen Lackierung erhalten, ohne Löcher darin bohren zu müssen. Die Ersatzmotorhaube wird dann mit den erforderlichen Befestigungsbohrungen versehen und zusammen mit dem Spoiler lackiert. Als Muster für die zu verwendende Farbe kann der Tankdeckel bei der Lackiererei abgegeben werden. Der Tankdeckel lässt sich einfach mit einem Inbusschlüssel entfernen. Beim Einbau des Spoilers muss das Gehäuse aus glasfaserverstärktem Kunststoff genau an der Haube ausgemittelt werden. Beim Bohren einen extra scharfen Bohrer verwenden und nicht zu stark drücken. Die Dichtung zwischen Gehäuse aus glasfaserverstärktem Kunststoff und Blech der Motorhaube muss überall richtig anliegen. Außerdem sind neue Befestigungsschrauben und Sicherungsmuttern zu verwenden. Die Schrauben nicht zu fest anziehen, sonst könnte das Gehäuse brechen oder die Motorhaube eingebeult werden. Beim Einbau der neuen Motorhaube mit Spoiler sollte sofort der doppelte Dämpfer mit installiert werden. So wird das Verletzungsrisiko einer herunter fallenden Motorhaube weitestgehend ausgeschlossen. Es ist zu beachten, dass der Einbau eines Heckspoilers am Fahrzeug laut Werksliteratur auch den Einbau eines Frontspoilers erfordert. Anderenfalls ist das Fahrzeug nicht aerodynamisch ausbalanciert. Das Handling des Fahrzeugs würde hierdurch nachteilig beeinträchtigt, mit einhergehendem Sicherheitsrisiko.

2 Die für den Einbau des Spoilers erforderlichen Teile. Dargestellt sind hier der Spoiler, die Motorhaube und die Tankklappe, die für die farbliche Abstimmung bei der Lackiererei benötigt wird. Den schwarzen inneren Abschnitt des Spoilers ebenfalls lackieren lassen. Anderenfalls wird die Lackierung außen sich im Erscheinungsbild wesentlich vom matten Lack an der Innenseite unterscheiden.

PROJEKT 78 • EINBAU EINES FRONT-SPOILERS

Zeit: 2 Stunden

Werkzeug: Handbohrmaschine

Talent: 🔧🔧

Zutreffende Baujahre: 1974-1989

Erforderliche Teile: Frontspoiler und Befestigungsteile

Tipp: Nach dem Einbau ist eine Gewöhnung des Fahrers an das vorsichtige Überfahren von Bodenunebenheiten angeraten

Zweck des Projekts: Besserer aerodynamischer Abgleich des Fahrzeugs

Ergänzende Arbeitsgänge: Einbau eines Heckspoilers

Wie im vergangenen Projekt erwähnt, erfordert der Einbau eines Heckspoilers auch den Einbau eines Frontspoilers. Der Frontspoiler kann jedoch auch für sich eingebaut werden. Er wird am unteren vorderen Schürzenblech angebaut, normalerweise zusammen mit dem hinteren, als „Walflosse" bekannten Spoiler. Der Heckspoiler sollte nicht am Fahrzeug angebaut werden, ohne auch den Frontspoiler einzubauen. Der Heckspoiler verändert das Profil des Fahrzeugs derart, dass das Fahrzeug aerodynamisch instabil wird, sofern es nicht vom Frontspoiler auf die Straße gedrückt wird. Zwar wird der Einbau nur eines Spoilers nicht verursachen, dass sich das Fahrzeug bei geringen Geschwindigkeiten in der Luft überschlägt, das Fehlen des Frontspoilers wird jedoch einen nachteiligen Einfluss auf das Handling haben. Es kann jedoch ein Frontspoiler angebaut werden, ohne einen Heckspoiler zu verwenden.

Der schwierigste Abschnitt beim Einbau des Frontspoilers besteht darin, festzulegen, wo und wie er am Fahrzeug angebracht wird. Die Befestigungsteile, die mit dem Frontspoiler mitgeliefert werden, machen die exakte Einbaulage des Frontspoilers nicht gerade offensichtlich. Deshalb sind die Befestigungsteile in Bild 2 so angeordnet, wie sie zusammen gesetzt werden müssen.

Der Frontspoiler besteht aus Gummi und ist an der unteren Lippe der Frontschürze angebracht. Die Löcher hierfür werden meist noch gebohrt werden müssen. Wird langsam und vorsichtig vorgegangen, so kann der gesamte Frontspoiler binnen nur weniger Stunden problemlos angebaut werden.

Der erste Schritt zum Einbauen des Frontspoilers besteht im Aufbocken des Vorderwagens. So kann eine bequemere Arbeitshaltung eingenommen werden. Dann den Spoiler probeweise am Fahrzeug ansetzen. Zu beachten ist, dass die Fahrzeuge mit Kotflügelverbreiterungen des 911 Turbo einen anderen Frontspoiler erfordern als die normalen Fahrzeuge.

Noch einfacher wird die Arbeit, wenn die gesamte untere Frontschürze abgebaut wird, um die Arbeiten auf der Werkbank fortzusetzen.

Zuerst sind die nahe dem Rad am Fahrzeug befindlichen Bohrungen an der Frontschürze anzubringen. Der Spoiler ist mit 2 eingebetteten Stehbolzen im Innern des Gummis versehen, die den Spoiler an der Seite der Frontschürze befestigen. Den Spoiler an der Frontschürze sorgfältig ansetzen und die Einbaulage dieser Bohrungen markieren. Das Rad des Fahrzeugs aus dem Wege drehen, da mehr Platz zum Arbeiten erforderlich wird. Die ordnungsgemäße Lage dieser Bohrungen doppelt und dreifach überprüfen, da sie sich auf das optische Erscheinungsbild des Fahrzeugs am nachteiligsten auswirken werden, wenn sie falsch angeordnet sind. Es kann erforderlich sein, den Spoiler etwas zu dehnen, um die andere Seite zu erreichen.

Sind die vier seitlichen Bohrungen einmal gebohrt, so wird der Spoiler beiderseits des Fahrzeugs angeschraubt. Das als kleiner „Hundeknochen" ausgeführte Distanzstück wird innen an der Frontschürze angesetzt, um die Befestigungsmuttern vom Blech versetzt zu platzieren. Beim Ansetzen des Spoilers wird die Mitte desselben durchhängen. Den Spoiler unter dem Schürzenblech in seiner endgültigen Einbaulage mit Klebeband festkleben. Nun unter Nutzung des Spoilers als Führung vorsichtig die Löcher im Schürzenblech bohren. Die Be-

1 Der Frontspoiler ist am unteren Abschnitt des Schürzenblechs befestigt. Jeweils am Ende des Spoilers beginnen und zur Mitte hin arbeiten. Der Spoiler muss entlang der Unterseite des Schürzenblechs gedehnt werden, um passgenau anzuliegen.

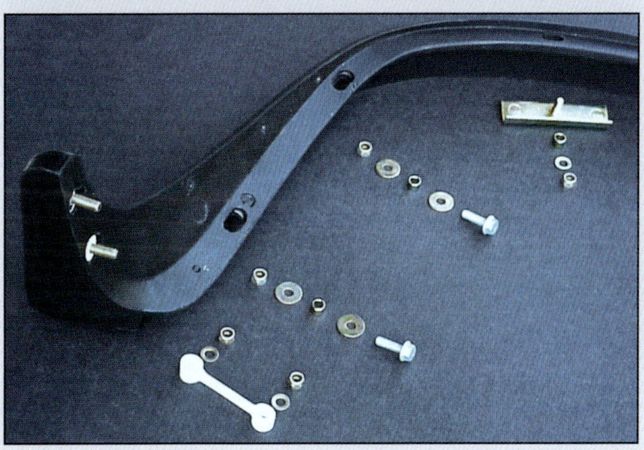

2 Der Befestigungsteilesatz für den Frontspoiler ist nicht leicht zuzuordnen. 7 Platten mit eingebetteten Stehbolzen werden zur Befestigung der vorderen Lippe des Spoilers verwendet. Kleine Distanzstücke passen über die Stehbolzen, um so ein Zerdrücken des Gummiabschnitts am Spoiler beim Einbau zu vermeiden. 2 Schrauben und Distanzscheiben beiderseits des Spoilers dienen der Befestigung am Schürzenblech. Die obere Lippe des Spoilers wird dann oben am Schürzenblech angebaut und innen mit 2 Muttern gesichert. Ein weißes, als „Hundeknochen" ausgeführtes Distanzstück wird verwendet, um die Muttern von der Rückseite des Schürzenblechs fern zu halten.

festigungsblechs für den Spoiler passen nicht immer perfekt und der eingebettete Stehbolzen in der Platte wird die Innenseite der Bohrung am Spoiler umfassen. Deshalb muss doppelt überprüft werden, wo die Löcher im Schürzenblech gebohrt werden. Die Löcher im Gummispoiler sind wesentlich größer, als die Löcher, die in das Schürzenblech gebohrt werden müssen. Sicher stellen, dass das Loch im Schürzenblech mittig im Loch des Spoilers ausgeführt wird. Außerdem muss es zur Innenseite des Fahrzeugs hin richtig ausgerichtet sein.

Nach Bohren jedes einzelnen Lochs die Befestigungsteile ansetzen und lose festschrauben. Nach Bohren aller Löcher und Einsetzen aller Befestigungsteile muss der Spoiler fest am Schürzenblech anliegen.

Beim Fahren ist zu beachten, dass der Spoiler die Bodenfreiheit am Vorderwagen des Porsche 911 verringert. Kommt noch eine Tieferlegung des Fahrwerks dazu, so verbleibt nicht mehr viel Platz, wenn es um das Überfahren von z.B. Eisenbahnübergängen oder anderen größeren Bodenunebenheiten geht. Der Fahrer muss sich an die neue, verringerte Bodenfreiheit gewöhnen, sonst wird der neue Spoiler unweigerlich vom Schürzenblech abgerissen werden.

PROJEKT 79 • INSTANDSETZUNG DES SCHIEBEDACHS

Zeit: 5 Stunden

Werkzeug: Keine Angabe

Talent: 🔧🔧🔧

Zutreffende Baujahre: Alle Fahrzeuge mit geschlossenem Dach

Erforderliche Teile: Neue Schiebedachseilzüge, Abdichtungen, Kunststoffführungen

Tipp: Reichlich Schmierfett an den Laufschienen beim Wiedereinbau auftragen

Zweck des Projekts: Sichere Funktion des Schiebedaches

Ergänzende Arbeitsgänge: Dachhimmel am Schiebedach erneuern bzw. aufarbeiten

1

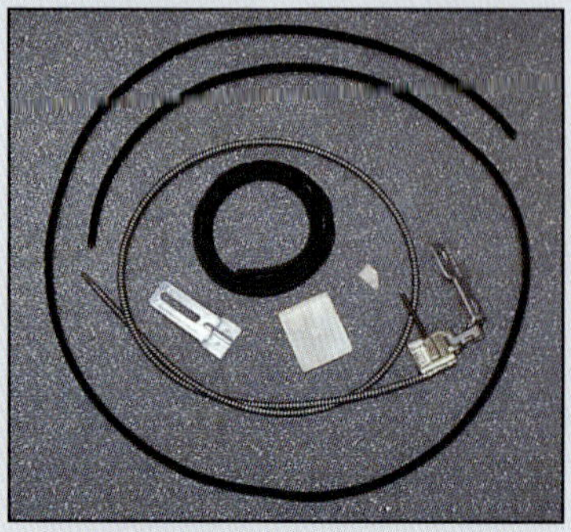

Hier sind einige der Teile dargestellt, die erforderlich sind, um die meisten Schiebedächer effektiv instand zu setzen und zu erneuern. Die Filzdichtung an der Außenseite wird an der Innenkante der Karosserie an der Vorderseite und an den Seiten der Schiebedachöffnung befestigt. In der Mitte des Fotos sind der Schiebedachseilzug (2 hiervon erforderlich) und der Transportmechanismus dargestellt. Der Seilzug und der Mechanismus sind integriert und müssen gleichzeitig ersetzt werden. Innen im Bild befinden sich die hintere Schiebedachdichtung (oben), die hintere Schiebedachführung mit Kunststoffeinsatz (links), eine vordere Hubzwischenlage (Mitte, 4 Stück erforderlich) und ein dreieckiges Kunststoffhebestück, das dazu dient, das Schiebedach in seine letztendliche geschlossene Stellung hoch zu drücken (rechts, 2 Stück erforderlich). Nicht dargestellt ist die flache Gummidichtung, die hinten am Schiebedach angesetzt wird. Zu beachten ist die asymmetrische Ausführung der Schiebedachseilzüge. Die beiden als Ersatzteil erhältlichen Seilzüge für die linke und rechte Seite sind nicht identisch ausgeführt. Die neuen Seilzüge mit den alten vergleichen, es sollte dann erkennbar werden, wie sie in die Führungen passen.

Die Reparatur eines Schiebedachs ist für den Anfänger auf jeden Fall eine Herausforderung. Trotz der scheinbaren Kompliziertheit, die im Wesentlichen auf die schwer einsehbaren Bauteile zurückzuführen ist, funktioniert das Schiebedach doch recht einfach und lässt sich auch einfach reparieren. Der Motor treibt 2 Seilzüge an, die das Dach vorwärts und rückwärts in einer am Fahrzeugdach befestigten Schiene bewegen. Die wesentlichen Probleme am Schiebedach betreffen ein Reißen der Seilzüge oder Undichtigkeit des Dachs. Dieses Projekt wird die Einzelheiten im Zusammenhang mit der vollständigen Generalüberholung des Schiebedachs und Erneuerung der Seilzüge des Motors und der Schiebedachdichtungen behandeln.

Der erste Schritt in der Reparatur besteht darin, Zugang zum Schiebedachmotor zu erlangen. Die Coupéfahrzeuge sind mit einem Reißverschluss versehen, der entlang der Breite des Dachhimmels hinten am Fahrzeug verläuft. Mit Öffnen des Reißverschlusses werden diverse Abdeckungen mit Schaumstoffisolierung erkennbar. Diese Abdeckungen ausbauen, darüber befindet sich der Schiebedachmotor mit dem Transportmechanismus.

Den Mechanismus von den Seilzügen lösen, indem die beiden Schrauben entfernt werden, die der Befestigung des Mechanismus an der Motorhalterung dienen. Der Mechanismus sollte am Schiebedachmotor befestigt bleiben und kann an der kleinen flexiblen Kupplung hängen bleiben, die als Verbindung zum Motor dient. Die Kante der Seilzüge sollte klar erkennbar sein, dort wo diese am Getriebe angeschlossen sind. Nun, da die Seilzüge lose hängen, kann des Schiebedach abgebaut werden.

Vorne im Fahrgastraum die am Schiebedach befindliche Dachhimmelpartie untersuchen. Dieser Abschnitt ist einfach mit Federclips angepresst und deckt sämtliche Befestigungsmittel des Schiebedachs ab. Diesen durch Ziehen an den Kanten entfernen. Nur an dem Stück ziehen, das am Schiebedach befestigt ist und Vorsicht walten lassen, damit der Rest des Dachhimmels nicht beschädigt wird. Kann der Dachhimmel einmal fest erfasst werden, so sollte er einfach aus dem Schiebedach heraus schnappen. Die Clips zur Befestigung des Dachhimmels sind ähnlich den an der Türverkleidung oder am Armaturenbrett verwendeten ausgeführt. Gegebenenfalls kann es erforderlich sein, das Schiebedach etwas von Hand zu öffnen, um eine größere Hebelwirkung zu erlangen. Da die Seilzüge nun ausgehängt sind, kann das Schiebedach leicht von Hand bewegt werden.

Ist der Dachhimmelabschnitt einmal lose, so wird er zurück in Richtung Fahrzeugheck verschoben. Nun sind die Befestigungspunkte des Schiebedachs klar erkennbar. An jeder Seite befindet sich ein Führungsstück am Schiebedach zum Heck des Fahrzeugs hin und außerdem ein Führungsstück, das am Schiebedachseilzug befestigt ist. Die Schrauben zur Befestigung des Schiebedachs an diesen 4 Punkten ausbauen. Die gesamte Schiebedacheinheit sollte sich dann abheben lassen. Das Schiebedach an einem sicheren Ort aufbewahren.

Ist das Schiebedach einmal abgebaut, so sollte klar erkennbar werden, wie die Schienenbaugruppe funktioniert. Der Seilzug wird an einer Führung befestigt, die in einem Aluminiumprofil läuft. Der Motor drückt diese Führung nach vorne und nach hinten, um das Schiebedach zu öffnen und zu schließen. Zu diesem Zeitpunkt sollten alle Aluminiumprofile von der Oberseite des Schiebedachs vollständig abgebaut und gereinigt werden. Außerdem sollte der Luftabweiser vorne am Schiebedach gesäubert werden. Alle Abschnitte der Führung und außerdem den Luftabweiser reinigen und keinerlei Schmierfett am Seilzug oder an den Führungen verwenden. Die Wärme der Son-

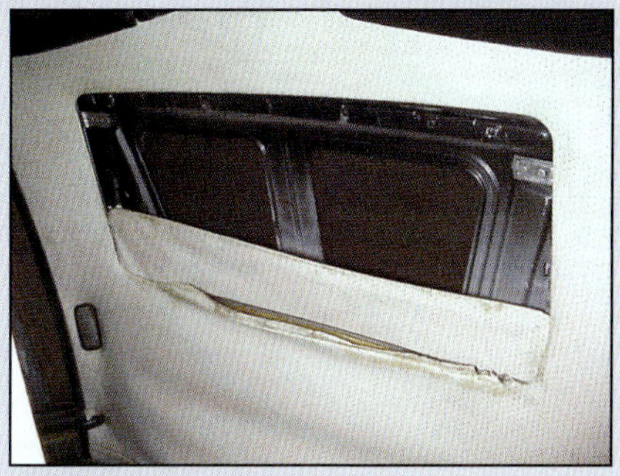

2 Das Ausbauen des Schiebedachs wird durch Abziehen des Dachhimmelabschnitts, der am Schiebedach angeknipst ist, begonnen. Eine Kante ergreifen und nach unten ziehen. Die Metallklammern sollten sich dadurch lösen. Ist der Dachhimmelabschnitt einmal abgelöst, so wird er zurück, aus dem Weg in Richtung Fahrzeugheck gedrückt. Nun kann Zugang zu den Befestigungsschrauben des Schiebedachs erlangt werden, um diese auszubauen.

3 Der Schiebedachmotor befindet sich in Richtung Fahrzeugheck und wird durch Öffnen eines Reißverschlusses im Dachhimmel freigelegt. Vorher müssen die unter dem Reißverschluss befindlichen Schalldämmmatten entfernt werden.

4 Der Mechanismus des Motors muss getrennt werden, um die Seilzüge auszubauen und die neuen Seilzüge einzubauen. So können die Seilzüge in ihren Profilen eingesetzt werden. Ist das Schiebedach einmal eingebaut und befindet es sich in der geschlossenen Stellung, so kann der Mechanismus wieder angeschlossen werden, wobei das Antriebsritzel aus Messing mit dem Schiebedachseilzug verbunden wird.

5 Um den neuen Seilzug und den Fördermechanismus einzubauen, muss das Profil entfernt werden, mit dem dieser festgehalten wird. Einfach das große Aluminiumprofil abschrauben, sowie jedwede andere Profile, die diese vom Schiebedach oben blockieren. Den alten Seilzug und Mechanismus heraus ziehen. Die Führungen müssen vor dem Wiedereinbau vollständig gereinigt werden.

6 Die neuen Schiebedachdichtungen begünstigen einen korrekten Abschluss der Arbeit. Es gibt drei Dichtungen, zwei werden am Schiebedach befestigt und eine an der Karosserie. Das Bild auf der rechten Seite zeigt die Dichtung, die am Schiebedach angebaut ist. Diese Dichtung wird am Dach selbst festgeklebt und entlang drei Viertel des Dachumfangs angelegt und endet, wo vom weißen Pfeil angezeigt. Am hinteren Abschnitt des Dachs wird eine ähnliche Dichtung am Dach selbst angeklebt, wie links vom grünen Pfeil gekennzeichnet. Diese Dichtung muss exakt mit der an der Karosserie übereinstimmen, wenn das Dach sich im geschlossenen Zustand befindet. Beim Schneiden und Verkleben dieser Dichtungen sicher stellen, dass sie sorgfältig zueinander ausgerichtet werden. Die hintere Schiebedachdichtung - hier vom gelben Pfeil dargestellt - ist eine Gummidichtung, die am hinteren flachen Abschnitt des Schiebedachs angeklebt ist. Schiebedachseilzüge in ursprünglicher Ausführung sind nicht mehr erhältlich. Statt dessen müssen die neuen Schiebedachseilzüge des 964 verwendet werden. Diese Seilzüge erfordern zwei Änderungen, um an Fahrzeugen vor Baujahr 1989 zu passen. Mit einem Haken muss der Filzstreifen, der um den Seilzug gewickelt ist, entfernt werden. Außerdem müssen die Kanten der Führungsstücke, die am Ende des Seilzugs befestigt sind, abgeschliffen werden. Die oberen und unteren Kanten der Führungsstücke müssen abgefeilt werden, bis diese leichtgängig in die Schiebedachführung passen. Eine Alternative wäre die Nachrüstung auf Schiebedachführungen des 964, was jedoch mit erhöhten Kosten verbunden ist.

neneinstrahlung führt zum Schmelzen des Schmierfettes, das dann in den Fahrzeuginnenraum tropft. Außerdem zieht das Schmierfett Schmutz und Fremdmaterial an. Die Schiebedachführungen werden während der Fahrt der Luft und dem Wind ausgesetzt sein. Schmutz und Verunreinigungen werden ihren Weg hinein finden. Am Dach selbst müssen die beiden hinteren Führungen mit Kunststoffeinsätzen erneuert werden, außerdem die kleinen dreieckigen Kunststoffstücke, die das Dach nach oben in seine geschlossene Stellung drücken. Des weiteren ist angeraten, die Schiebedachdichtung zu erneuern. Nach Abbauen der Aluminiumführungen die Dichtung an der Karosserie ansetzen und einkleben. Hierfür den entsprechenden Spezialkleber verwenden, der auch zum Ankleben von Türdichtungen verwendet wird. Am Schiebedach den hinteren Streifen ankleben und den Rest der Dichtung am Fahrzeugdach. Siehe hierzu die Fotos in diesem Projekt zur besseren Veranschaulichung.

Nach Erneuern der Dichtungen und Einbau der Führungsschienen, kann das Dach wieder am Fahrzeug eingebaut werden. Hierbei sicher stellen, dass die hinteren Führungen in das Schiebedachprofil eingeführt werden und dass die Vorderkante des Dachs an den am jeweiligen Schiebedachseilzug befestigten Führungsstücken angebracht wird. Die vordere Höhe des Schiebedachs kann durch Drehen der kleinen Muttern eingestellt werden, die sich unter den vorderen Profilstücken befinden, während die Befestigungsschrauben lose sind. Diese Führungen verriegeln außerdem die linke und rechte Position des Dachs. Die hintere Anstellhöhe des Dachs kann durch Ändern der Einbaulage der Schrauben der Befestigung der hinteren Führungen eingestellt werden.

Ist das Dach einmal eingebaut und ordnungsgemäß eingestellt, so kann der Motor an den Seilzügen wieder angebracht werden. Hierzu einfach den Transportmechanismus zusammen schrauben. Eine Einstellung ist hierbei nicht nötig. Den Schiebedachmotor auf ordnungsgemäße Funktion überprüfen. Das Schallisoliermaterial wieder einbauen, den Dachhimmelreißverschluss schließen und alles noch einmal einer Funktionsprüfung unterziehen.

ABSCHNITT ZEHN
ELEKTRIK

An älteren Fahrzeugen der Serie 911 treten häufiger Probleme mit der Elektrik auf. Dieser Abschnitt behandelt eine Reihe von Projekten mit dem Ziel, das Ausmaß von Problemen an Elektrik und Instrumenten am Fahrzeug zu reduzieren, handelt es sich nun um einen defekten Kilometerzähler oder ein Problem mit dem Anlasser. Die Projekte in diesem Abschnitt dienen der Fehlersuche und der Behebung derartiger Probleme.

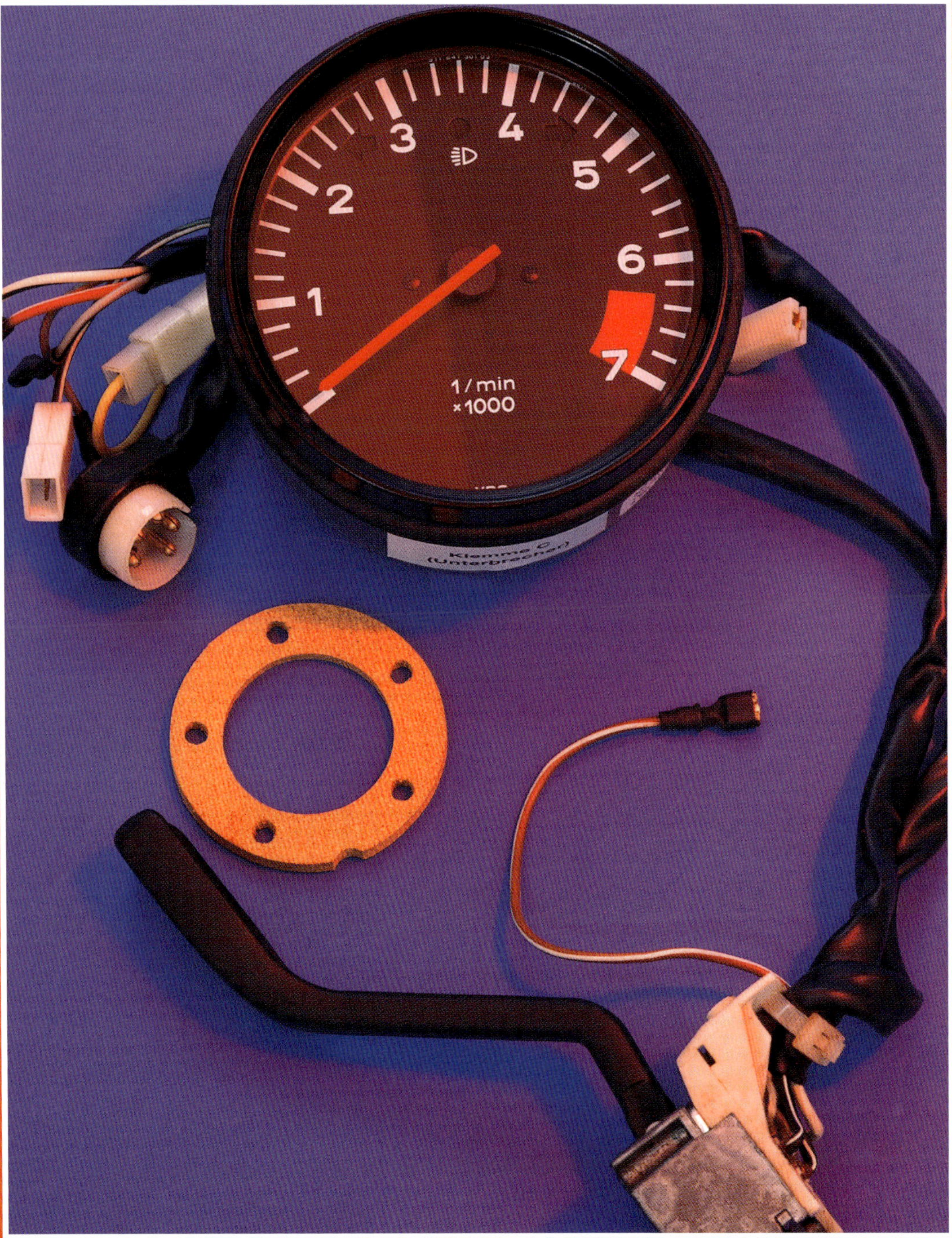

PROJEKT 80 • ERNEUERN DES KRAFTSTOFFSTANDGEBERS

Zeit: 30 Minuten

Werkzeug: Steckschlüsselsatz

Talent:

Zutreffende Baujahre: alle

Erforderliche Teile: Neue Kraftstoffstandgebereinheit und Dichtung

Tipp: Die Arbeiten in einem gut belüfteten Bereich durchführen

Zweck des Projekts: Exakte Ablesewerte der Kraftstoffvorratsanzeige

Ergänzende Arbeitsgänge: Kraftstoff auf Verunreinigung überprüfen

1 Die nagelneue Kraftstoffstandgebereinheit besteht aus einem Aluminiumrohr mit kleinem Schwimmer, der in der Mitte auf und ab bewegt wird. Den kleinen Befestigungsstift zum Schutz des Gebers während des Transports vor Einbau des Gebers entfernen.

2 Ausbau und Einbau erfolgen sehr einfach. Einfach die alte Einheit abschrauben und die neue an ihrer Stelle einsetzen. Unbedingt eine neue Dichtung verwenden, da sonst oben Kraftstoff austreten wird.

Die Kraftstoffstandgebereinheit ist ein äußerst wichtiges Bauteil, da eine Fehlfunktion daran ein Liegenbleiben an ungünstigster Stelle mit sich bringen kann. Der Einbau erfolgt vergleichsweise einfach, so dass er im Rahmen der Wartung und Pflege des Fahrzeugs vorsorglich erfolgen sollte.

Der Kraftstofftank befindet sich vorne im Gepäckraum des Vorderwagens, unterhalb der Teppichverkleidung. Leichter könnte der Zugang gar nicht sein, da sich die Gebereinheit oben auf dem Tank befindet. Die Gebereinheit besteht aus einem langen Aluminiumrohr mit einem kleinen Schwimmer, der in der Mitte, je nach Kraftstoffstand, auf und ab bewegt wird.

Zum Erneuern dieser Einheit die 5 Muttern zur Befestigung des Kraftstoffstandgebers entfernen und diesen nach oben aus dem Tank ziehen. Diese Arbeiten sollten in einem gut belüfteten Bereich stattfinden, da ein Verschütten von etwas Benzin bzw. Einatmen von Benzindämpfen kaum vermieden werden kann. Außerdem sollte der Tank vor Durchführen der Arbeiten so weit wie möglich leer gefahren werden. Die Pumpe jedoch nicht trocken laufen lassen, da dies zu Schäden an der Pumpe führen kann. Außerdem sollte ein Feuerlöscher zur Hand gehalten werden.

Die alte Gebereinheit lässt sich einfach aus dem Tank heraus ziehen. Mit einer kleinen Taschenlampe nach unten in den Tank hinein leuchten und prüfen, ob dort Fremdmaterial vorhanden ist. Die Taschenlampe von der Öffnung im Tank weg halten, die Wärme der Lampe darf die Kraftstoffdämpfe nicht entzünden. Die Gelegenheit bietet sich an, den Tank insgesamt zu reinigen, sofern im Innern starke Verunreinigung festzustellen ist. Schließlich kann dies zum Defekt der auszutauschenden Gebereinheit geführt haben.

Der Einbau der neuen Gebereinheit erfolgt problemlos. Beim Einbauen der neuen Gebereinheit eine neue Dichtung verwenden und sicher stellen, dass der Sicherheitsstift von der Unterseite der Gebereinheit entfernt wird, bevor diese eingebaut wird.

Nach Einbau des neuen Gebers die Funktion der Kraftstoffvorratsanzeige prüfen. Zeigt sie immer noch nicht richtig an, so sind die Anschlüsse am Anzeigeinstrument selbst zu prüfen. Sind die Anschlüsse in Ordnung, so muss wahrscheinlich das Instrument als Ganzes erneuert werden. Für weitere Informationen hierzu siehe Projekt 82.

PROJEKT 81 • FEHLERSUCHE AM ANLASSERSYSTEM

Zeit: 4-10 Stunden

Werkzeug: Voltmeter, Amperemeter

Talent:

Zutreffende Baujahre: alle

Erforderliche Teile: Anlasser mit hohem Drehmoment, Getriebemasseband

Tipp: Die meisten Probleme mit dem Anlasser entstehen auf Grund mangelhafter Masseverbindungen

Zweck des Projekts: Leichterer, rascherer Startvorgang

Ergänzende Arbeitsgänge: Nachrüstung eines Anlassers mit erhöhtem Drehmoment

Früher oder später werden am Porsche 911 Startprobleme auftreten. Hierbei ist zuerst die Batterie in Verdacht zu ziehen. Sie ist wahrscheinlich das wichtigste elektrische Bauteil am Fahrzeug und aufgrund ihrer Bauart auch die größte Fehlerquelle. Vor Durchführen jeglicher drastischer Maßnahmen, wie zum Beispiel das Erneuern des Anlassers, sollte der ordnungsgemäße Zustand der Batterie überprüft werden.

Zuerst die Spannung an den Batteriepolen mit einem Voltmeter prüfen. Die Messspitzen an den Batteriepolen ansetzen, nicht an den Batterieklemmen. So wird die genaueste Messung der Spannung, die innerhalb der Batterie anliegt, ermöglicht. Eine normale Batterie sollte eine Spannung etwas über 12 Volt anzeigen, bei stehendem Fahrzeug, ohne dass irgendwelche Verbraucher eingestellt sind (die kleine Gepäckraumlampe, die beim Prüfen der Batterie eingeschaltet ist, macht hier keinen Unterschied). Ein typischer Ablesewert wäre bei vollgeladener Batterie ca. 12,6 Volt. Beträgt der Ablesewert 12 Volt oder darunter, so muss die Batterie geladen oder erneuert werden.

Letztendlich kann die unzweifelhafte Tauglichkeit einer Batterie nur unter Last geprüft werden, was in der Fachwerkstatt erfolgen sollte.

Bei laufendem Motor sollte die Lichtmaschine zwischen 12,5 und 14 Volt erzeugen. Ist nach Anlassen des Fahrzeugs kein signifikanter Anstieg der an den Batteriepolen anliegenden Spannung zu messen, so könnte die Lichtmaschine oder der Spannungsregler defekt sein. Ist die Spannung an der Batterie hoch (ca. 17 Volt oder darüber) so ist wahrscheinlich der Regler defekt und muss erneuert werden. Ein Überladen der Batterie mit diesen hohen Spannungswerten würde ein Kochen und Überlaufen der Batteriesäure über den gesamten Gepäckraum nach sich ziehen.

Ist ein Batteriedefekt auszuschließen, so sollte die Fehlersuche am Getriebemassekabel bzw. Motormassekabel fortgesetzt werden. Die Motor- und Getriebeeinheit ist an der Bodengruppe mit Gummilagern aufgehängt. Diese dienen der Dämpfung und Lagerung dieser schweren Baugruppe, leiten jedoch keinen Strom vom Motor an Karosseriemasse. Deshalb muss ein Motormasseband als elektrische Verbindung von der Motor- und Getriebeeinheit an die Bodengruppe gelegt werden. Um den Zustand des Massebands genau einschätzen zu können, muss unterhalb des aufgebockten Fahrzeugs unten am Getriebe nachgesehen werden. Ist das Masseband korrodiert oder beschädigt, so empfiehlt sich der Einbau eines Neuteils. Beide Enden des Massebands und die Kontaktflächen an der Bodengruppe metallisch blank säubern. Hierzu Rostlöser, Kriechöl, Schleifpapier und Kontaktfett verwenden. So wird jeglicher Übergangswiderstand am Anschluss des Massebands beseitigt.

Ein weiterer Problembereich im Bezug auf Startprobleme mit dem Motor ist natürlich der Anlassermotor selbst. Der Anlasser ist ein eher komplexes Gerät, das doch einer scheinbar sehr einfachen Aufgabe dient. Ein Magnetschalter am Anlasser rückt ein kleines Ritzel in Eingriff mit dem Schwungradzahnkranz und schaltet mit dieser mechanischen Bewegung gleichzeitig die Stromversorgung an die Wicklungen des Anlassermotors zu. An dieser Stelle muss auf eine Eigenheit der elektrischen Anlage besonders hingewiesen werden. Der Anlasser ist ständig mit dem Pluspol der Batterie verbunden. Werden die Anschlussklemmen des Anlassers versehentlich mit einem Metallgegenstand berührt, der selbst an Masse verbunden ist, so wird rasch ein starker Funkenflug, eine Wärmeentwicklung und außerdem eine extrem hohe Stromaufnahme erzeugt, die ausreicht, die gesamte Lichtmaschine und einen Großteil der kompletten elektrischen Anlage des Fahrzeugs in Brand zu setzen. Dies kann z.B. durch eine einfache Armbanduhr verursacht werden, die zufällig gleichzeitig in Berührung mit den Anschlussklemmen des Anlassers und der Bodengruppe des Fahrzeugs gerät. Die Armbanduhr mit Metallarmband wurde hierauf binnen eines Augenblicks mit der Bodengruppe des Fahrzeugs verschweißt, mit einhergehenden Verletzungen des Armbanduhrträgers! Deshalb muss bei Arbeiten am Fahrzeug grundsätzlich der Batteriemassepol abgeklemmt werden. Hierdurch wird die sonst ständig bestehende elektrische Verbindung zwischen Pluspol der Batterie, Anlassermotor und Bodengruppe des Fahrzeugs unterbrochen. Grundsätzlich sollten keinerlei Schmuck, Armbanduhren oder andere Metallgegenstände bei Arbeiten am Fahrzeug getragen werden. Außerdem muss beim Hantieren mit Werkzeug im Motorraum mit äußerster Vorsicht in der Nähe von elektrischen Anschlüssen gearbeitet werden.

Ein weiteres potenzielles Problem besteht in der Verzahnung des Anlasserritzels bzw. am Zahnkranz des Motorschwungrads. Dreht z.B. der Anlasser das Ritzel durch, das Ritzel greift jedoch nicht am Zahnkranz ein, so wird der Anlasser überdreht. Dies ist an einem Heulen bzw. Surren der Anlasserwelle zu hören, das aus einem unvollständigen Einrückvorgang des Anlasserritzels am Schwungrad resultiert. Dieses Problem tritt oft sporadisch auf, d.h. in einigen Fällen wird der Anlasser ordnungsgemäß funktionieren, in anderen Fällen wird er frei durchdrehen, ohne den Motor anzulassen. Bei Verdacht auf diesen mechanischen Defekt die Schwungradzähne untersuchen und das Schwungrad oder den Zahnkranz erneuern, solange der Motor aus dem Fahrzeug ausgebaut ist. Ein defekter Magnetschalter kann ebenfalls die Ursache für einen unvollständigen Einrückvorgang des Anlasserritzels sein.

Probleme am Anlassermotor des Porsche 911, die sich darin äußern, dass der Anlasser den Motor nur schwer durchdrehen kann, sind meist durch mangelnde Stromzufuhr begründet. Der Magnetschalter am Anlasser muss eine bestimmte Amperezahl an Strom erhalten, um den Strom an die Wicklungen des Motors vollständig durchzuschalten. Die mangelnde Stromaufnahme kann durch eine Reihe von Faktoren verursacht sein. Die häufigste Ursache besteht in veralteten Kabeln. Mit Alterung des Fahrzeuges verliert die Verkabelung etwas von ihrer elektrischen Leitfähigkeit. Dies kann durch Verbiegen oder Quetschen der Kabel verursacht sein oder aber das ständige Erwärmen und Abkühlen der Kabel im Laufe der Betriebszyklen. Das Metall der Kabelseele wird hierbei spröde, was die Leitfähigkeit direkt beeinträchtigt. Mit zunehmendem Alter kommt die Korrosion dazu, die Kupferkontakte oxidieren und sind dann nicht mehr leitfähig.

Derartige Problemstellen in der Verkabelung müssen eingegrenzt, lokalisiert und behoben werden. Oft wird ein Rückverfolgen der elektrischen Verbindungen vom Anlasser und sorgfältiges Reinigen der Kontakte die Situation wesentlich verbessern. Dies ist zwar eine zeitaufwendige Arbeit, jedoch die einzige Möglichkeit, diese Probleme mit dem „Kupferwurm" zu lösen. Bestehen Probleme mit der Leitfähigkeit der Verkabelung im Anlasserstromkreis, so sind andere Stromkreise der elektrischen Anlage ebenfalls hiervon betroffen.

Die übliche Methode zum Lokalisieren mangelhafter Verbindungen besteht im Durchprüfen mit dem Multimeter. Bei einem Multimeter handelt es sich um ein Kombinationsmessinstrument, bestehend aus Ohmmeter zum Messen des elektrischen Widerstands, Amperemeter zum Messen des elektrischen Stroms bzw. der Stromstärke und Voltmeter zum Messen der elektrischen Spannung. Kabelabschnitte und Anschlüsse am Fahrzeug, zwischen denen eine elektrische Verbindung bestehen muss, können mit dem Ohmmeter auf Durchgang geprüft werden. Liegt hier ein sehr hoher oder gar unendlicher Widerstand an, so bestehen Probleme in diesem Abschnitt des betreffenden Stromkreises, die behoben werden müssen. Ist der Widerstand geringfügig oder wird er überhaupt nicht angezeigt, so ist dieser betreffende Kabelabschnitt frei von jeglichen Kontaktproblemen.

Der elektrische Teil des Zündschalters ist eine weitere Problemquelle. Dieses kleine Bauteil unterliegt oft erhöhtem Verschleiß und versagt nach vielen Jahren den Dienst. Ein Symptom dieses Problems besteht in einem Zündschalter, der mit erhöhtem Kraftaufwand gedreht werden muss, um das Fahrzeug überhaupt anlassen zu können. Ein weiteres Symptom besteht im Flackern der Scheinwerfer, das beim Hin- und Herbewegen des Zündschlüssels erfolgt. Zwecks Erneuerung dieses Schalters siehe Projekt 85.

1 Das äußerst wichtige Getriebemasseband wird oft als Ursache wesentlicher Probleme mit der Elektrik übersehen. Da die Motor- und Getriebelager aus Gummi gefertigt sind, ist die Motor- und Getriebeeinheit von der Bodengruppe isoliert und muss über das Masseband angeschlossen werden. Fehlt das Masseband oder ist es abgeklemmt, so muss der Strom zum Drehen des Anlassers durch den Motorkabelbaum oder andere kleine elektrische Verbindungen strömen. Natürlich kann so nicht der erforderliche Strom für den Anlasser zur Verfügung gestellt werden und die Kabel des Motorkabelbaums könnten dabei durchschmoren. Der weiße Pfeil verweist auf den Befestigungspunkt des Getriebemassebands am Getriebe. Der gelbe Pfeil verweist auf den Anschlusspunkt an der Bodengruppe.

2 Im Bild dargestellt ist ein nachrüstbarer Anlasser mit erhöhtem Drehmoment eines unabhängigen Anbieters. Dieser Anlasser hat mehr Leistung und ein wesentlich geringeres Gewicht als das serienmäßig verwendete Teil.

Ist einmal der Anlasser selbst als Ursache des Problems klar identifiziert, so muss er natürlich erneuert werden. Das Austauschen des Anlassers ist recht einfach. Hierzu die elektrischen Anschlüsse abklemmen und den Anlasser vom Getriebe abschrauben. Siehe Projekt 6 über das Ausbauen des Motors für einige weitere Einzelheiten zum Ausbauen des Anlassers.

Der Anlasser kann gegen ein Bosch-Originalteil ausgetauscht werden oder für ungefähr denselben Preis gegen einen hochwertigen Anlasser eines unabhängigen Anbieters. Diese nachrüstbaren Anlasser weisen ein höheres Drehmoment und ein geringeres Gewicht auf und basieren auf neuerer Technologie. Sie eignen sich insbesondere für Fahrzeuge, die im Motorsporteinsatz verwendet werden.

Eine weitere Möglichkeit der Nachrüstung besteht im Einbau eines 1,5 PS Bosch-Anlassers. Die Porsche 911 früherer Baujahre wurden mit dem Bosch 17X Anlasser ausgeliefert, der nur 0,75 PS erzeugt. Der später verwendete Bosch 68X lässt sich durch einfaches Anschrauben austauschen und bietet ein wesentlich höheres Anlassdrehmoment als der ursprüngliche 17X Anlasser. Neue Bosch-Anlasser älter Bauart sind nicht erhältlich, generalüberholte Anlasser sind jedoch im Angebot.

PROJEKT 82 • AUSBAUEN DES TACHOMETERS

Zeit: 30 Minuten

Werkzeug: Keine

Talent:

Zutreffende Baujahre: alle

Erforderliche Teile: Neuer Tachometer

Tipp: Die Belegung aller Kabelanschlüsse vor dem Abklemmen markieren

Zweck des Projekts: Exaktere Geschwindigkeitsangaben

Ergänzende Arbeitsgänge: Überprüfung der elektrischen Verbindungen innerhalb der Instrumentengruppe

Am Tachometer kamen unterschiedliche Zifferblätter und Schriftarten zur Anwendung. Dies bietet eine Möglichkeit, den Tacho auf Originalität bzw. Zuordnung zum Fahrzeug zu überprüfen. Die von VDO für Porsche hergestellten Instrumente sind mit einem recht kurzlebigen Kilometerzählermechanismus ausgerüstet (siehe Projekt 83, Instandsetzung des Kilometerzählers).

Das Austauschen des Tachometers ist sehr einfach. Wie alle übrigen Instrumente wird der Tachometer mit einer Gummidichtung im Armaturenbrett festgehalten. Es sollte möglich sein, das Tachoinstrument mit den bloßen Fingern zu erfassen und aus dem Armaturenbrett heraus zu ziehen. Die Einfassung des Tachos mit einem Metallspachtel vorsichtig abheben, wenn sie sich nicht von alleine lösen sollte. Vorsichtig vorgehen, damit nichts beschädigt wird. Außerdem kann von unten das Armaturenbrett erreicht werden und das Instrument von hinten heraus gedrückt werden. Die Kabel beachten, die hinten an der Einheit angeschlossen sind. Sie dürfen hierbei nicht vom Tacho gelöst werden. Nach Herausziehen des Tachos Aufzeichnungen darüber anfertigen, wo die Kabel hinten am Tacho angeschlossen werden.

Das Einsetzen eines neuen Tachos bzw. des ursprünglichen Tachos ist sehr einfach. Die Kabel vom alten Tacho entfernen und am neuen anschließen. Die kleinen Kontrollleuchten oder deren Fassungen dürfen beim Abbauen von der Rückseite des Instruments nicht beschädigt werden. Außerdem darf das Glas bzw. die Kunststoffscheibe vorne am Instrument nicht verkratzt werden.

An Fahrzeugen der frühesten Baujahre wurden die Instrumente von zwei kleinen Klammern hinter dem Instrument in Einbaulage gehalten. Zum Ausbauen des Tachos müssen die beiden Klammern entfernt und das Instrument heraus gezogen werden. An Fahrzeugen mit Tachowellenantrieb muss die Tachowelle an der Rückseite abgeschraubt werden, bevor der Tacho aus dem Armaturenbrett ausgebaut werden kann.

Das Ausbauen des Tachos aus dem Armaturenbrett stellt den ersten Schritt in einer Reihe von Projekten dar. Ist der Tacho einmal ausgebaut, so kann er zur Neukalibrierung – z.B. zur Anpassung an geänderte Reifengrößen – eingeschickt werden, oder aber der Kilometerzähler instand gesetzt werden. Außerdem ergibt sich so die Gelegenheit, den Tacho zu säubern und ein neues Zifferblatt einzubauen.

1 Das Tachoinstrument wird mit einer Gummidichtung im Armaturenbrett gehalten. Durch Ziehen an der Außenseite des Tachos sollte sich dieser aus dem Armaturenbrett lösen lassen. Die Tachowelle vorher abschrauben, sofern es sich nicht um eine elektronische Einheit handelt. Einige der hinten am Instrument angeschlossenen Kabel sind nicht sehr lang, die Kabelbelegung muss jedoch notiert werden. Deshalb den Tacho vorsichtig heraus ziehen.

PROJEKT 83 • INSTANDSETZUNG DES KILOMETERZÄHLERS

Zeit: 4 Stunden

Werkzeug: Kleiner Schraubenziehersatz

Talent:

Zutreffende Baujahre: alle

Erforderliche Teile: Ersatztacho-Instrument

Tipp: Beim Ausbauen des äußeren Rings des Instruments äußerste Vorsicht walten lassen, da dieser sehr leicht beschädigt werden kann

Zweck des Projekts: Korrekte Funktion des Kilometerzählers und Tachometers

Ergänzende Arbeitsgänge: Kalibrieren des Tachometers, Nachrüstung eines neueren Zifferblatts

An nahezu jedem Porsche 911 wird früher oder später der Kilometerzähler ausfallen. Dies erfolgt aufgrund zweier gravierender Konstruktionsfehler am Kilometerzähler in Verbindung mit dem Überschreiten der 100.000-Kilometer-Markierung.

Die Ursachen dieses Ausfalls können jedoch behoben werden. Die Teile zur Instandsetzung der Kilometerzähler sind jedoch nicht frei verfügbar. Dennoch kann einiges unternommen werden, um mit einigen Werkzeugen und etwas Zeit und Geduld die Funktion des Kilometerzählers wieder herzustellen bzw. zu verbessern.

Der in allen Porsche 911 verwendete Kilometerzähler der Firma VDO, der auch in diversen anderen Fahrzeugen deutscher Produktion zur Anwendung kommt, ist von zwei Konstruktionsfehlern betroffen, die sein vorzeitiges Betriebsversagen verursachen. Ein Problem mit dem Kilometerzähler besteht darin, dass wichtige Zahnräder zur Kraftübertragung im Mechanismus des Kilometerzählers aus Kunststoff bestehen. Mit zunehmendem Alter kann der Kilometerzähler festklemmen. Die Kunststoffzahnräder werden dann aneinander schleifen und sich selbst zerstören. Der weitere Konstruktionsfehler besteht in einem aus Zinkdruckguss gefertigten Zahnrad, das an der Hauptwelle des Kilometerzählers aufgepresst ist. Dieses Zahnrad löst sich oft von der Welle, so dass der gesamte Mechanismus des Kilometerzählers nicht mehr angetrieben wird.

Hat der Kilometerzähler den Dienst eingestellt, der Tachometer arbeitet jedoch weiter, so besteht die Ursache wahrscheinlich in einer der beiden oben beschriebenen „systemimmanenten" Problemzonen. Der erste Schritt zur Reparatur des Kilometerzählers besteht im Ausbauen aus dem Fahrzeug. Siehe Projekt 82 zum Entfernen des Tachometers.

1 Das Entfernen des äußeren Dichtrings kann sich als äußerst schwierig erweisen. Mit einem kleinen Schraubenzieher die Kante des äußeren Rings heraus drücken. Versuchen, den Ring so wenig wie möglich zu beschädigen. Die Ringe sind nicht separat erhältlich und dennoch leicht zerstört. Die Kante, die beim Entfernen verformt wird, ist jedoch nach erneutem Einbau des Instruments nicht sichtbar.

Den Tachometer auf der Werkbank mit ausreichend Platz zum Arbeiten anordnen. Zuerst den äußeren Ring zur Befestigung des Instruments entfernen. Hier muss mit äußerster Vorsicht vorgegangen werden, anderenfalls wird die Kante des Instruments aussehen, als hätte ein Nagetier daran gekaut. Zum Entfernen des Außenrings einen kleinen Schraubenzieher zwischen der Seite des Instruments und dem Sicherungsring ansetzen. Vorsichtig mit dem Schraubenzieher nach außen drücken und einen kleinen Abschnitt des Rings von der Wand weg drücken. Diesen Vorgang wiederholen, bis der Sicherungsring von etwas mehr als der Hälfte des Instruments abgelöst ist. Nun sollte es möglich sein, diesen Sicherungsring durch Ziehen daran oder durch Abheben mit einem Schraubenzieher zu entfernen. Dies muss wie gesagt mit äußerster Vorsicht erfolgen, anderenfalls wird der Befestigungsring beschädigt. Ist der Ring einmal abgelöst, so lässt er sich vom Zifferblatt des Instruments abschieben. Eine leichte Verformung der Fassung ist zulässig, da diese im eingebauten Zustand des Instruments nicht einsehbar ist.

Nun die beiden kleinen Schrauben an der Rückseite des Tachos entfernen, die zur Befestigung der gesamten Baugruppe am Gehäuse dienen. Mit etwas Glück und Geschick sollten sich die inneren Bauteile heraus schieben lassen. Von diesem Punkt an Vorsicht walten lassen, damit das filigrane Zifferblatt nicht beschädigt wird, oder gar die Tachonadel verbogen.

Das Betriebsversagen des Kilometerzählers wird meist durch das aus Metallguss gefertigte Zahnrad verursacht, welches an der Kilometerzählerantriebswelle aufgepresst ist. An dieser Welle sind alle Zifferräder gelagert und über ein Kunstoffschneckenrad miteinander verbunden. Ist das Metallzahnrad lose auf der Welle, so muss es entweder angeleimt werden oder so weit deformiert, dass es wieder auf die Welle des Kilometerzählers gepresst werden kann. Zum Entfernen der Welle einfach am kleinen Zahnrad an der gegenüber liegenden Seite des großen Gusszahnrads ziehen. Vorher müssen die Zifferräder

ELEKTRISCHE ANLAGE

PROJEKT 85 • AUSTAUSCHEN DES ZÜNDSCHALTERS

Zeit: 2 Stunden

Werkzeug: Handschleifbohrer oder Druckluftstabschleifer

Talent:

Zutreffende Baujahre: alle

Erforderliche Teile: Neuer Zündschalter, (kompletter Schalter oder nur elektrisches Bauteil), neue Scherschrauben für Zündschalter

Tipp: Nach Ausbauen des Lenkrads könnte die Arbeit leichter durchzuführen sein

Zweck des Projekts: Erhöhte Zuverlässigkeit beim Startvorgang und im Betrieb der elektrischen Systeme

Ergänzende Arbeitsgänge: Zündrelais erneuern

1 Ab Werk ist der Zündschalter mit 4 Scherschrauben im Armaturenbrett befestigt. Ist der Zündschalter mit regulären Schrauben eingebaut, wie in dem Bild dargestellt, so wurde er bereits erneuert.

Am Porsche 911 unterliegt der Zündschalter einem erhöhtem Verschleiß und wird früher oder später versagen. Ein Defekt am Zündschalter ist an einer Reihe unterschiedlicher Symptome erkennbar. Bisweilen wird das Fahrzeug überhaupt nicht anspringen oder aber der Schlüssel lässt sich im Zündschloss nicht leicht drehen, oder aber ungewöhnliche Probleme mit der Elektrik treten auf, wie z.B. sporadisch flackernde Scheinwerfer. Sämtliche dieser Symptome werden durch Erneuern des Zündschalters als ganzes Bauteil oder durch Austauschen einiger Teile des Zündschalters behoben.

Das Ausbauen des Zündschalters aus dem Armaturenbrett ist wohl der schwierigste Teil der hierfür erforderlichen Arbeiten. An Fahrzeugen späteren Baudatums ist der Zündschalter hinter einer großen Kunststoffscheibe versteckt, die sich einfach vom Armaturenbrett abschrauben lässt. An Fahrzeugen früheren Baujahrs muss ein kleiner Kunststoffring auf ähnliche Weise heraus geschraubt werden. Ist der Ring einmal ausgebaut, so wird die Zündschalterbaugruppe erkennbar.

Der Schalter selbst besteht aus zwei separaten Abschnitten. Einer dient der Aufnahme des Zündschlossmechanismus und der andere Abschnitt enthält die etwas kompliziert anmutende, elektrische Schaltung zur Ansteuerung des Anlassers und weiterer elektrischer Stromkreise des Fahrzeugs. Am Porsche 911 Baujahr 1970 bis 1989 lässt sich der elektrische Teil des Zündschalters leicht erneuern. Das Ersatzteil ist für relativ wenig Geld zu haben. Für die Instandsetzung an Fahrzeugen früherer Baujahre muss ein guter gebrauchter Zündschalter beschafft werden, da Neuteile nicht länger verfügbar sind. Dreht sich der Zündschlüssel im Zündschloss nicht gleichmäßig oder hakelig, so ist wahrscheinlich der Schließzylinder defekt. Es besteht die Möglichkeit, den Schließzylinder auf einen neuen Schlüssel einzustellen (siehe Projekt 71 für weitere Einzelheiten). Der Vorgang kann jedoch recht schwierig werden. Hierzu muss ein Stift, der in das Gehäuse gepresst wurde, ausgebohrt werden. Werden hierbei Fehler gemacht, so kann die gesamte Baugruppe beschädigt werden. Mit anderen Worten, die Zündschalterbaugruppe wurde nie konstruiert, um zerlegt und wieder zusammen gebaut werden zu können.

Ist der Zündschalter einmal erkennbar, so wird offensichtlich, warum der nächste Schritt die größten Schwierigkeiten mit sich bringt. Der Schalter ist an der Karosserie des Fahrzeugs mit so genannten Scherschrauben befestigt. Diese sollen Diebe abschrecken, erschweren jedoch auch den folgenden Arbeitsgang wesentlich. Zum Entfernen dieser Schrauben mit einem Stabschleifer oder einer Handbohrmaschine den Kopf der Schrauben abschleifen. Sind die Köpfe der Schrauben einmal weg geschliffen, so sollte sich der Schalter heraus ziehen lassen. Ebenfalls ist es mitunter möglich, einen Schlitz in den

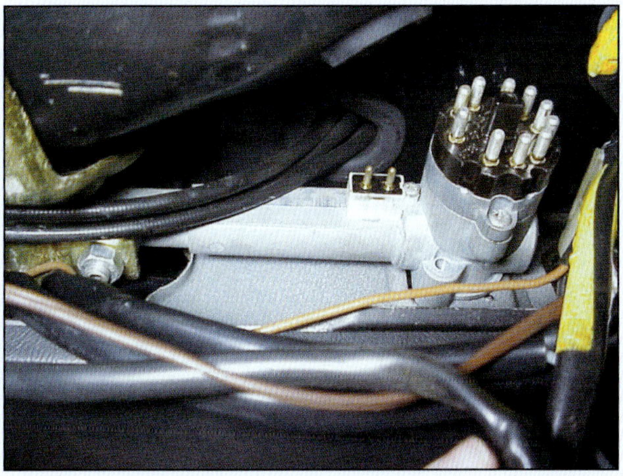

2 Die Ansicht unterhalb des Armaturenbretts bietet einen Blick auf den Zündschalter und seine elektrischen Anschlüsse. Es ist nahezu unmöglich, den elektrischen Teil des Schalters auszubauen, ohne die gesamte Baugruppe zu entfernen. Die Schraube des Lenkradschlosses, wie links im Bild gezeigt, lösen, bevor ein Versuch unternommen wird, den Schalter auszubauen.

3 Im Bild dargestellt ist der elektrische Teil des Zündschalters im vom Rest der Baugruppe demontierten Zustand. Nach vielen Jahren im Einsatz unterliegt der elektrische Teil des Zündschalters einem erhöhtem Verschleiß, was zu Wackelkontakten und anderen Elektrikproblemen beim Drehen des Zündschlüssels führt.

Schraubenkopf zu schleifen, um dann die Schrauben mit einem großen Schraubenzieher zu entfernen. Durch Ausbauen des Lenkrads wird der Arbeitsbereich besser zugänglich (siehe Projekt 86).

Sind die Schrauben einmal entfernt, so werden die Arbeiten unter dem Armaturenbrett fortgeführt, um den Zündschalter auszubauen. Hierzu die Mutter zur Befestigung des Zündschalters am Lenkradschloss lösen. An einigen Fahrzeugen muss diese Mutter jedoch nicht gelöst werden, der Schalter lässt sich einfach aus seiner Einbaulage heraus schieben. Dann den großen Stecker von ca. 3 cm Durchmesser vom Zündschalter abziehen. Nun sollte die gesamte Baugruppe vom Fahrzeug entfernt werden können. Hierzu muss ein Weg durch die Vielzahl an Kabeln und Bowdenzügen unter dem Armaturenbrett gebahnt werden.

Ist der Schalter einmal ausgebaut, so lässt sich der elektrische Teil des Zündschalters leicht erneuern. Einfach die beiden Schrauben zur Befestigung an der Rückseite des Schalters lösen und gegen ein Neuteil austauschen. Der Schalter ist mit einem in das Gehäuse eingegossenen Positionierzapfen versehen, so dass er nur auf eine Weise zusammen gebaut werden kann.

Durch Erneuern des elektrischen Teils des Zündschalters werden wahrscheinlich einige Probleme mit der Zündanlage und dem Anlasserstromkreis behoben. Ein Wackelkontakt, erkennbar z.B. an einem Flackern der Kontrollleuchten, das beim Drehen des Zündschlüssels auftritt, ist ein klares Zeichen für einen verschlissenen Zündschalter. Ein defekter Schalter wird außerdem bisweilen unerklärbare Startprobleme verursachen, in der Form, dass der Anlassermagnetschalter noch nicht einmal ein Klickgeräusch erzeugt. Selbst ein nicht abschaltender Anlasser nach Starten des Motors ist möglich. Sowohl Motor als auch Anlasser laufen dann weiter bei in Eingriff befindlichem Anlasserritzel, obwohl der Zündschlüssel abgezogen ist.

Um den Zündschalter für einen neuen Zündschlüssel verwenden zu können, muss der Schließzylinder entsprechend umgearbeitet werden. Diese Arbeit ist sehr schwierig. Hierzu muss vorsichtig ein kleiner Stift an der Seite des Schließzylindergehäuses ausgebohrt werden. Unbedingt einen scharfen Bohrer verwenden und darauf vorbereitet sein, doch einen neuen Zündschalter kaufen zu müssen, wenn die Arbeit daneben geht.

Das Erneuern des Zündschalters selbst erfolgt problemlos bis auf den letztendlichen Einbau des Schalters hinten am Armaturenbrett. Es müssen neue Original-Scherschrauben verwendet werden, die üblicherweise vom Porsche-Vertragshändler erhältlich sind. Die Schraubenköpfe werden automatisch mit Anziehen der Schrauben auf das vorgeschriebene Drehmoment abbrechen. Wird jedoch davon ausgegangen, dass der Schalter wieder ausgebaut werden muss, so sollten normale Schrauben verwendet werden, die dann jedoch keinerlei Diebstahlschutz bieten.

PROJEKT 86 • ERNEUERN VON LENKSÄULENSCHALTERN

Zeit: 1 Stunde

Werkzeug: 27-mm-Tiefbettstecknuss und Gelenkgriff, Lenkradschlossvorrichtung, Druckluftschrauber (sofern verfügbar)

Talent:

Zutreffende Baujahre: alle

Erforderliche Teile: Ersatz-Blinkerschalter oder Wischerschalter

Tipp: : Bisweilen arbeiten sich die Schalter im Gehäuse lose. Vor dem Kauf eines Ersatzteils muss der Schalter überprüft werden

Zweck des Projekts: Funktionierende Schalter für sicherheitsrelevante elektrische Anlagen, wie die Beleuchtungsanlage und die Scheibenwischer

Ergänzende Arbeitsgänge: Lenkrad erneuern bzw. neu einschlagen, Lenkradlager erneuern

1 Ist kein Druckluftschrauber verfügbar, so kann das Lenkrad mit einem Lenkradkrückenschloss als Verlängerungsgriff und einem Gelenkgriff, der an der 27-mm-Mutter angesetzt wird, entfernt werden. Die Werkzeuge wie im Bild dargestellt ansetzen, um so die Mutter leicht lösen zu können. Hierbei darf das Lenkrad nicht am Anschlag stehen, da sonst mit Sicherheit das Lenkgetriebe beschädigt wird.

An vielen älteren Porsche 911 schlagen die Hebelschalter an der Lenksäule mit der Zeit aus. Sie lassen sich relativ leicht erneuern. Die größte Schwierigkeit besteht darin, ein Ersatzteil zu beschaffen – insbesondere wenn es sich um ein älteres Fahrzeug handelt. Die älteren Blinkerschalter und Scheibenwischerschalter werden immer seltener, sei es als Neu- oder Gebrauchtteil.

Zum Erneuern der Lenksäulenschalter muss zuerst das Lenkrad ausgebaut werden. Wurde das Lenkrad noch nie abgebaut, so kann es sich hierbei um den schwierigsten Teil der Arbeit handeln. Das Lenkrad ist auf einer Verzahnung aufgesetzt und wird mit einer 27-mm- Mutter befestigt. Zum Entfernen dieser Mutter ist eine Tiefbettstecknuss von 27 mm Schlüsselweite und, sofern verfügbar, ein Druckluftschrauber erforderlich.

Das Lenkrad wird vorne vom Pralltopf mit Hupenschalter abgedeckt. An Fahrzeugen späterer Baujahre ist dieser Pralltopf einfach am Lenkrad angeklipst und lässt sich von Hand abheben. An Fahrzeugen früherer Baujahre muss der Pralltopf gegen den Uhrzeigersinn gedreht werden, um ausgebaut werden zu können. Hierzu das Lenkrad in einer Hand halten und den mittigen Pralltopf in die andere Richtung drehen. Ist der Pralltopf mit Hupenschalter einmal entfernt, so müssen die Kabel der Hupe vorsichtig abgeklemmt werden. Vor Durchführen dieser Arbeiten die Batterie abklemmen, anderenfalls könnte die Hupe während der Arbeiten mehrmals unerwartet ertönen.

In Ermangelung eines Druckluftschraubers und der hierfür erforderlichen Werkstattdruckluftversorgung gibt es einen weiteren Trick für Hobbyschrauber zum Entfernen des Lenkrads. Hierzu kommt eine Lenkraddiebstahlsicherung zur Anwendung, die am Lenkradumfang festgeklemmt wird. Der lange Griff an dieser Diebstahlsicherung ermöglicht eine ausreichende Hebelwirkung am Lenkrad, um beim Lösen der Lenksäulenmutter gegenzuhalten. Hierzu die Tiefbettstecknuss auf der Mutter ansetzen. Mit der einen Hand die Diebstahlsicherung ziehen und mit der anderen den Gelenkgriff an der Stecknuss drücken, um die Lenksäulenmutter zu lösen. Unter keinen Umständen darf hierbei das Lenkrad bis zum Lenkradanschlag an der einen oder anderen Seite des Lenkgetriebes gedreht werden, während entsprechende Kräfte zum Lösen der Mutter aufgewendet werden. Die hierbei wirkenden Kräfte würden den Zahnstangenmechanismus des Lenkgetriebes nur zu leicht beschädigen. Ist die Mutter einmal vom Lenkrad abgeschraubt, so wird das Lenkrad selbst von der Lenksäule abgezogen. Klemmt das Lenkrad an der Verzahnung fest, so wird mit einem Gummihammer vorsichtig nachgeholfen. Außerdem sind für diesen Arbeitsgang relativ kostengünstige Lenkradabzieher erhältlich.

2 Das schwarze Kunststoffgehäuse unter dem Lenkrad ist mit 8 Schrauben befestigt. Die beiden gelben Pfeile verweisen auf das Hupenkontaktstück, das ausgebaut werden muss. Die weißen Pfeile verweisen auf die 4 kleinen Schrauben zur Befestigung der Lenksäulenverkleidung. Die 4. Schraube ist unter dem Hupenkontaktstreifen versteckt. Es gibt zwei weitere Schrauben beiderseits des Kunstoffgehäuses, die auch heraus geschraubt werden müssen, bevor die obere und untere Hälfte der Lenksäulenverkleidung abgebaut werden können.

3 Durch Abbauen des schwarzen Kunststoffgehäuses werden die darunter liegenden Schalter erkennbar. Das Ausbauen der Schalter erfolgt problemlos, sie sind einfach an der Lenksäule angeschraubt. Die Kabel zum Anschluss an den Karosseriekabelbaum werden durch die Lenksäule gefädelt. Von diesem Arbeitsfortschritt an ist das Ausbauen der Schalter an der Lenksäule sehr einfach.

Nun die schwarze Lenksäulenverkleidung entfernen. Um Zugang zu den Schaltern zu erlangen, müssen 8 Schrauben entfernt werden. Die beiden Schrauben zur Befestigung des Hupenkontaktstücks zuerst entfernen. Dann die 4 Schrauben in der Vertiefung des schwarzen Gehäuses heraus drehen. Zum Schluss die beiden Schrauben beiderseits des Gehäuses nicht vergessen. Diese Schrauben sind nur von der Seite der Lenksäule aus einsehbar. Sind einmal alle 8 Schrauben ausgebaut, so sollte die obere und untere schwarze Lenksäulenverkleidung entfernt werden können. Ist das Gehäuse einmal abgebaut, so sollte leichter Zugang zu den Schaltern bestehen. Diese werden durch Abschrauben von der Lenksäule ausgebaut. Durch Rückverfolgen der Kabel von den Schaltern wird leicht erkennbar, wo diese unterhalb des Armaturenbretts eingesteckt sind. Nach Abziehen der Stecker können die Kabel durch die Lenksäule heraus gezogen werden.

Der Einbau eines neuen Schalters umfasst lediglich das Einfädeln der neuen Kabel durch die Lenksäule, die Befestigung des neuen Schalters und das Anschließen der Stecker unterhalb des Armaturenbretts. Bei Einbau des Lenkrads muss die 27-mm-Mutter festgezogen werden, jedoch nicht mit zuviel Kraft.

Je nach tatsächlichem Defekt innerhalb des Schalters lassen sich die einzelnen Schalter mit Teilen eines anderen defekten Schalters instand setzen. Den Schalter sorgfältig auf defekte Teile überprüfen und falls möglich mit einem Neuteil vergleichen. Der Schalter selbst kann zerlegt werden, vorher sollten jedoch Fotos davon angefertigt werden, wie alle Teile wieder zusammen gehören.

Während dieser Arbeiten ist das Lenkrad teilweise zerlegt, so dass sich die Gelegenheit bietet, die Lenkradlager zu erneuern. Hierzu muss jedoch die gesamte Lenksäule ausgebaut und zerlegt werden, eine Arbeit die nicht binnen eines Nachmittags erledigt werden kann.

PROJEKT 87 • FEHLERSUCHE AN DER ELEKTRISCHEN ANLAGE

Zeit: So lange es dauert

Werkzeug: Multimeter

Talent:

Zutreffende Baujahre: alle

Erforderliche Teile: Neue Sicherungen

Tipp: Zuerst einige grundsätzliche Prüfungen vornehmen und dann eine Strategie zum Eingrenzen des Fehlers entwickeln

Zweck des Projekts: Bekämpfung des Kupferwurms

Ergänzende Arbeitsgänge: Einbau bzw. Erneuerung von Glühlampen, Sicherungen, Relais, Reinigen von Kontakten

So genannte Wackelkontakte, in der modernen Fachsprache als „sporadische Fehler" bekannt, sowie andere Nerven aufreibende Probleme mit der Elektrik treten insbesondere an älteren Fahrzeugen häufiger auf

Beispiel:

Bei Betätigung der Bremse leuchtet eine Kontrolleuchte im Armaturenbrett auf, jedoch nur bei eingeschalteter Heckscheibenheizung oder aber das Radio funktioniert nur bei eingelegtem Rückwärtsgang.

So absurd diese Elektrikprobleme auch klingen mögen, Sie treten häufiger auf als zu erwarten wäre und lassen sich leider nur sehr schwierig beheben.

Worin liegt üblicherweise der Defekt in der Verkabelung an diesen Fahrzeugen? Mehrere Probleme können hier auftreten. Zum einen sind da die Änderungen, die jeder Fahrzeugeigentümer ggf. vorgenommen hat. Oft handelt es sich hierbei um Änderungen in der Schaltung von Kabeln, deren Eigenheiten dann nur dem entsprechenden Vorbesitzer bekannt sein werden. So kann z.B. der Einbau eines neuen Radios, elektrisch betätigter Spiegel, eines Radarwarners oder – noch schlimmer – einer Alarmanlage eine wesentliche Änderung der Verkabelung gegenüber dem serienmäßigen Zustand mit sich bringen, wenn die Arbeiten nicht korrekt nach Werkstatthandbuch durchgeführt wurden. Der neue Besitzer muss sich dann mit dem Durcheinander befassen, ohne den Verursacher befragen zu können. Deshalb erfordert die Fehlersuche von Problemen an der Elektrik oft einen unverhältnismäßig hohen Zeitaufwand, den kaum eine Fachwerkstatt bewältigen wollen wird.

Deshalb sind in diesem Projekt einige Tipps für die Fehlersuche an der elektrischen Anlage dargelegt, die jedoch keinen Anspruch auf Vollständigkeit oder ausschließliche Gültigkeit für das betreffende Fahrzeug haben. Hierzu ist bereits eine Vielzahl einschlägiger Literatur veröffentlicht worden.

Vor Beginn mit der eigentlichen Fehlersuche am Fahrzeug sind alle Daten, auf die Zugriff erfolgen kann, zu sammeln. Im Wesentlichen sind dies die Stromlaufpläne bzw. Schaltpläne für das Baujahr des betreffenden Fahrzeuges. Diese sind von mehreren Lieferanten erhältlich. Derartige Stromlaufpläne sind für die Fehlersuche an der Elektrik unerlässlich.

Ein häufig auftretendes Problem ist ein ständiges, geringfügiges Entladen der Batterie. Bleibt ein Fahrzeug z.B. eine oder zwei Wochen stehen, so entlädt sich die Batterie vollständig. Das bedeutet, dass auch bei Abschalten sämtlicher Verbraucher und Ausschalten der Zündung irgendwo ein Verbraucher arbeitet. Die Fehlersuche durch Abklemmen des Batteriemassepols beginnen, um dann ein Amperemeter zwischen Batteriemassepol und Chassis anzuschließen. Das Amperemeter wird jene Strommenge anzeigen, die von der elektrischen Anlage im Ruhezustand aus der Batterie „gesaugt" wird. Mit Anschließen des Messgeräts wird wahrscheinlich angezeigt, dass im Ruhezustand ein geringfügiger Strom durch die Anlage strömt. In diesem Zustand das Fahrzeug nicht anlassen und keine Verbraucher einschalten, da dies das Messgerät beschädigen könnte. Vor Beginn jeglicher Prüfarbeiten die Beleuchtung im vorderen Gepäckraum abklemmen.

Nun die Arbeiten am Sicherungskasten im vorderen Gepäckraum fortsetzen und eine Sicherung nach der anderen abziehen. Siehe Projekt 24 für eine Darstellung des Sicherungskastens im vorderen Gepäckraum. Das Amperemeter sorgsam beobachten, um zu prüfen, ob der Strom mit Herausziehen einer bestimmten Sicherung auf Null fällt. Ist dies der Fall, so wurde anhand dieser Sicherung jener elektrische Stromkreis erfolgreich eingegrenzt, in dem das Problem existiert. Die Fehlersuche ist somit schon zu mehr als der Hälfte abgeschlossen. Nun sind die Stromlaufpläne zu Rate zu ziehen, aus denen erkennbar sein sollte, welche Verbraucher in diesem Stromkreis geschaltet sind. Versuchen, jeden Verbraucher nacheinander abzuklemmen und hierbei das Amperemeter beobachten. Das defekte und den Stromverbrauch im Ruhezustand verursachende Teil sollte somit identifiziert werden können.

Führt das Abziehen der Sicherungen nacheinander nicht zum Erfolg, so wird mit den diversen Relais fortgefahren. Es gibt Situationen, in denen ein Relais eingeschaltet ist, der vom Relais geschaltete Verbraucher ist jedoch abgeklemmt. Dies kann zu einer stetigen Entladung der Batterie führen. Ein Beispiel hierfür sind die Heizungshebel zwischen den Sitzen, die den Gebläsemotor im Motorraum betätigen. Ist der Gebläsemotor abgeklemmt, die Hebel sind jedoch in die eingeschaltete Stellung gelegt, so ist das Relais eingeschaltet und die Spule im Relais wird langsam den Batterieladezustand verringern.

In Bezug auf Stromlaufpläne ist zu beachten, dass vor 1975 herkömmliche Schaltpläne verwendet wurden. Stromlaufpläne unterscheiden sich dadurch, dass sie den Verlauf des tatsächlichen Stroms in Richtung Masse für jeden einzelnen Stromkreis einzeln darstellen. Dies ist ein Unterschied zur schematischen Übersicht des herkömmlichen Schaltplans. Zwar ist das Lesen der Stromlaufpläne etwas gewöhnungsbedürftig, letztendlich sind sie jedoch wesentlich übersichtlicher als die althergebrachten Schaltpläne.

Ein weiteres, häufig auftretendes Problem an der Elektrik besteht in einem Verbraucher, der einfach nicht funktioniert. Anhand der Stromlaufpläne ist festzustellen, dass es 6 Punkte für Defekte an den meisten elektrischen Verbrauchern, am Porsche 911 gibt. Als Beispiel soll hier ein Gebläsemotor dienen, um den Vorgang der Fehlersuche an der Elektrik zu erläutern.

Hinten im Stromkreis beginnend gilt das Augenmerk zunächst dem eigentlichen Verbraucher. So kann die Fehlersuche durch Testen des Motors begonnen werden. Den Motor abklemmen und eine separate Spannungsquelle von 12 Volt Gleichstrom anlegen, um zu prüfen, ob der Motor durchdreht. Dreht der Motor nicht durch, so ist dieser Verbraucher defekt.

Während der Motor abgeklemmt ist, kann im Rahmen einer weiteren Prüfung die Stromversorgung in den Kabeln am Gebläsemotor überprüft werden. Sind alle Schalter im betreffenden Stromkreis eingeschaltet und kommt am Gebläsemotor doch kein Strom an, so liegt das Problem an anderer Stelle.

Der nächste Prüfgegenstand wäre das Relais für den Gebläsemotor. Anhand der Stromlaufpläne bzw. Schaltpläne lässt sich leicht feststellen, welches Relais den Strom für den betreffenden Verbraucher schaltet. Wird der Schalter für den Gebläsemotor gezogen, so sollte das Relais ein leichtes Klickgeräusch beim Ein- und Ausschalten von sich geben. Ein Austauschen von Relais (es handelt sich um Normteile) gegen ein bekanntermaßen funktionierendes Relais, stellt eine gute Methode zum Isolieren eines Problems mit dem Relais dar.

Ist das Relais in Ordnung, so ist die Sicherung nochmals auf Durchgang zu überprüfen. Die richtige Sicherung finden und überprüfen, ob sie durchgebrannt ist. Außerdem könnte an den Kontakten der Sicherung Korrosion entstanden sein. Diese führt zu einem erhöhtem Übergangswiderstand. Die Sicherungen müssen sauber sein und fest sitzen. Falls erforderlich auf Durchgang an den beiden Endpunkten zur Befestigung der Sicherung prüfen. Foto Nr. 5 im Projekt 24 zeigt die Einbaulage des Sicherungskastens im vorderen Gepäckraum an der linken Seite.

Viele elektrische Verbraucher am Fahrzeug werden über den Zündschalter mit Strom versorgt, so dass sie mit Einschalten der Zündung ein- und ausgeschaltet werden. Arbeitet z.B. der Gebläsemotor zusammen mit diversen anderen Verbrauchern nicht, so mag es sich um einen Defekt im elektrischen Teil des Zündschalters handeln. Ein klares Symptom hierfür wäre ein Gebläsemotor, der mit Hin- und Herdrehen des Schlüssels anspringt und ausgeht. Siehe Projekt 85 für weitere Einzelheiten zum Austauschen des Zündschalters.

Außerdem kann der Schalter für den Verbraucher selbst defekt sein. Im Fall des Gebläsemotors ist der Schalter mit den roten Griffen am Mitteltunnel des Fahrzeuges angeschlossen. Den Schalter mit einem Durchgangsprüfer prüfen um sicher zu stellen, dass er ordnungsgemäß funktioniert.

Führen alle diese Prüfungen nicht zum Erfolg, um das Problem zu isolieren, so kann es sich um einen Defekt in der Verkabelung handeln. Insbesondere ältere Fahrzeuge, an denen die Kabel leicht spröde werden und bisweilen durchbrechen, sind hiervon betroffen. Ein Kabelbruch muss von außen nicht sichtbar sein, er kann im Innern an der Kabelseele erfolgen, während die äußere Isolierung intakt bleibt. Mit einem Durchgangsprüfer jedes Kabel im Kabelsatz überprüfen, das die Stromversorgung am Gebläsemotor herstellt, um so einzugrenzen, ob irgendwo kein Durchgang besteht.

Führen alle diese einzelnen Prüfschritte nicht zur klaren Identifizierung des Fehlers, so wurde wahrscheinlich im Rahmen der Fehlersuche ein Fehler gemacht. Außerdem könnte irgendwo im Schalter oder in der Verkabelung des Fahrzeugs ein Kurzschluss vorliegen. Nur zeitaufwendiges Rückverfolgen der gesamten Leitung unter Verwendung eines Durchgangsprüfers (Ohmmeter am Multimeter) wird die Eingrenzung eines derartigen Defektes ermöglichen.

ABSCHNITT ELF
ZUSÄTZLICHE ARBEITEN

In diesem Abschnitt sind einige wenige Projekte enthalten, die nicht exakt in die anderen, klar definierten Kategorien passen. Es geht um das Entfernen abgebrochener Schrauben und Stehbolzen und um das Polieren von Aluminiumfelgen.

PROJEKT 88 • ENTFERNEN VON ABGEBROCHENEN SCHRAUBEN UND STEHBOLZEN UNTER VERWENDUNG DES EDM-VERFAHRENS

Zeit: So lange es dauert

Werkzeug: EDM-Vorrichtung zum Entfernen von Schrauben- und Stehbolzenresten

Talent: Keine Angabe

Zutreffende Baujahre: alle

Erforderliche Teile: Neue Schrauben und Stehbolzen

Tipp: Es gibt Aufgaben, die einem Fachmann überlassen werden sollten

Zweck des Projekts: Wiederherstellung der Einsatzfähigkeit des Motors

Ergänzende Arbeitsgänge: Motorbauteile reinigen oder Glasperlstrahlen

1 Der absolute Alptraum! Dieser Zylinderkopfstehbolzen wurde im Gehäuse abgebrochen. Es handelt sich um einen Dilavar-Stehbolzen, an den sich keine Mutter so leicht anschweißen lässt und der aufgrund des spröden Materials ohnehin gerne abbricht. Die Stehbolzen der Auslassseite im Zylinderkopf des Porsche-911-Motors brechen besonders häufig ab, da sie aufgrund der Motorwärme mehrmaligen Härtungszyklen unterliegen.

2 Wie bei jedem Vorgang der präzisen Metallbearbeitung muss das Ausrichten des Motorblocks besonders sorgfältig erfolgen. Der Motorblock muss exakt rechtwinklig zum EDM-Werkzeug ausgerichtet werden, anderenfalls würde die Elektrode das Gewinde der Bohrung an Stelle des Stehbolzenmaterials wegfressen.

3 Die Elektrode besteht aus einem Kupferrohr, das exakt mittig auf den abgebrochenen Stehbolzen angesetzt wird. Die Elektrode muss rechtwinklig zum Gehäuse ausgerichtet werden oder sie könnte die Gewinde beschädigen, wenn sie vom Kurs abkommt.

4 Der Motorblock wird mit Kunststofffolie abgedeckt, um ein Versprühen von Kühlmittel und Schmiermittel im Werkstattbereich zu verhindern. Das Kühlmittel erfüllt einen doppelten Zweck. Einmal die Kühlung des Arbeitsbereichs, an dem sich das auszufressende Teil befindet und das Wegspülen von Metallspänen aus diesem Bereich. Wie im Bild dargestellt wurde versucht, das Gehäuse so abzudecken, dass die feinen Abriebpartikel nicht in die Vertiefungen des Motorblocks geraten. Dieser Versuch blieb jedoch erfolglos und das Motorgehäuse musste zerlegt und gereinigt werden.

Wenn ein Stehbolzen an dem sehr teuren Motorgehäuse des Porsche 911 abbricht, so gibt dies ausreichend Anlass für schlechte Laune. Dies gilt ebenso für Schrauben oder Stehbolzen am Getriebegehäuse oder den Bremssätteln der Hinterachse, die nicht länger hergestellt werden und nach denen man zuvor gerade mehrere Monate gefahndet hatte. Dennoch gibt es eine Lösung für diese Probleme und zwar eine solche, die den meisten Zeitgenossen unbekannt ist.

Nicht selten tritt ein derartiges demotivierendes Erlebnis ein, wenn die zu ihrer Zeit als geniale Konstruktion gepriesenen Dilavar-Stehbolzen aus dem Motorgehäuse eines 3,0-Liter-Motors ausgebaut werden. Siehe Projekt 11, Zerlegen des Motors, für eine genauere Beschreibung dieser umfangreichen Arbeiten, für die mehrere Spezialwerkzeuge und auch eine Lötlampe erforderlich sind. Wie es auch immer passiert sein mag, am Ende steht man mit einem abgebrochenen Stehbolzen im Motorgehäuse da. Wiederholte Versuche, den Stehbolzen mit einer Gripzange zu erfassen und dann zu drehen, bleiben oft erfolglos. Auch der Versuch, eine Mutter am abgebrochenen Stehbolzen anzuschweißen, schlägt oft fehl. Die Spezialvorrichtung, die in einem solchen schwierigen Fall zur Anwendung kommt, nennt sich Elektrische Entladungsvorrichtung (Electrical Discharge Machine, kurz EDM). Mit dieser Vorrichtung wird ein hoher elektrischer Strom durch das Metall des Stehbolzens geleitet, der es auf atomarer Ebene zerstört und wegbläst, bis tatsächlich nichts übrig bleibt. Der tatsächliche Vorgang ist faszinierend zu betrachten und findet sicherlich nicht in jeder Werkstatt statt.

Interessanterweise wird unter Verwendung dieses Verfahrens nur die Schraube oder der Stehbolzen, die ausgebaut werden sollen, entfernt. Eine kleine Elektrode wird verwendet, um den Stehbolzen

5 Das Bild zeigt vom Stehbolzen weg fliegende Funken, während dieser langsam „atomisiert“ wird. Während die Maschine automatisch die Elektrode tiefer in das Gehäuse drückt, muss das Bedienpersonal auf den Punkt achten, an dem die Elektrode unten am Stehbolzen angelangt ist. Die Maschine wird einen kurzen Moment inne halten, wenn die Elektrode keinen Kontakt mit Metall mehr hat, wird sich dann aber in das Gehäuse selbst hinein fressen, sobald die Elektrode den Boden des Sacklochs erreicht hat. Dies ist natürlich zu verhindern.

6 Die Hohlelektrode brennt die Mitte des Stehbolzens weg und lässt sowohl den inneren Kern als auch die äußeren Gewinde im Gehäuse stehen. Erreicht die Elektrode den Boden des Sacklochs im Gehäuse, so lässt sich der mittige Kern des Stehbolzenmaterials leicht heraus nehmen.

7 Die verbleibenden äußeren Gewinde sind nun wesentlich schwächer und lassen sich mit einem in das Stehbolzenrestmaterial eingesetzten Dorn heraus drehen. Der ausgehöhlte Stehbolzen wird dann leicht mit einem Ausdrehwerkzeug aus dem Gehäuse heraus geschraubt.

8 Die Vorteile dieses Verfahrens werden am nebenstehenden Foto besonders deutlich. Die Maschine ist ausgerichtet, um einen abgebrochenen Stehbolzen an der Auspuffkrümmerseite zu entfernen. Anderenfalls hätte der gesamte Motor ausgebaut und zerlegt werden müssen. Unter Verwendung des EDM-Verfahrens ist der Arbeitsgang des Entfernens des Stehbolzen jedoch in weniger als einer Stunde erledigt.

wegzubrennen, so dass es fortan wesentlich einfacher wird, ihn mit einem normalen Ausdrehwerkzeug zu entfernen. Im angesprochenen Aluminiumgehäuse des 3,0-Liter-Motors können die Dilavar-Stehbolzen an einem der Zylinder abbrechen und dann mit normalen Werkzeugen nur schwer erreicht werden. Das Ausbohren unter Verwendung herkömmlicher Methoden birgt in einem solchen Fall immer das Risiko einer permanenten Beschädigung des Motorgehäuses. Zusätzlich ist festzuhalten, dass das Dilavar-Metall sich nicht gut bohren lässt.

Der erste Schritt besteht im Befestigen des Gehäuses flach auf dem Werkzeugschlitten der EDM-Vorrichtung. Das Werkstück muss exakt gerade zur Maschine ausgerichtet werden, damit der Stehbolzen weggebrannt werden kann. Ein Kupferrohr mit einem Durchmesser geringer als der des Stehbolzens wird in dem auf den Bildern dargestellten Fall als Elektrode verwendet. Die Elektrode brennt den mittleren Teil des Stehbolzens weg und lässt den Kern und die äußeren Gewindegänge stehen. Da die Elektrode zusammen mit dem Stehbolzenmaterial zerstört wird, ist nur schwer erkennbar, wann die Elektrode unten im Gehäuse angekommen ist. Bei Betätigung der Maschine muss das Bedienpersonal auf die ein bis zwei Sekunden währende Verzögerung achten, die beginnt, nachdem das Werkzeug am Ende der Bohrung stehen bleibt.

Zu Anfang des Prozesses fliegen die Funken in alle Richtungen. Mit Wegbrennen der Mitte des Stehbolzens durch den hohen elektrischen Strom werden Funken und kleine Metallstücke aus dem Gehäuse heraus geschleudert. Das auf den gesamten Arbeitsbereich gesprühte Kühlmittel dient einem doppelten Zweck. Dem Kühlen des Bereichs und auch dem Wegspülen der kleinen Metallpartikel, die abgebrannt wurden. Hier bietet es sich an, das Gehäuse mit einem durchsichtigen Kunststoffmaterial abzudecken, so dass das Geschehen beobachtet werden kann, ohne von heraus geschleuderten Kleinteilen oder Kühlmittel getroffen zu werden.

Erreicht die Elektrode die Unterseite des Gehäuses und wird die Maschine ausgestellt, so kann der mittige Kern leicht mit einer Spitzzange aus der Bohrung heraus gepickt werden. Zu diesem Zeitpunkt verbleibt nur die dünne äußere Kante des Stehbolzens im Gehäuse und kann mit einem Ausdrehwerkzeug leicht entfernt werden.

Obwohl dieser komplizierte, hochmoderne Prozess den teuren Motorblock retten kann, hatte er doch einen wesentlichen Nachteil. Es war unmöglich, das Kühlmittel von den inneren Hohlräumen des Gehäuses fernzuhalten. Da das Kühlmittel zum Wegwaschen aller kleinen Metallspäne, die bei Fortschreiten des Prozesses entstehen, verwendet wurde, unterlag die gesamte Innenfläche des Gehäuses einem konstanten Beschuss feinkörnigen Reibmaterials, das mit den Fingern erfühlt werden kann. Dies gilt es natürlich zu vermeiden, da eine derartige Ablagerung eine Generalüberholung des gesamten Motorblockes erforderlich macht. Lässt sich jedoch ein Dilavar-Stehbolzen mit herkömmlichen Mitteln nicht entfernen und muss der Motor ohnehin generalüberholt werden, so besteht in der Anwendung dieses Verfahrens unter Umständen die einzige Hoffnung.

ZUSÄTZLICHE ARBEITEN

PROJEKT 89 • ENTFERNEN FESTSITZENDER SCHRAUBEN BZW. STEHBOLZEN

Zeit: Viele Stunden

Werkzeug: Stehbolzen-Ausdrehwerkzeuge, Winkelschleifer, Handbohrmaschine, Rostlöser

Talent:

Zutreffende Baujahre: alle

Erforderliche Teile: Neue Schrauben bzw. Stehbolzen

Tipp: Das gesamte Projekt ist voller Tipps

Zweck des Projekts: In die Lage versetzt zu sein, mit den geplanten Arbeiten fortzufahren

Ergänzende Arbeitsgänge: Keine

1 Die Lötlampe eignet sich hervorragend zum Lösen festgerosteter Schraubverbindungen. Das Gehäuse muss erwärmt werden, nicht der Stehbolzen bzw. die Schraube selbst. Die Arbeit wird sehr viel Zeit in Anspruch nehmen, da sich die Wärme im Gussgehäuse besonders schnell verflüchtigt. Die Lötlampe auf den Bereich konzentriert halten und nicht auf den Stehbolzen abschweifen lassen. Die Lötlampe nur in einem gut belüfteten Bereich verwenden, da von ihr schädliche Kohlenmonoxidgase erzeugt werden.

Bei der Restaurierung eines Fahrzeuges, das auch nur wenige Jahre auf dem Buckel hat, wird früher oder später eine Mutter, eine Schraube oder ein Stehbolzen durch Korrosion fest mit dem Fahrzeug verbunden sein und sich nicht auf herkömmlichen Wege lösen lassen. In diesem Projekt sind deshalb einige jener Methoden dargelegt, die von den diversen Experten auf dem Gebiet regelmäßig angewendet werden.

Der erste Schritt im Lösen von festgerosteten oder festklemmenden Befestigungsmitteln (z.B. Schrauben, Stehbolzen, Muttern) besteht im Durchführen eines „Präventivschlags". Oft lässt sich eine Mutter oder ein Stehbolzen nicht lösen, nachdem sein Gewinde bzw. der Sechskantkopf bereits abgerundet oder ausgerissen ist. Besteht die Wahrscheinlichkeit, dass eine Mutter Probleme bereiten könnte, so ist es wesentlich sinnvoller, die Vorgehensweise zum Ausbauen behutsam anzugehen, als im Zuge der Arbeiten ein wichtiges Bauteil zu beschädigen.

Hier muss im Voraus geplant werden, denn alte, verrostete Schrauben oder Muttern müssen bisweilen mehrere Tage mit einem qualitativ hochwertigen Rostlöser eingeweicht werden. Dieses so genannte Penetriermittel oder Kriechöl arbeitet sich bis in die untersten Schichten der Schraubverbindung vor, wodurch ein Losbrechen der Schraube oder Mutter wesentlich vereinfacht wird. Der Vorgang des Einweichens dauert jedoch seine Zeit. Die Schraubverbindung sollte mindestens am Abend vorher eingeweicht werden. Dies bietet schon einen wesentlichen Vorteil im Kampf zum Lösen der Schraubverbindung.

Beim Entfernen dieser alten Schrauben oder Muttern müssen unbedingt die richtigen Werkzeuge verwendet werden. Ein exakt passender Schraubenschlüssel ist z. B. unbedingt erforderlich. Abgerundete Muttern oder Schraubenköpfe sind oft das Ergebnis falschen Werkzeugeinsatzes. Ein hervorragendes Beispiel hierfür sind die Innenvielzahnschrauben an den Gleichlaufgelenken einiger Porsche-Fahrzeuge. Zwar passt ein einfacher Inbusschlüssel in die Schraubenköpfe hinein und sie lassen sich hiermit auch teilweise entfernen, eine oder zwei der Schrauben werden dabei jedoch ausgerissen werden. Durch Verwendung eines Werkzeuges der richtigen Größe wird die Wahrscheinlichkeit, ein widerspenstiges Befestigungsmittel zu lösen, wesentlich erhöht.

Zum Herausziehen von Stehbolzen sind so genannte Stehbolzenausdreher erhältlich, die ein Herausschrauben des Stehbolzens ermöglichen, ohne diesen zu beschädigen. Das Werkzeug greift an den hervorstehenden Gewinden an, drückt sich in die Gewinde des Stehbolzens und presst sie zusammen. So nimmt das Werkzeug beim Drehen den Stehbolzen mit. Werden z.B. Zylinderkopfstehbolzen aus einem Motorengehäuse entfernt, so können sich ein oder zwei Gripzangen als nützliches Werkzeug erweisen, um zusätzliches Drehmoment an den Stehbolzen angreifen zu lassen.

Stehbolzen an der Auspuffseite lassen sich fast immer schwerer aus den Zylinderköpfen heraus drehen und brechen außerdem beim Abbauen der Wärmetauscher leichter ab. Der gesamte Arbeitsbereich muss satt und reichlich mit Rostlöser eingeweicht werden, bevor überhaupt versucht wird, einen verrosteten Wärmetauscher von der Abgasanlage abzubauen. Die Stehbolzen werden mit wiederholten Betriebszyklen erwärmt und werden deshalb mit der Zeit sehr spröde. Die einzige Möglichkeit, einen abgebrochenen Zylinderkopfstehbolzen zu entfernen, besteht im Ausbohren oder in der Anwendung des so genannten EDM-Verfahrens (siehe Projekt 88).

Oft hilft jedoch eine einfache Lötlampe oder ein Azetylenschweißgerät, um die korrodierte Schraubverbindung zu lösen. Dies

2 Standardwerkzeuge zum Entfernen festgerosteter Schraubverbindungen oder abgebrochener Stehbolzen. Winkelschleifer, Stehbolzenausdreher, Rostlöser, Druckluftschrauber bzw. Elektroschlagschrauber und Handschleifbohrer.

gilt insbesondere für Schrauben oder Stehbolzen, die mit einer Sicherungsmasse eingesetzt wurden.

Mit der Lötlampe das Metall in dem die Gewindebohrung umgebenden Bereich erwärmen. So wird z.B. die Schraubensicherungsmasse an den Gewinden geschmolzen und außerdem das Metall am Umfang des Stehbolzengewindes aufgeweitet. Den Stehbolzen selber nicht direkt erwärmen, da sich so das Stehbolzenmaterial bzw. Schraubenmaterial ebenfalls ausdehnen und noch stärker in der Gewindebohrung festklemmen würde. Bei Entfernen eines Zylinderkopfstehbolzens aus dem Motorengehäuse wird erkennbar, dass es erstaunlich lange dauert, das Gehäuse aufzuwärmen. Aluminium und Magnesium leiten die Wärme sehr rasch ab, so dass die Lötlampe eine ganze Weile auf das Gehäuse gerichtet werden muss, bevor ein Versuch unternommen wird, den Stehbolzen heraus zu drehen. Ebenfalls darf die Lötlampe nur in einem gut belüfteten Bereich verwendet werden.

Gleichfalls kann ein Temperaturgefälle zwischen Stehbolzen und umgebendem Material auch durch Verwendung eines Kühlmittels erzeugt werden. Hierzu eignen sich z.B. die Druckluftspraydosen wie sie zur Reinigung von Computerausrüstung erhältlich sind. Wird die Sprühdose über Kopf gehalten so tritt das Kühlmittel nicht in gasförmigen Zustand heraus, sondern als Flüssigkeit. Lässt man diese Flüssigkeit auf Schrauben und in Bereiche tropfen, die gelöst werden müssen, so lässt sich hierdurch ein erhebliches Temperaturgefälle erzeugen. Das Metall wird jedoch durch die Kälte wesentlich spröder und neigt zum Brechen. Bei diesen Arbeiten Augenschutz und dicke Handschuhe sowie Schutzkleidung tragen, da der Einsatz dieser Kühlmittel Verletzungsgefahren birgt.

Das Aufbringen von Wärme und Kälte zusammen kann sich als starke Kombination erweisen. Mit Aufwärmen der Fügeverbindung und darauf folgendem Abkühlen brechen Rost und Sicherungsmasse durch das rasche Ausdehnen und Zusammenziehen auseinander. Exakte Angaben können über die zu erlangenden Temperaturwerte nicht gemacht werden, hier ist ein Ansatz nach Versuch und Irrtum gefragt.

Natürlich ist zu klären, ob die betreffende Schraube oder Mutter überhaupt ausgebaut werden kann. Nicht selten wird versucht, einen eingebetteten Stehbolzen oder eine festgeschweißte Mutter unter erhöhtem Kraftaufwand zu entfernen, was jedoch unmöglich ist. Beispiele hierfür sind die lange Anlasserschraube am Porsche 914 und die angeschweißte Mutter an der inneren Kotflügelstrebe des Porsche 911. Vor dem Einsetzen des Winkelschleifers doppelt überprüfen, ob es sich nicht um ein ab Werk festgeschweißtes Bauteil handelt.

Ein weiterer Trick besteht im Anschweißen einer Mutter auf einen abgebrochenen Stehbolzen oder einer abgebrochene Schraube. So lässt sich ein Schraubenschlüssel an der Mutter ansetzen, um den Stehbolzen ordentlich zu entfernen. Hierbei sind sämtlicher Rost, Fremdmaterial, Öl und andere Fremdstoffe von der Stehbolzen- bzw. Schraubenoberfläche zu entfernen, bevor daran geschweißt wird. Bisweilen wird der Stehbolzen alt und spröde sein und lässt sich somit nicht leicht verschweißen. Dies ist im Regelfall bei Auspuffstehbolzen der Fall. Außerdem können die meisten Stehbolzen nur sinnvoll verschweißt werden, wenn sie aus Stahl bestehen. Die Zylinderkopfstehbolzen aus Dilavar-Material der Porsche-911-Motoren der späteren Baujahre lassen sich nicht mit Schweißmuttern versehen. Die Muttern würden sofort abbrechen, sobald ein Drehmoment angreift. Im Entfernen widerspenstiger Schrauben und Muttern ist der Druckluftschrauber ein weiteres wichtiges Werkzeug. Er ist insbesondere dann geeignet, wen es um das Entfernen einer Mutter geht, die z.B. an einem Lager dreht oder einer Mutter, die mit einem hohen Anzugsdrehmoment befestigt wurde. Die Lenkradmutter ist ein Beispiel hierfür. Sie dreht sich, sobald ein Schlüssel angesetzt wird, bis zum Lenkradanschlag. Der Druckluftschrauber beaufschlagt die Mutter mit wiederholten kurzen Stößen und schlägt sie so lose, ohne die Mutter oder Schraube eine Umdrehung oder mehrere zu bewegen. Der Druckluftschrauber ist ein sehr nützliches Werkzeug und wird zum Entfernen einer dieser Spezialschrauben beste Dienste leisten.

Versagen alle Methoden zum Entfernen der Befestigungsmittel, so muss Zerstörungsarbeit geleistet werden. Dies erfolgt mit einem Handschleifbohrer z.B. der Firma Dremel oder einem herkömmlichen Winkelschleifer. Diese Werkzeuge werden durch jedes Metall durchschneiden, wohlgemerkt auch durch Metall, dass man eigentlich nicht zu zerstören versuchte. Winkelschleifer und Handbohrmaschine dürfen nie ohne Augenschutz verwendet werden.

Der Winkelschleifer wird z.B. verwendet, um einen Stehbolzen plan zu der Oberfläche, in der sich das Gewindesackloch befindet, abzutrennen. Danach lässt sich der Rest des Stehbolzens oder der Schraube aufbohren. Die Handbohrmaschiene bleibt hierfür das am besten geeignete Werkzeug. Die Bohrung im Stehbolzenrest mit einem kleinen Bohrer beginnen und den Durchmesser langsam erhöhen. Außerdem muss hierbei ausreichend Schmiermittel verwendet werden. Erreicht der Durchmesser der Bohrung ungefähr den Durchmesser des Stehbolzens, so ist zu versuchen, die Reste mit einem Haken zu entfernen. Es darf nicht so weit aufgebohrt werden, dass das Gewinde des Sacklochs beschädigt wird. Nach Beenden der Arbeiten die Gewindebohrung mit einem Gewindebohrer bereinigen oder nacharbeiten.

PROJEKT 90 • POLIEREN VON LEICHTMETALLFELGEN

Zeit: 2 bis 10 Stunden je Rad

Werkzeug: Handbohrmaschine, elektrische Schleifmaschine, Schleifklotz

Talent:

Zutreffende Baujahre: alle

Erforderliche Teile: Schleifpapier, Polierpaste, Polierscheiben

Tipp: Das Polieren der Räder erfordert sehr viel Zeit

Zweck des Projekts: Besseres Erscheinungsbild der Räder

Ergänzende Arbeitsgänge: Neue Reifen installieren

Das Polieren von Leichtmetallfelgen erfordert wesentlich mehr Zeiteinsatz und Aufwand, als landläufig angenommen. Richtige Vorbereitung und genaueste Beobachtung bis ins Detail sind erforderlich, um eine zweitklassige Polierarbeit zu vermeiden.

Die Vorbereitung der Räder für das Polieren ist ohne weiteres der schwierigste Aspekt der gesamten Arbeit. Die meisten Leichtmetallfelgen wurden ab Werk mit einem Schutzfilm versehen. Oben auf dem Schutzfilm hat das Werk oft schwarze Farbe aufgetragen. Um die Leichtmetallfelgen richtig polieren zu können, müssen sowohl die Farbe als auch die Beschichtung entfernt werden. Es ist zu beachten, dass die Beschichtung an den Rädern von den Erwartungen abweichen können, da möglicherweise der Vorbesitzer bereits eine Überarbeitung vorgenommen hat. Das Polieren und auch Lackieren der Leichtmetallräder lässt sich am besten bei abmontierten Reifen vornehmen.

Entfernen der Lackschichten

Vorausgesetzt, dass die Räder mit schwarzem Lack beschichtet sind, besteht der erste Schritt im Abziehen des Lacks. Hier sind chemische Farbentferner erhältlich, die auf den Lack aufgetragen werden und diesen dann bis auf das blanke Metall ablösen. Diesen chemischen Lackablöser nur kurz auftragen und nicht weiter verstreichen. Seine Wirkungsfähigkeit würde hierbei beeinträchtigt. Bei diesen Arbeiten dicke, chemikalienresistente Handschuhe tragen und alte Kleidung, denn diese gefährliche Chemikalie wird direkt durch die Haut fressen, wenn ihr die Gelegenheit hierzu gegeben wird! Die Arbeiten müssen in einem gut belüfteten Bereich durchgeführt werden.

Nach dem Auftragen des Lackabziehers 5 bis 10 Minuten warten. Die Farbe sollte sich förmlich kräuseln und abplatzen. Mit etwas Stahlwolle die Farbe von der Oberfläche des Rades abschrubben und kratzen. Mit einem Kunststoff-Farbschaber etwas nachhelfen. Löst sich kein weiterer Lack mehr ab, so ist eine weitere Schicht der Chemikalie aufzutragen und so fortzufahren bis das Rad frei von jeglichem Lack ist.

Entfernen der Eloxierung

Ist das Rad einmal völlig vom Lack befreit, so muss die harte, silberfarbene eloxierte Schicht abgetragen werden. Nicht alle Felgen wurden mit dieser Beschichtung versehen, so dass dieser Arbeitsgang nicht unbedingt erforderlich sein muss. Die Arbeit kann von Hand ausgeführt werden, wird jedoch dann viele, viele Stunden erfordern und an der Hand nicht ohne Spuren vorübergehen.

Ebenfalls lässt sich ein elektrischer Schleifer oder eine Poliermaschine verwenden. Schleifpapier von 180er Körnung verwenden und oft wechseln, da die Beschichtung das Schleifpapier leicht abträgt. Den ersten Durchgang mit 180er Körnung mit einem zweiten Durchgang von 240er Körnung fortsetzen.

Bei Verwendung eines Polierrades mit Schleifpaste von 80er Körnung beginnen. Mit Auftragen der Paste auf dem Rad sicher stellen, dass diese vor der Verwendung etwas abtrocknet. Die nasse Paste funktioniert nicht so gut, weil das Wasser als Schmiermittel wirkt. Nach einigen Minuten der Behandlung mit dem Polierrad beginnt sich die eloxierte Schicht zu lösen. Jeweils neue Paste auftragen, während das Polierrad diese verbraucht. Die Beschichtung aus dem Polierrad mit einem kleinen Polierradkamm entfernen. Hier ist viel Geduld gefragt. Das Werkstattradio wird zu einem unabdingbaren Ausrüstungsgegenstand.

Polieren bis auf Spiegelglanz

Sind der Lack und die eloxierte Schicht einmal entfernt, so können die Leichtmetallfelgen spiegelblank poliert werden. Mit einem leicht angefeuchteten Lappen ca. zwei Finger voll spezieller Leichtmetallpolierpaste auftragen. Für Laien in diesen Arbeiten sollte zuerst eine unscheinbare Fläche ausprobiert werden. In kreisförmigen Bewegungen die Polierpaste ähnlich auftragen, wie es für Wachs an der Karosserie erfolgt. Auf den Lappen drücken, jedoch nicht zu viel Kraft aufwenden. Weiter reiben, bis das Mittel sich verflüchtigt. Der Lappen wird dann Schwarz, was normal ist. Das Rad mit einem sauberen, trockenen Lappen abwischen. Der Glanz wird an den Rädern erkennbar werden. Hier ist viel Zeit zu investieren und ein gewisses Durchhaltevermögen erforderlich. Jedes Rad wird mehrere Stunden Arbeit erfordern.

Reparatur tiefer Kratzer

Wirklich tiefe Kratze werden am besten von einem Fachmann behoben. Es sollen hier jedoch einige Tipps angegeben werden, um Kratzer vom Rad zu entfernen oder zu überdecken. Schleifpapier von 1500er Körnung verwenden und mit Wasser nass machen. Mit gleich-

1 Einer der wichtigsten Aspekte bei der Lackierung der Felge oder dem Entfernen von Lack besteht im sorgfältigen Abkleben des Rades. An dieser Felge soll der äußere Rand der Felge vor dem Abbeizmittel geschützt werden. Die kreisrunde Formgebung wurde sorgfältig mit blauem Isolierband abgeklebt und dann mit Kreppband abgedeckt. Das blaue Isolierband lässt sich wesentlich besser biegen und dehnen als das Kreppband und eignet sich besser zum Anpassen an Kurven und Radien.

2 Zwei Möglichkeiten für die Gestaltung der Leichtmetallfelgen sind einmal die silberne Lackierung und einmal das Hochglanzpolieren. Ohne Zweifel ist der silberne Lack die leichteste Möglichkeit und wird bisweilen von Besitzern des Porsche 911 bevorzugt. Während das vollständige Polieren mehrere Stunden pro Rad erfordert, kann die silberne Farbe binnen eines Nachmittags aufgetragen werden.

mäßiger Bewegung in dem verkratzten Bereich abschleifen und in die Umgebung übergehen lassen.

Fühlt sich der Bereich, an welchem der Kratzer war, einmal so glatt an wie der umgebende Bereich, so wird mit Nassschleifpapier 2000er Körnung fortgefahren. Hierbei dieselbe Bewegung und Technik verwenden wie vorher. Das Schleifpapier muss nass bleiben, mit dem Abwaschen des Schleifpapiers werden feinste Metallspäne weggespült, die sonst die Arbeit ruinieren würden. Ist der Bereich einmal glatt, so werden die vorhergehend beschriebenen Schritte zum Polieren des Rades durchgeführt.

Lackieren der Räder

Das Lackieren ist der einfachste Abschnitt der Arbeiten an den Felgen. Die Arbeiten in einem gut belüfteten Bereich durchführen. Die Räder auf einer Werkbank oder einem Tisch anordnen und den Bereich des Rades sorgfältig abkleben, der nicht lackiert werden soll. Dies stellt eine gewisse Herausforderung dar, insbesondere an den typischen Fuchsfelgen an Porsche 911 früheren Baujahres. Zeitungspapier eignet sich nicht zum Abkleben der Räder, es lässt Farbe auf die Leichtmetalloberfläche durch. Dickeres Papier aus alten Zeitschriften eignet sich wesentlich besser.

Die Arbeiten zum Abkleben müssen perfekt durchgeführt werden. Ausreichend Zeit aufwenden, damit gleichmäßige Linien eingehalten werden. Auch geringste Fehler beim Abkleben werden an den fertigen Rädern erkennbar und lassen sie sehr amateurhaft erscheinen.

Beim Lackieren der Räder vorher eine dünne Schicht Grundierung auftragen. Diese ermöglicht ein Haften des Lacks auf der Aluminiumoberfläche. Mit Trocknen der Grundierung mit Schleifpapier 1000er Körnung die Grundierung nass schleifen, um so die perfekte glatte Oberfläche zu erhalten. Das Schleifpapier wiederum ständig nass halten. Nun eine dünne Schicht des schwarzen Mattglanz-Sprühlacks auftragen. Die Farbe trocknen lassen und dann eine weitere Schicht auftragen. Für ein wirklich perfektes Erscheinungsbild jede Farbschicht mit Schleifpapier 1000er Körnung nass schleifen. Die zu veranschlagende Arbeitszeit für das Projekt wird so natürlich wesentlich länger.

Ist die Farbe einmal komplett getrocknet, so wird das Abklebepapier und Abklebeband entfernt.

Wartung an Leichtmetallfelgen

Die Pflege der Räder ist mindestens genau so wichtig wie ihre Bearbeitung. Beim Fahren des Fahrzeugs werden die Räder früher oder später verunreinigt oder verkratzt. Hierbei wird ein vorheriges Entfernen der eloxierten Schutzschicht auf den Rädern bewirken, dass sie leichter von Staub und Straßenabrieb verkratzt werden.

Zum Reinigen der Räder sollten diese genauso behandelt werden, wie die Lackierung des Fahrzeugs. Weiche Frotteetücher verwenden und spezielle Felgenreiniger, die die Aluminiumfläche nicht vernebeln oder beschädigen.

Werden die Räder doch verkratzt, so können sie einfach mit etwas Poliermasse nachgearbeitet werden. Dies sollte im Rahmen der Fahrzeugpflege ein bis zweimal jährlich erfolgen und sei es nur, um fest eingebettete Verschmutzung zu entfernen.

Schäden durch Bordsteinkanten oder tiefere Kratzer können von einer erfahrenen Werkstatt zum Polieren von Leichtmetallfelgen entfernt werden. Ein derartiger Fachbetrieb ist sorgfältig auszuwählen. Das Rad muss nach dem Polieren weiterhin perfekt rund sein.